Christof Megnin

Formgedächtnis-Mikroventile für eine fluidische Plattform

Schriften des Instituts für Mikrostrukturtechnik
am Karlsruher Institut für Technologie (KIT)
Band 20

Hrsg. Institut für Mikrostrukturtechnik

Eine Übersicht über alle bisher in dieser Schriftenreihe erschienenen Bände finden Sie am Ende des Buchs.

Formgedächtnis-Mikroventile für eine fluidische Plattform

von
Christof Megnin

Dissertation, Karlsruher Institut für Technologie (KIT)
Fakultät für Maschinenbau

Tag der mündlichen Prüfung: 10. Mai 2013
Hauptreferent: PD. Dr. Manfred Kohl
Korreferent: Prof. Dr. Roland Zengerle, Prof. Dr. Volker Saile

Impressum

Karlsruher Institut für Technologie (KIT)
KIT Scientific Publishing
Straße am Forum 2
D-76131 Karlsruhe

www.ksp.kit.edu

Print on Demand 2013

ISSN 1869-5183
ISBN 978-3-7315-0121-3

Formgedächtnis-Mikroventile für eine fluidische Plattform

Zur Erlangung des akademischen Grades eines
Doktors der Ingenieurwissenschaften
der Fakultät Maschinenbau
des Karlsruher Instituts für Technologie

genehmigte **Dissertation**

von
Dipl.-Ing.
Christof Megnin

Tag der mündlichen Prüfung: 10.05.2013
Hauptreferent: PD. Dr. Manfred Kohl
Koreferenten: Prof. Dr. Roland Zengerle
Prof. Dr. Volker Saile

Vorwort

Die vorliegende Arbeit entstand in den vergangenen 3 Jahren während meiner Promotion innerhalb des Bürkert Technology Centers (BTC). Das BTC ist eine Kooperation des Instituts für Mikrostrukturtechnik (IMT) des Karlsruher Institut für Technologie (KIT) und der Christian Bürkert GmbH & Co. KG und ermöglicht eine neue Art der Forschung zwischen einem wissenschaftlichen Institut und einem Industrieunternehmen.

Die ersten Zeilen dieser Arbeit möchte ich nutzen, den Menschen zu danken die mich während dieser Zeit unterstützt, stets an mich geglaubt und somit maßgeblich am Erfolg dieser Arbeit beigetragen haben.

- Ein ganz besonderer Dank gilt meinem Doktorvater Herrn PD Dr. M. Kohl für seine hilfsbereite Betreuung, der Möglichkeit des selbstständigen wissenschaftlichen Arbeitens und der fachlichen Unterstützung.

- Ebenfalls ein besonderer Dank gilt Herrn Prof. Dr. V. Saile an dessen Institut ich die vorliegende Dissertation anfertigen durfte, für die uneingeschränkte Unterstützung aller Doktoranden des IMT's und nicht zuletzt für die Übernahme des Koreferats.

- Prof. Dr. R. Zengerle danke ich herzlich für die Übernahme des Koreferats.

- Der Firma Christian Bürkert GmbH & Co. KG danke ich für die interessante, industrienahe Aufgabenstellung und die ununterbrochene Unterstützung bei der Umsetzung der Aufgabe.

- Meinen Kollegen und Mitstreitern J. Barth, T. Grund und M. Brammer danke ich für ihre große Hilfsbereitschaft, die schöne Zeit im Labor, die vielen fachlichen Diskussionen und die gemeinsam erreichten Erfolge.

- Ebenfalls möchte ich mich bei allen Mitarbeitern des IMT's und der Firma Bürkert bedanken, die mir immer mit Rat und Tat zur Seite standen und somit bei der Erstellung dieser Arbeit geholfen haben.

- Zu guter letzt danke ich meinen Eltern Herrn Dr. K. Megnin und Frau U. Megnin für ihre moralische und finanzielle Unterstützung während meiner kompletten Ausbildung und das stete Vertrauen in mich.

Kurzfassung

Die Mikrofluidik beschäftigt sich mit der Miniaturisierung fluidischer Systeme. Die Vorteile mikrofluidischer Systeme im Vergleich zu makroskopischen Fluidiksystemen sind unter Anderem eine Reduzierung von Reagenzien, schnellere Analysen und eine höhere Integrationsdichte funktioneller Elemente. Da die Integration von aktiven Komponenten momentan noch aufwändig und mit hohen Kosten verbunden ist, bestehen diese Systeme in der Regel aus passiven Strukturen, die nur in Kombination mit Peripheriegeräten betrieben werden können. Systeme mit integrierten aktiven Komponenten können auf Peripheriegeräte verzichten und bereiten den Weg für kompakte, mobile Anwendungen.

Im Rahmen dieser Arbeit werden monostabile und bistabile Mikroventile entwickelt, die in mikrofluidische Systeme integriert werden. Um einen kompakten Aufbau bei möglichst großer fluidischer Leistung zu ermöglichen wird eine strukturierte Folie aus Formgedächtnislegierung (FGL) als Aktorelement verwendet. Die monostabilen Mikroventile sind in einem modularen Baukastenprinzip realisiert, um die Gesamtanzahl der Komponenten zu reduzieren. Dies ermöglicht eine kostengünstige Herstellung von normal geöffneten (NO) und normal geschlossenen (NC) Mikroventilen und eine schnelle Anpassung an geforderte Druck- oder Durchflussbereiche. Zur Fertigung der Mikroventile in einem industriellen Umfeld werden Aufbau- und Verbindungstechniken systematisch untersucht und hinsichtlich qualitativer und fertigungstechnischer Gesichtspunkte bewertet. Die gleichzeitige fluidische und elektrische Kontaktierung mehrerer Mikroventile in einem fluidischen System wird durch neuartige Anschlusskonzepte ermöglicht. Für Dosieraufgaben oder einen druckunabhängigen Durchfluss wird das System um einen Durchflusssensor erweitert und in einen Regelkreis eingebunden.

Die bistabilen Mikroventile besitzen zwei strukturierte und gegeneinander vorgespannte FGL-Aktorelemente, die eine bidirektionale Bewegung ermöglichen. Die stabilen Positionen im leistungslosen Zustand werden durch magnetostatische Kräfte zwischen magnetischen Komponenten gehalten. Da nur während des Schaltvorgangs elektrische Energie benötigt wird, eignen sich die bistabilen Mikroventile für fluidische Systeme mit geringen Schaltfrequenzen und somit einem geringen durchschnittlichen Leistungsverbrauch. Um die fluidische Leistung zu steigern werden die Schalt- und Haltestrukturen analysiert und deren gekoppeltes Verhalten optimiert. Eine Designvariation dieser Komponenten ermöglicht weiterhin die Anpassung an geforderte Druck- und Durchflussbereiche. Das bistabile Mikroventil wird weiterhin um ein fluidführendes Element erweitert, um ein 3/2-Wege Verhalten zu erreichen.

Die durchflussbestimmenden Komponenten der Mikroventile werden auf Grundlage von Simulationen und Experimenten dimensioniert. An Hand dieser Ergebnisse werden erfolgreich Demonstratoren der monostabilen und bistabilen Mikroventile hergestellt, mit einem fluidischen System verbunden und charakterisiert.

Abstract

The advantages of microfluidic systems compared to macroscopic fluidic systems are, among others, less reagents, faster analysis and a higher integration level of functional elements. As the integration of active components is still elaborate and very costly at present, these systems mostly consist of passive elements, which can only be operated in combination with peripheral devices. Systems with integrated active components do not require peripheral devices, thus, pioneering compact and mobile applications.

This thesis describes the development of monostable and bistable microvalves as well as their integration to microfluidic systems. In order to enable a compact design at preferably high fluidic power, a structured foil of a shape memory alloy (SMA) is used for actuation. The monostable microvalves are designed in a modular way to reduce the number of components. This enables economic fabrication of normally open (NO) and normally closed (NC) microvalves as well as fast adjustment to required pressure and flow range. For fabrication in an industrial environment, packaging and interconnection technologies are systematically investigated and assessed with respect to quality and manufacturing criteria. The simultaneous fluidic and electric interconnection of several microvalves is achieved for fluidic systems by introducing a novel plug-in interconnection technology. For dosing applications and pressure-independent flow control, the system is extended by a flow sensor and a closed-loop control.

The bistable microvalves consists of two counteracting SMA devices, which enable bidirectional actuation. Stable positions are maintained in power-off condition by magnetostatic forces in between magnetic components. As electrical power is only required for switching, the bistable microvalves are suitable for fluidic systems operating at low average power consumption and low duty cycles. The switching and latching structures are analyzed separately and their coupled behavior is optimized in order to improve fluidic power. By design variation of these components, the microvalve can be tailored to a given pressure and flow range. The bistable microvalve design is extended to achieve bistable three-way control.

The components dominating the flow are designed on the basis of simulations and experiments. By means of these results, demonstrators of the monostable and bistable microvalves are fabricated, interconnected to a fluidic system and characterized.

Inhaltsverzeichnis

1. Einleitung

1.1. Motivation

Bereits im Jahre 1965 formulierte Gordon Moore die Aussage, dass sich die Anzahl integrierter Schaltungen auf einem Chip in einem Zeitraum von jeweils 1,5 Jahren verdoppeln [1]. Zum Zeitpunkt dieser Aussage beinhaltete der komplexeste Mikrochip etwa 30 Transistoren und daher zweifelten nicht wenige an seiner Prognose. Im Jahre 2011 entwickelte AMD einen Prozessortyp mit über vier Milliarden Transistoren sowie einem minimalen Abstand funktionsrelevanter Strukturen von 28 nm. Die Forderung nach kleineren, leistungsfähigeren und effizienteren Systemen ist heute immer noch ununterbrochen, obwohl es stets scheint als seien technologische und herstellungsbedingte Grenzen erreicht.

Etwa zeitgleich zu der Aussage Moores entstand die Mikrosystemtechnik (MST), die sich in Anlehnung an die Herstellungstechnologie rein elektronischer Komponenten mit der Strukturierung und Integration mikromechanischer Komponenten beschäftigt [2]. Die in der Halbleiterindustrie üblichen Substrate aus Silizium und Galiumarsenid [3] werden in der MST um Kunststoffe, Keramiken und Metalle [4] erweitert und ermöglichen somit die Realisierung komplexer Systeme mit Aktoren, Sensoren und Datenverarbeitung auf einem Chip. Eines der wohl bekanntesten Systeme sind Inertialsensoren, die sowohl in Airbags von Kraftfahrzeugen [5], als Bildstabilisatoren in Foto- und Videokameras [6], als Schutz mechanischer Festplatten [7] und in der Konsumerelektronik wie beispielsweise Spielekonsolen und Smartphones eingesetzt werden. Die Vorteile mikrosystemtechnisch hergestellter Systeme liegen in den kostengünstigen parallelen Fertigungstechnologien [8, 9], der Werkstoffersparnis, der Robustheit, der geringen Reaktionszeit und einer hohen Funktionsdichte. Die Herstellung solcher Systeme kann dabei, wie in der Halbleiterindustrie rein monolithisch und somit auf einem Substrat erfolgen. Alternativ kann die Strukturierung einzelner Komponenten entsprechend den Materialeigenschaften auf getrennten Substraten durchgeführt und durch die in der MST entwickelten Aufbau- und Verbindungstechniken zu sogenannten hybriden Systemen verbunden werden [10].

Der Entwicklungstrend der Miniaturisierung mikromechanischer Systeme wird seit einiger Zeit auch auf fluidische Anwendungen übertragen und in dem neu entstandenen Gebiet der Mikrofluidik erforscht [11]. Die Mikrofluidik beschäftigt sich mit Probenmengen unterhalb eines Mikroliters und Kanalgeometrien im Submillimeterbereich [12]. Die Vorteile mikrofluidischer Systeme liegen in der Reduzierung des Probenmaterials beziehungsweise der Reagenzien und schnelleren Analysen [13]. Die Kombination der in der Regel passiven mikrofluidischen Systeme mit aktiven fluidischen Elementen führte zu einer Reihe von Anwendungen, wie beispielsweise den sogenannten Lab-on-a-Chip, Medikamentendosiersystemen oder Mikrobrennstoffzellen [14]. Die aktiven Elemente befinden sich häufig in Peripheriegeräten und werden über Schnittstellen mit den großserientechnisch hergestellten Einwegchips verbunden. Um portable fluidische Systeme zu ermöglichen, gehen die Bestrebungen in jüngster Zeit in Richtung der Erweiterung der passiven Chips mit aktiven fluidischen Elementen, wie beispielsweise Mikropumpen und Mikroventilen [15, 16]. Diese Erweiterung stellt die Forderungen an Aktormaterialien mit hohen Energiedichten, die auch bei Abmessungen im Mikrometerbereich ausreichende Hübe und Kräfte ermöglichen. Formgedächtnislegierungen, die den sogenannten "Smart Materials" zugeordnet werden [17], besitzen diese Eigenschaften und können mit fluidischen Elementen in hybrid aufgebauten Systemen verbunden werden.

1.2. Zielsetzung

Ziel dieser Arbeit ist die Entwicklung von Mikroventilen und die Untersuchung ihrer industriellen Fertigbarkeit. Um die Anzahl der benötigen Ventilkomponenten zu minimieren und eine kostengünstige Herstellung sowie Anpassung an kundenspezifische Forderungen zu ermöglichen, werden die Mikroventile in einem Schichtsystem als Baukastenprinzip realisiert. Die Materialien der Ventilkomponenten sind an die zu schaltenden Medien anzupassen und durch geeignete Aufbau- und Verbindungstechniken in den Herstellungsprozess der Mikroventile zu integrieren. Hierzu werden verschiedene Aufbau- und Verbindungstechniken der Komponenten systematisch untersucht und hinsichtlich der industriellen Fertigbarkeit bewertet.

Für eine Anwendung zur Schaltung und Regelung von gasförmigen und flüssigen Medien sind eine Reihe von Anforderungen gegeben, die in den Tabellen 1.1 und 1.2 zusammengefasst sind. Als Aktorelement ist eine Folie aus Formgedächtnislegierung (FGL) vorgesehen, die in das Schichtsystem integriert werden kann und eine hohe Energiedichte besitzt. Die durchflussbestimmenden Ventil- und Aktorgeometrien sollen durch Simulationen und Experimente ermittelt und entsprechend der Anforderungen ausgelegt werden. Auf dieser Basis sollen Demonstratoren von normal geöffneten (NO) und normal geschlossenen (NC) Mikroventilen realisiert und anschließend charakterisiert werden. Über zu entwickelnde Schnittstellen werden die Mikroventile mit einem System fluidisch und elektrisch kontaktiert, um einzelne oder mehrere Mikroventile gleichzeitig anzusprechen. Das entwickelte System soll mehrere fluidische Anschlüsse besitzen, die in Abhängigkeit der Schaltstellung der Mikroventile geöffnet oder geschlossen werden können. Zur Dosierung von Medien oder der Bereitstellung eines druckunabhängigen Durchflusses wird das System um einen geeigneten Durchflusssensor erweitert und in einen Regelkreis eingebunden.

Als weitere Zielsetzung sollen die fluidischen Leistungen eines bereits existierenden bistabilen Mikroventils gesteigert und ein 3/2-Wege Verhalten demonstriert werden. Dies beinhaltet die fluidführenden, schaltenden und magnetischen Komponenten zu optimieren und aneinander anzupassen, sowie die Erweiterung des Mikroventils mit einem weiteren Ventilgehäuse. Die entwickelten bistabilen Mikroventile sollen als Demonstratoren aufgebaut und charakterisiert werden.

1.3. Aufbau der Arbeit

Diese Arbeit ist wie folgt gegliedert. Im ersten Kapitel werden die Motivation und Zielsetzung dieser Arbeit dargelegt. Im zweiten Kapitel werden die Grundlagen der Materialien und Effekte, die Fertigungstechnologien, die Aufbau- und Verbindungstechnologien und die Charakterisierungsmethoden zur Herstellung von Mikroventilen erläutert. Im dritten Kapitel wird der Stand der Technik dargestellt. Dieses Kapitel gliedert sich in die Teilbereiche FGL-Ventile, Mikroventile und Regelung von Formgedächtnislegierungen. Anschließend werden im vierten Kapitel normal geöffnete (NO) und normal geschlossene (NC) monostabile Mikroventile präsentiert. Dabei wird zunächst auf die Dimensionierung von Teilkomponenten eingegangen, die durch Messdaten, Simulationen und Vorgaben erfolgt. Anschließend werden die verschiedenen Herstellungstechnologien der Teilkomponenten, sowie die Aufbau- und Verbindungstechniken beider Ventilvarianten erläutert. Die Mikroventile werden im Anschluss an den Zusammenbau statisch und dynamisch mit gasförmigen und flüssigen Medien charakterisiert. Kapitel 5 stellt die Untersuchung, Optimierung und Weiterentwicklung eines bistabilen FGL-Mikroventils dar. Im sechsten Kapitel ist die Integration, sowie fluidische und elektrische Kontaktierung der monostabilen Mikroventile auf einer fluidischen Schaltplatte als Anwendungsbeispiel demonstriert. Zum Schluss folgen Zusammenfassung und Ausblick in Kapitel 7.

	Ventilspezifikation	
Ventilbauart	**Monostabil**	**Bistabil**
Aufgabe	Schalten/Dosieren	Schalten
Schaltverhalten	NO oder NC	Bistabil
Medientrennung	ja	ja
Eignung fl./gas.	ja	ja
Leistung	< 0,3 W (Halteleistung) < 0,5 W (Schaltleistung)	< 0,3 W (Halteleistung) < 0,5 W (Schaltleistung)
Druckbereich	0 - 200 kPa	0 - 200 kPa
Rückdruckdichtheit	1/20 des Vordruckes	1/20 des Vordruckes
Strömungswiderstand	$\zeta < 0,8$	$\zeta < 0,8$
Durchfluss min/max (fl.)	min. 0 - max. 5 ml/min (@ 100 kPa; Ø = 0,5 mm)	min. 0 - max. 5 ml/min (@ 100 kPa; Ø = 0,5 mm)
Durchflussregelbereich	60 - 240 µl/min	kein Regelbereich
Dosiervolumen	5 - 20 µl/min	keine Dosierung
Dosiergenauigkeit	< Regelbereich	keine Dosierung
Viskositätsbereich	1 µPa*s - 1 mPa*s	1 µPa*s - 1 mPa*s
Pulsation (fl.)	< 0,01 ml	< 0,01 ml
Schaltzeit	< 0,5 s	< 0,5 s
Spannungsversorgung	< 5 V	< 5 V
Statusrückmeldung	ja	nein
Herstellbarkeit/Montage	einfach	einfach
Bauvolumen	< 10 x 10 x 10 mm^3	< 10 x 10 x 10 mm^3
Nenndurchmesser Ø (Einlass/Auslass)	0,5 mm	0,5 mm
Abstand: Einlass - Auslass	0,9 mm	0,9 mm
Totraumvolumen	< 3 mm^3	< 3 mm^3
Lebensdauer (Aktor)	100000	100000
Hysterese	gering	gering
Geräuschentwicklung	gering	gering
Wärmeeintrag in System	< 5 °C	< 5 °C
Kälte-/Wärmtoleranz	20 - 40 °C (Umgebung) 20 - 55 °C (Medium)	20 - 40 °C (Umgebung) 20 - 55 °C (Medium)
Partikeltoleranz	bis 10 µm (Vorfilter)	bis 10 µm (Vorfilter)
Spülbar	ja	ja

Tabelle 1.1.: Anforderungsliste der Ventilspezifikationen der Kooperationsfirma für normal geöffnete (NO) und normal geschlossene (NC) monostabile sowie bistabile Mikroventile zum Schalten und Dosieren gasförmiger (gas.) und flüssiger (fl.) Medien.

	Aufbau- und Verbindungstechnik	
Ventilbauart	**Monostabil**	**Bistabil**
Aufgabe	Schalten/Dosieren	Schalten
Medientrennung	ja	ja
Berstdruck	> 500 kPa	> 500 kPa
Anzahl der Komponenten	< 10	< 10
Komponenten	Standard oder groß-serientechnisch fertigbar	Standard oder groß-serientechnisch fertigbar
Zusammenbau	Komponenten selbstzentrierend	Komponenten selbstzentrierend
Montage	gering	gering
Ventilverbindung	reversibel und/oder fest	variabel
Fluidik/Elektrik	räumlich getrennt	räumlich getrennt
Fluidischer Anschluss	reversibel lösbar oder materialschlüssig	reversibel lösbar oder materialschlüssig
Elektrischer Anschluss	einzeln oder parallel	einzeln oder parallel
Biokompatibel mechanisch	ja	ja
Biokompatibel chemisch	ja	ja
Medienbeständig	Phosphor, Nitride, Tenside	Phosphor, Nitride, Tenside

Tabelle 1.2.: Anforderungsliste der Aufbau- und Verbindungstechnik der Kooperationsfirma für normal geöffnete (NO) und normal geschlossene (NC) monostabile sowie bistabile Mikroventile zum Schalten und Dosieren gasförmiger (gas.) und flüssiger (fl.) Medien.

2. Grundlagen

Im Rahmen dieser Arbeit werden Mikroventile mit einer Formgedächtnislegierung (FGL) als Aktorelement entwickelt. Die Komponenten der Mikroventile sind so konstruiert, dass sie industriell in einer großen Stückzahl gefertigt und in eine großserientechnische Aufbau- und Verbindungstechnik integriert werden können. Die Mikroventile können reversibel oder materialschlüssig mit einem fluidischen System verbunden werden und ermöglichen das Schalten oder Regeln des Durchflussverhaltens von gasförmigen oder flüssigen Medien.

2.1. Materialien und Effekte

Das Schalten der Mikroventile erfolgt durch eine äußere Gestaltänderung des Aktorelements, verursacht durch den Formgedächtniseffekt (FGE), dessen Eigenschaften in dem gleichnamigen Kapitel beschrieben werden. Hierdurch wird das fluidische Durchflussverhalten des Mikroventils verändert. Ausgehend vom Strömungsverhalten makroskopischer Systeme beschreibt das Kapitel Mikrofluidik die Eigenschaften von Fluiden in Kanaldimensionen im Mikrometerbereich. Die mikrofluidischen Komponenten und weitere Ventilbauteile bestehen aus polymeren Werkstoffen, die im Anschluss vorgestellt werden. Eine fluiddichte Kontaktierung und die Realisierung der stabilen Zustände des bistabilen Mikroventils werden durch magnetostatische Haltekräfte erreicht, die im Kapitel Magnetostatik beschrieben werden.

2.1.1. Formgedächtniseffekt

Der Formgedächtniseffekt (FGE) beschreibt die Eigenschaft einer reversiblen Gestaltänderung von Materialen. Dieser Effekt kann bei metallischen Legierungen wie Basislegierungen von Nickel-Titan (NiTi), Kupfer (Cu) oder Eisen (Fe), bei polymeren Werkstoffen wie Polyurethan (PU) und bei keramischen Werkstoffen wie Zirkoniumdioxid (ZrO_2) beobachtet werden [18, 19]. Die metallischen Formgedächtnislegierungen besitzen gegenüber den polymeren und keramischen Werkstoffgruppen eine um bis zu einer Potenz höhere Energiedichte von bis zu 10^7 J/m^3 [20]. Ebenfalls besitzen metallische Formgedächtnislegierungen eine gute Skalierbarkeit der mechanischen Kräfte bei einer Verkleinerung der äußeren Abmessungen. Aus ingenieurstechnischer Sicht ist die Dimensionierung von Bauelementen aus Formgedächtnislegierungen schwierig, da das Materialverhalten nichtlinear ist und eine Hysterese aufweist. Durch die Bildung einer Oxidschicht, besteht eine weitere Schwierigkeit in der elektrischen Kontaktierung von metallischen Formgedächtnislegierungen.

Der FGE von metallischen Legierungen basiert auf einer thermisch oder mechanisch initiierten, reversiblen martensitischen Phasenumwandlung. Die martensitische Phasenumwandlung zwischen einer Hochtemperaturphase (Austenit) und einer Niedertemperaturphase (Martensit) ist thermodynamisch von 1. Ordnung und diffusionslos [21]. Neben dem elastischen, plastischen und thermischen Formänderungsverhalten konventioneller Strukturwerkstoffe zeigen Formgedächtnislegierungen (FGL) noch drei weitere Arten der Formänderungen die im Folgenden beschrieben sind:

Einweg-Effekt Beim Einweg-Effekt kehrt ein in der Niedertemperaturphase verformtes Material nach Überschreiten einer materialspezifischen Temperatur in die Ursprungsform zurück.

Zweiweg-Effekt Bei diesem Effekt nimmt das Material ohne externe Kraft in der Hoch- und Niedertemperaturphase zwei unterschiedliche Formen an.

Pseudoelastischer-Effekt In der Hochtemperaturphase wird die Bildung von Martensit durch eine Deformation mit einer externen Kraft verursacht. Nach Wegnahme der Kraft bildet sich wieder Austenit und somit die Ursprungsform.

Das Auftreten des thermisch-induzierten Einweg- und Zweiweg-Effektes oder des spannungsinduzierten pseudoelastischen Effektes sind bei Formgedächtnismaterialien abhängig von der chemischen Zusammensetzung der Legierung. Die Form der Hochtemperaturphase wird dem Material in einem Temperschritt eingeprägt. Beim Zweiweg-Effekt wird das Material zusätzlich einer thermo-mechanischen Werkstoffbehandlung unterzogen. Dies resultiert in bewusst erzeugten Gitterfehlern und somit der Bildung einer zweiten stabilen Form in der Niedertemperaturphase. In der Aktorik wird vorzugsweise der Einweg-Effekt genutzt, da er größere Stellwege und Kräfte als der

Zweiweg-Effekt ermöglicht und der pseudoelastsiche Effekt nur als passives Rückstellelement genutzt werden kann.

Der Zusammenhang des Verhaltens bei mechanischer Spannung (σ) und der resultierenden Dehnung (ε) sowie des thermischen Verhaltens (T) des Einweg-Effektes ist in Abbildung 2.1 dargestellt. Das vorliegende Gefüge und die äußere Form der Feder sind an den charakteristischen Punkten beim Belasten, Entlasten und Erwärmen dargestellt.

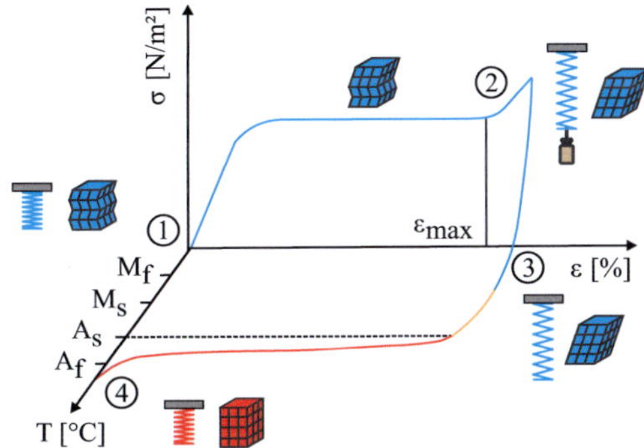

Abbildung 2.1.: Verhalten einer Formgedächtnislegierung mit Einweg-Effekt in einem Spannungs-Dehnungs-Temperatur Diagramm [22].

1. Die Formgedächtnisfeder befindet sich im unbelasteten und ungedehnten Zustand in der Ursprungsform in der Niedertemperaturphase. Das Gefüge der Feder besteht aus Martensitvarianten, die über Zwillingsgrenzen miteinander verbunden sind.

2. Das Anlegen einer mechanischen Spannung (Gewicht) an dem frei beweglichen Ende der Feder verursacht eine Dehnung des Materials. Dies resultiert in eine Verschiebung der Zwillingsgrenzen und reduziert die zum Spannungszustand energetisch ungünstigen Martensitvarianten. Das Material zeigt zunächst eine niedrige Elastizitätsgrenze, gefolgt von einem pseudoplastischen Dehnbereich. Die pseudoplastische Dehnung kann je nach Material, Vorbehandlung und Richtung bis etwa 10% betragen. Eine weitere Dehnung würde zu einer plastischen Verformung und anschließendem Bruch der Feder führen.

3. Die pseudoplastische Dehnung bleibt nach Wegnahme des Gewichtes erhalten.

4. Eine Erwärmung der Feder über die austenitische Endtemperartur (A_f) führt zur Bildung des Austenits. Da das austenitische Kristallsystem eine höhere Symmetrie und damit nur eine makroskopische Gestalt besitzt, kommt es zu einer Rückumwandlung in die Ursprungsform. Wird die Feder von diesem Zustand unter die martensitische Endtemperatur (M_f) abgekühlt (4$\rightarrow$1), bildet sich wieder Martensit ohne weitere Formänderung. Die Umwandlung des Martensits innerhalb des Austenits erfolgt durch eine koordinierte Bewegung von Gitteratomen, die mit einer hohen Materialdehnung verbunden ist. Die Umwandlungsdehnungen werden durch die Bildung von Verformungszwillingen abgebaut.

Ist der Rückstellweg in die Ursprungsform beim Erwärmen der Formgedächtnislegierung blockiert, treten hohe Kräfte auf, die in der Aktorik verwendet werden.

Die Umwandlungstemperaturen (T_{Um}) von FGL können auf unterschiedliche Arten verändert werden, die am Beispiel einer Legierung aus Nickel-Titan (NiTi) erläutert werden. Eine Erhöhung des Ni-Gehalts von 50 auf 51 at.% in einer binären NiTi-Legierung führt zu einer linearen Reduzierung der martensitischen Starttemperatur (M_s) von etwa 65 auf -100 °C [23, 24]. Eine Reduzierung der Temperatur beim Einprägen der Formgedächtnisgestalt führt ebenfalls zu einer Reduzierung der Umwandlungstemperaturen und weiterhin zu einer Verkleinerung der Umwandlungshysterese [25]. Die Umwandlungshysterese beschreibet den Temperaturbereich zwischen einer vollständigen Umwandlung des Martensits in den Austenit und umgekehrt. Die Ursache der Hysterese ist innere Reibung der Phasengrenzen oder Deformationsenergie während der Umwandlung. Die Hysterese kann durch die Zugabe von Kupfer (Cu) oder Palladium (Pd) verändert werden. Bei einem gleichbleibenden Ni-Gehalt von 37 at.%, verursacht eine Erhöhung des Cu-Gehaltes von 22 auf 25 at.%, eine Reduzierung der Hysterese von über 20 °C [26, 27]. Bei einem gleichbleibenden Ti-Gehalt von 51 at.%, resultiert die Zugabe von 23,5 at.% Pd in eine Vergrößerung der Hysterese auf 59 °C und eine Erhöhung der A_f-Temperatur von 52 auf 171 °C [28–30]. Die Umwandlungstemperaturen (T_{Um}) steigen ebenfalls bei einer Belastung des Materials mit einer mechanischen Druck- oder Zugspannung (σ).

Dieser proportionale Zusammenhang wird durch die sogenannte Spannungsrate (Gleichung 2.1) beschrieben. Die Spannungsrate ergibt sich aus den thermodynamischen Potentialen beider Phasenzustände und lässt sich durch eine Clausius-Clapeyron Gleichung darstellen.

$$\frac{d\mid\sigma\mid}{dT_{Um}} = \frac{\Delta H}{T_0 \cdot \Delta\varepsilon} \cdot \rho \tag{2.1}$$

Der Parameter ΔH steht hierbei für die Transformationsenthalpie, die unter anderem durch eine Dynamische-Differenz-Kalorimetrie (DDK) experimentell ermittelt wird. Die Gleichgewichtstemperatur zwischen beiden Phasen ist durch T_0 gegeben. Die Ausdrücke $\Delta\varepsilon$ und ρ bezeichnen die Umwandlungsdehnung und die Dichte der Legierung.

Neben der bereits beschriebenen einstufigen Umwandlung beim Einweg-Effekt zwischen der kubisch raumzentrierten Phasenstruktur (B2-Phase) des Austenits und der monoklin verzerrten Phasenstruktur (B19'-Phase) des Martensits, gibt es noch eine zweistufige Umwandlung. Diese tritt bei Ni-reichen und thermo-mechanisch behandelten äquiatomaren NiTi-Legierungen auf. Abbildung 2.2 zeigt die Auslenkung eines Biegebalkens aus solch einer NiTi-Legierung.

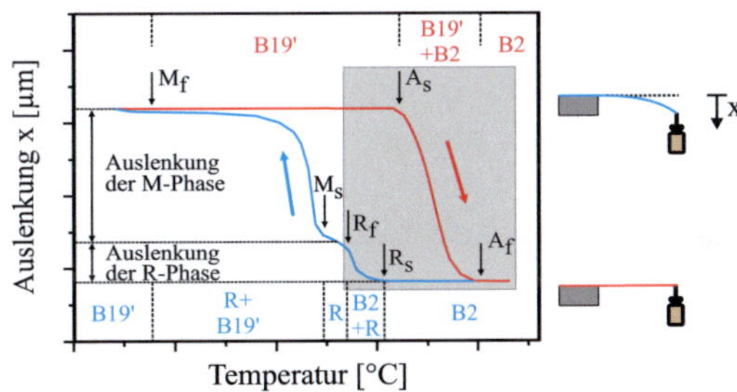

Abbildung 2.2.: Auslenkung eines Biegebalkens aus Nickel-Titan in Abhängigkeit der Temperatur. Der Biegebalken besitzt eine zweistufige Umwandlung und ist am frei beweglichen Ende durch ein Gewicht vorausgelenkt [31].

Der Biegebalken wird bei dieser Messung an dem frei beweglichen Ende mit einem Gewicht vorausgelenkt. Beim Abkühlen aus der B2-Phase findet bei diesen Materialien zuerst eine Umwandlung in eine rhomboedrische Phase (R-Phase) und anschließend in die B19'-Phase statt. Beim Übergang der einzelnen Phasen liegt jeweils eine Koexistenz der einzelnen Phasenanteile vor. Bei erneutem Erwärmen ist eine direkte Umwandlung zwischen der B19'- und der B2-Phase zu beobachten. Wird der Biegebalken nur in dem markierten Temperaturbereich (grauer Kasten) betrieben wird die B19'-Phase nicht erreicht und die Umwandlung findet nur zwischen der B2- und R-Phase statt.

Die hohe Energiedichte von Formgedächtnislegierungen, das gute Skalierungsverhalten der mechanischen Kräfte bei Verkleinerung der äußeren Abmessungen und die charakteristische Hysteresebreite einer R-Phasenumwandlung von etwa 1 °C, ermöglicht somit die Herstellung von kleinen, leistungsstarken und dynamischen Aktoren [20,32]. Ein weiterer Vorteil der R-Phasenumwandlung ist, dass keine Materialermüdung für Zyklenzahlen von über 10^6 auftritt, wenn eine Dehngrenze von 0,8 % nicht überschritten wird [33].

2.1.2. Mikrofluidik

Zur Beschreibung des Strömungsverhaltens in fluidischen Systemen dient die Reynoldszahl (*Re*). Die Reynoldszahl (Gleichung 2.2) ist eine dimensionslose Kennzahl, die das Verhältnis von Trägheitskräften zu viskosen Scherkräften (Reibungskräfte) eines Fluids beschreibt. Bei einem gegebenem hydraulischen Durchmesser (D_{Hyd}) ergibt sich die Reynoldszahl aus der mittleren Fließgeschwindigkeit (v_{Mit}), der Dichte (ρ) und der dynamischen Viskosität (η) des verwendeten Mediums. Der hydraulische Durchmesser (D_{Hyd}) ist eine rechnerisch angenäherte Größe mit der das Strömungsverhalten von nichtkreisrunden Querschnitten an Hand einer kreisrunden Rohrströmung berechnet werden kann.

Unterhalb der kritischen Reynoldszahl (Re_{krit}) bildet sich eine laminare Strömung, bei der das Medium in Fließrichtung in Schichten unterschiedlicher Geschwindigkeit strömt. Oberhalb von Re_{krit} liegt eine turbulente Strömung vor, die durch die Bildung von Wirbeln gekennzeichnet ist. Diese Wirbel erzeugen zusätzlich Strömungen senkrecht zur Fließrichtung und begünstigen Mischungsprozesse [34]. In makroskopischen fluidischen Systemen und unter der Annahme einer hydraulisch glatten Rohrwand beträgt die kritische Reynoldszahl (Re_{krit}) etwa 2300.

$$Re = \frac{v_{Mit} \cdot \rho \cdot D_{Hyd}}{\eta} \begin{cases} Re < Re_{krit} \Rightarrow laminare\ Strömung \\ Re > Re_{krit} \Rightarrow turbulente\ Strömung \end{cases} \tag{2.2}$$

Im Gegensatz zu makrofluidischen Systemen dominieren in der Mikrofluidik die Reibungskräfte gegenüber den Trägheitskräften und die Kapillarkräfte gegenüber der Gravitationskraft [35]. Die Mikrofluidik beschäftigt sich typischerweise mit Kanalgeometrien unterhalb von 1 mm. Durch die Abnahme des hydraulischen Durchmessers sinkt ebenfalls die kritische Reynoldszahl [36]. Dies erklärt sich durch den steigenden Einfluss der Wandrauhigkeit in Bezug auf den durchströmten Querschnitt [37]. Eine kritische Reynoldszahl (Re_{krit}) von sieben konnte bereits in mikrofluidischen Mischerstrukturen nachgewiesen werden [38]. Durch die geringen Geschwindigkeiten der Medien in der Mikrofluidik, liegt dennoch in der Regel ein laminares Strömungsverhalten vor. Weiterhin zeigen mikrofluidsche Systeme eine gesteigerte Reaktionsfähigkeit, durch die proportionale Zunahme des Oberflächen-zu-Volumen Verhältnis mit abnehmendem Kanalquerschnitt.

Die reibungsbehafteten Strömungsprozesse von newtonschen Flüssigkeiten und Gasen werden durch die Navier-Stokes Gleichung beschrieben. Newtonsche Medien sind durch einen linearen Zusammenhang zwischen der Schubspannung und Schergeschwindigkeit gekennzeichnet. Mit der Navier-Stokes Gleichung kann die Geschwindigkeit (v), die Dichte (ρ), und der Druck (p) einer Strömung ortsaufgelöst ermittelt werden. Es gelten die Erhaltungssätze für Impuls und Energie und es wird ein homogenes Fluid vorausgesetzt, das als Kontinuum behandelt werden kann.

Die Navier-Stokes Gleichung wird durch die Impulserhaltung beschrieben. Die Impulserhaltung berücksichtigt die zeitliche Änderung der Impulsströme innerhalb eines Volumenelements sowie die auf das Volumenelement und die Masse wirkenden Kräfte. In Gleichung 2.3 ist die Navier-Stokes Gleichung für ein kompressibles und inkompressibles Medium dargestellt. Der Parameter (g) beschreibt die Gravitationskraft [39].

$$\rho\left[\frac{\partial\vec{v}}{\partial t}+(\vec{v}\vec{\nabla})\vec{v}\right] = \begin{array}{c} -\vec{\nabla}p+\eta\nabla^2\vec{v}+\eta\nabla(\nabla\vec{v})+\rho g \quad (kompressibel) \\ -\vec{\nabla}p+\eta\nabla^2\vec{v}+\rho g \quad (inkompressibel) \end{array} \tag{2.3}$$

Die Lösung der Navier-Stokes Gleichung ist durch die nichtlinearen Glieder nur schwer möglich. Durch das laminare Strömungsverhalten mikrofluidischer Systeme und der damit verbundenen kleinen Reynoldszahl bzw. Geschwindigkeit kann der nichtlineare Ausdruck ($\rho(\vec{v}\nabla)\vec{v}$) vernachlässigt werden, da er im Vergleich zu den viskosen Scherkräften ($\eta\nabla^2\vec{v}$) deutlich kleiner ist. Unter dieser Voraussetzung und der Bedingung einer vernachlässigbaren Gravitationskraft (g) ergibt sich die lineare Stokes-Gleichung für inkompressible Medien [39].

$$\rho \frac{\partial \vec{v}}{\partial t} = -\vec{\nabla} p + \eta \nabla^2 \vec{v} \tag{2.4}$$

Die Massenerhaltung oder auch Kontinuitätsgleichung beschreibt die zeitliche Änderung einer Masse innerhalb eines Volumenelements [40]. Gleichung 2.5 zeigt die Kontinuitätsgleichung für ein kompressibles Medium. Bei inkompressiblen Medien ist die Dichte (ρ) konstant und somit die zeitliche Ableitung ($\frac{\partial \rho}{\partial t}$) null.

$$\frac{\partial \rho}{\partial t} + \vec{\nabla} \cdot (\rho \vec{v}) = 0 \tag{2.5}$$

Die lineare Stokes-Gleichung kann mit Hilfe der Kontinuitätsgleichung (Gleichung 2.5) und der No-Slip Bedingung (Gleichung 2.6) gelöst werden. Die No-Slip Bedingung sagt aus, dass die Geschwindigkeit einer Flüssigkeit an der Kanalwand auf Grund der Haftung gleich null ist.

$$\left[\frac{\partial^2}{\partial x^2} + \frac{\partial^2}{\partial y^2} \right] v_x = -\frac{\Delta p}{\eta L} \quad (mit\ v_{x=x_{Wand}} = 0) \tag{2.6}$$

Aus diesen Gleichungen und Bedingungen ist es möglich den Durchfluss (Q) zu bestimmen. Der Durchfluss definiert das Volumen eines Mediums, das sich innerhalb einer Zeiteinheit mit der gemittelten Strömungsgeschwindigkeit durch eine Querschnittsfläche bewegt. Der Zusammenhang aus Durchfluss (Q), der Strömungsgeschwindigkeit (v_{Mit}) und der Querschnittsfläche (A_Q) ist durch Gleichung 2.7 gegeben.

$$Q = A_Q \cdot v_{Mit} \tag{2.7}$$

Der Durchfluss ist neben der Größe der Querschnittsfläche auch von der Geometrie des durchströmten Bereichs abhängig. Die Geometrieabhängigkeit wird durch den fluidischen Widerstand in Analogie zu dem Ohm'schen Gesetz definiert. Der Zusammenhang zwischen dem fluidischen Widerstand (R_{Fluid}), der anliegenden Druckdifferenz (Δp) und dem Durchfluss (Q) ist durch Gleichung 2.8 gegeben.

$$R_{Fluid} = \frac{\Delta p}{Q} \tag{2.8}$$

Diese Gesetzmäßigkeit ermöglicht die Berechnung des Gesamtwiderstands eines fluidischen Netzwerks bei der Zusammenschaltung mehrerer parallel oder in Reihe geschalteter Widerstände. Bei fluidischen Systemen kann ebenfalls eine "fluidische Leistung" als Produkt der anliegenden Druckdifferenz und des resultierenden Durchflusses bestimmt werden (Gleichung 2.9).

$$P_{Fluid} = Q \cdot \Delta p \tag{2.9}$$

Der Druck beziehungsweise totale Druck (p_{tot}) in einem fluidischen Netzwerk, setzt sich aus einem statischen (p_{sta}) und einem dynamischen Anteil (p_{dyn}) zusammen. In Abhängigkeit der Geometrie und der Strömungsverhältnisse können sich diese Anteile unter Einhaltung der Energieerhaltung ineinander umwandeln (Gleichung 2.10).

$$p_{tot} = p_{dyn} + p_{sta} \qquad (p_{dyn} = \frac{1}{2} \cdot v_{Mit}^2 \cdot \rho) \tag{2.10}$$

2.1.3. Polymere

Polymere können auf Grund ihres temperaturabhängigen Schubmoduls in Thermoplaste, Elastomere und Duroplaste unterteilt werden. Ein Polymer ist eine organische Verbindung, die aus Monomeren besteht, welche in Ketten angeordnet sind. Bei Thermoplasten sind die Ketten über Van-der-Waals-Kräfte miteinander verbunden und können unregelmäßig (amorph) oder teilweise parallel (teilkristallin) angeordnet sein. Je höher der Kristallisationsgrad, desto höher sind die Van-der-Waals-Kräfte und dementsprechend steigen der Schmelzbereich, die Zugfestigkeit, das Elastizitätsmodul, die Härte und die Beständigkeit gegen Lösungsmittel. Oberhalb einer materialspezifischen Temperatur, der sogenannten Glasübergangstemperatur (T_G), können amorphe und teilkristalline Thermoplaste leicht verformt werden und behalten beim Kühlen diese Form durch die Bildung neuer Bindungen bei [41].

Zur Herstellung der Mikroventile werden in dieser Arbeit die thermoplastischen Kunststoffe Cyclo-Olefin-Copolymer (COC), Polyetheretherketon (PEEK) und Polyimid (PI) verwendet. COC besitzt eine gute chemische Beständigkeit gegen Säuren, Laugen und polaren Lösungsmitteln, sowie gute mechanische Eigenschaften. Durch die Möglichkeit Kohlenstoff in die Matrix einzulagern, eignet sich das Material für das Laserdurchstrahlschweißen. PEEK besitzt auf Grund der teilkristallinen Struktur eine gute chemische Beständigkeit und gute mechanische Eigenschaften sowie eine hohe T_G von ungefähr 280 °C. PI ist gegenüber vielen Lösungsmitteln beständig und besitzt eine hohe thermische Stabilität mit Dauereinsatztemperaturen von 230 °C.

2.1.4. Magnetostatik

Magnetische Felder werden durch Permanentmagneten oder stationäre Ströme erzeugt und wirken auf magnetische Materialien. Magnetisierbare Materialien werden in Abhängigkeit der Kopplung ihrer magnetischen Momente durch die relative Permeabilität (μ_R) in diamagnetisch, paramagnetisch oder ferromagnetisch kategorisiert. Die relative Permeabilität ist ein materialspezifischer, dimensionsloser Faktor, der sich aus dem Verhältnis der Permeabilität (μ) und der Vakuumpermeabilität (μ_0) ergibt (Gleichung 2.11). Die Permeabilität ist ein örtlich gemittelter Materialparameter der makroskopischen Maxwellgleichung und die Vakuumpermeabilität ergibt sich aus dem Verhältnis der magnetischen Flussdichte (B) zur magnetischen Feldstärke (H) im Vakuum. Wirkt ein äußeres magnetisches Feld auf ein diamagnetisches Material ($0 \leq \mu_R < 1$), induziert dies einen Strom und somit ein Magnetfeld, das dem Äußeren entgegenwirkt und dieses abschwächt. Paramagnetische und ferromagnetische Materialien ($\mu_R > 1$) verstärken hingegen ein von außen angelegtes magnetisches Feld.

$$\mu_R = \frac{\mu}{\mu_0} = \frac{\frac{B}{H}}{4 \cdot \pi \cdot 10^{-7}} \begin{cases} 0 \leq \mu_R < 1, & diamagnetisch \\ \mu_R > 1, & paramagnetisch \\ \mu_R \gg 1, & ferromagnetisch \end{cases} \tag{2.11}$$

In dieser Arbeit werden fluidische Kopplungen und Haltestrukturen aus ferromagnetischen Materialien realisiert. Ferromagnetische Materialien besitzen eine relative Permeabilität (μ_R) im Bereich von 300 - 300.000 und verstärken dementsprechend ein von außen angelegtes Magnetfeld. Abbildung 2.3 zeigt die magnetische Flussdichte (B) ferromagnetischer Materialien in Abhängigkeit der magnetischen Feldstärke (H).

Beim Anlegen einer magnetischen Feldstärke steigt die magnetische Flussdichte bis zu der Sättigungsmagnetisierung (B_S) bei der Sättigungsfeldstärke (H_S). Das magnetische Feld verursacht eine Ausrichtung der Weiß'schen Bezirke, innerhalb der die magnetischen Momente parallel gekoppelt sind. Nach Abschalten des magnetischen Feldes (H = 0) bleibt die Ausrichtung größtenteils als Restmagnetisierung (Remanenz) erhalten. Die Remanenz (B_R) kann durch Anlegen eines magnetischen Feldes in Gegenrichtung wieder auf Null gebracht werden. Dieses Feld wird als Koerzitivfeld bezeichnet und besitzt die zugehörige Koerzitivfeldstärke (H_K). Oberhalb der Curietemperatur (T_C) überwiegen die thermischen Bewegungen den magnetischen Momenten und führen zu einer makroskopischen Entmagnetisierung.

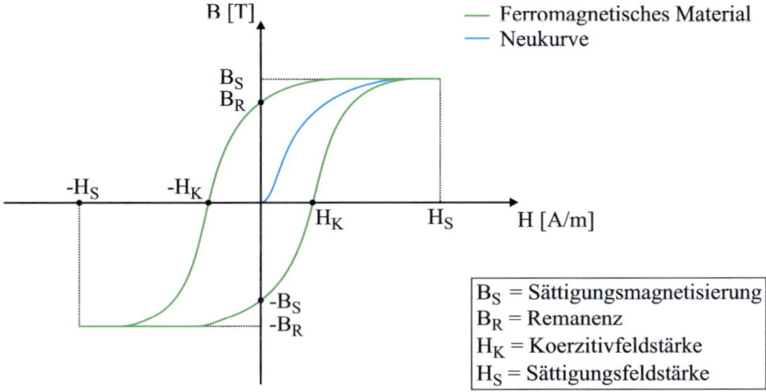

Abbildung 2.3.: Magnetisierungskurve mit typischen Charakterisierungsparametern.

Ferromagnete werden weiterhin in weich- und hartmagnetische Materialien unterteilt. Hartmagnetische Materialien besitzen gegenüber weichmagnetischen Materialien eine größere Remanenz und Koerzitivfeldstärke und somit eine größere magnetische Hysterese. Durch die Restmagnetisierung nach Wegnahme des äußeren Feldes können solche Materialien als Permanentmagnete eingesetzt werden. Weichmagnetische Materialien können eine höhere Sättigungsmagnetisierung als Permanentmagnete aufweisen und eignen sich daher zum Führen magnetischer Feldlinien.

Die magnetischen Felder erzeugen magnetostatische Kräfte zwischen magnetisierbaren Materialien. In Abhängigkeit der Flussrichtung der betrachteten magnetischen Felder wirken diese anziehend oder abstoßend. Liegen die mikroskopischen Kreisströme bei der Annäherung zweier Ferromagnete in gleicher Orientierung, so wirkt eine anziehende Kraft.

Die Bestimmung der magnetischen Kraft (F_{Mag}) erfolgt durch die Energie des Magnetfeldes (E_{Mag}). Dieses wirkt zwischen zwei Ferromagneten mit der Oberfläche (A_{Mag}) und dem Abstand (d_{Mag}) eines sich dazwischen befindlichen Luftspaltes. Die magnetische Kraft (F_{Mag}) ergibt sich aus der nötigen Arbeit zur Änderung der Energie des Magnetfeldes. Da die Änderung von d_{Mag} als sehr klein angenommen wird, kann die magnetische Flussdichte (B) als konstant betrachtet werden. Gleichung 2.12 beschreibt die Energie des magnetischen Feldes und Gleichung 2.13 die nötige Kraft zur Änderung der Energie.

$$E_{Mag} = \frac{1}{2} \cdot \mu_0 \cdot H^2 \cdot A_{Mag} \cdot d_{Mag} \tag{2.12}$$

$$F_{Mag} = \left| -\frac{\partial E_{Mag}}{\partial d_{Mag}} \right| = \frac{1}{2} \cdot \mu_0 \cdot H^2 \cdot A_{Mag} \quad (mit\, B = konstant) \tag{2.13}$$

2.2. Fertigungstechnologien

Dieses Kapitel beschreibt die nötigen Fertigungsverfahren zur Strukturierung der Formgedächtnislegierung aus Nickel-Titan sowie der polymeren Komponenten des Mikroventils.

2.2.1. Strukturierung von NiTi

Die Strukturierung von NiTi-Folien kann durch Laser-Ablation erfolgen. Hierzu wird ein Nd:YAG-Festkörperlaser mit einer Wellenlänge von 1064 nm im gepulsten Betrieb verwendet. Der Laserstrahl schmilzt das Material der Folie, welches mittels eines Prozessgases aus dem Schneidspalt geblasen wird. Die hohe Affinität des NiTi zum Sauerstoff erfordert die Verwendung von Argon als Prozessgas, das gleichzeitig die Funktion eines Schutzgases übernimmt. Die Nachteile dieses Verfahrens sind der hohe thermische Eintrag des Lasers in das zu strukturierende Material und eine Schnittbreite des Lasers von ungefähr 50 µm, die im Größenbereich der zur strukturierenden Geometrien liegt [42].

Alternativ können NiTi-Dünnschichten mit einer Dicke zwischen 1-160 µm auch durch elektrolytisches Ätzen strukturiert werden. Bei diesem Verfahren wird das Material zum Schutz beidseitig mit einem Fotolack beschichtet und entsprechend der Geometrien lithographisch strukturiert. Die freiliegenden Metallflächen werden anschließend beidseitig galvanisch geätzt [31].

In dieser Arbeit wird die Formgedächtnislegierung nasschemisch strukturiert, wobei die funktionsrelevanten Strukturen durch eine Hartmaskierung geschützt werden [43]. Als Ausgangsmaterial dient eine kaltgewalzte Folie aus NiTi mit einer Stärke von 20 µm. In Abbildung 2.4 sind strukturierte

FGL-Brückenaktoren auf einem Silizium-Substrat dargestellt. Die Strukturierung der FGL-Brückenaktoren erfolgt in einem parallelen Prozess der sich in die folgenden Punkte gliedert:

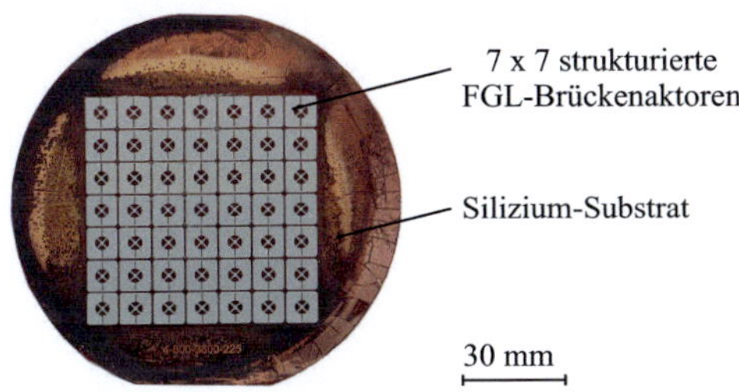

Abbildung 2.4.: Parallel strukturierte Formgedächtnislegierung aus Nickel-Titan in einem Array aus 7 x 7 Brückenaktoren auf einem Silizium-Substrat.

1. Entfernung der Oxidschicht: Die höhere Ätzrate der Oxidschicht im Vergleich zum NiTi führt bei der verwendeten Ätzlösung[1] zum Unterätzen und würde ein Ablösen der Maskierung zur Folge haben. Durch kurzes Eintauchen der NiTi-Folie in die Ätzlösung wird die Oxidschicht entfernt.

2. Fixierung auf Trägersubstrat: Die NiTi-Folie wird über eine thermisch deaktivierbare Klebefolie (TdK) auf einem Silizium-Substrat aufgebracht. Die beidseitig klebende Folie ist oberhalb einer speziellen Temperatur nur noch einseitig adhäsiv und wird daher als Opferschicht verwendet.

3. Aufbringen einer Hartmaske: Auf die Oberfläche der NiTi-Folie wird eine 40 nm dicke Goldschicht aufgesputtert[2].

4. Lithografische Strukturierung:

   a) Belacken: Aufschleudern[3] eines positiven Fotoresists[4] mit einer Dicke von 3,5 µm.

[1] $HF\text{-}HNO_3\text{-}H_2O$

[2] Balzers Union (MED 010)

[3] ATMsse (OPTIcoat ST22+)

[4] Micochemicals (AZ 4533)

  b) Belichten: Der Fotoresist wird mit einer Quecksilberdampflampe[5] belichtet. Der Schattenwurf erfolgt durch eine gedruckte Folienmaske [44].
  c) Entwickeln: Der Fotoresist wird mit einer gepufferten Kaliumhydroxidlösung entwickelt.

5. Strukturierung der Hartmaske: Die Hartmaske aus Gold wird mit einer Iod-Kaliumiodid-Lösung (Lugolsche Lösung) geätzt.

6. Strukturierung der NiTi-Folie: Die Strukturierung der NiTi-Folie erfolgt in der Ätzlösung aus Schritt 1. Die Ätzrate des isotropen Ätzprozesses beträgt 4,8 μm/min.

7. Strippen der Maskierung:
   a) Entfernung des Fotoresists: Entweder wird der Fotoresist flutbelichtet und entwickelt, oder im unverdünnten Entwickler (AZ 400K) gelöst.
   b) Entfernung der Hartmaske: Flächiges Ätzen der Goldschicht in der Lugolschen Lösung.

8. Lösen der strukturierten Bauteile: Durch thermische Aktivierung der TdK auf einer Hotplate lösen sich die strukturierten Bauteile vom Silizium-Substrat.

2.2.2. Polymerbearbeitung

In dieser Arbeit werden unterschiedliche Fertigungsverfahren zur Herstellung der Mikroventile verwendet. Fertigungsverfahren werden gemäß DIN 8580 in sechs Hauptgruppen unterteilt: Urformen, Umformen, Trennen, Fügen, Beschichten und Stoffeigenschaft ändern.

- Das Urformen beschreibt einen Prozess, bei dem ein Körper aus formlosem Stoff durch Schaffen eines Zusammenhalts gefertigt wird. Urgeformte Körper sind beispielsweise Halbzeuge oder spritzgegossene Bauteile. Beim Spritzgießen wird das Polymer in einem Extruder in einen fließfähigen Zustand erwärmt. Die Strukturgebung erfolgt durch Einpressen der Polymerschmelze in kältere, geschlossene Werkzeuge

[5] Karl Suss (LH5)

unter hohem Druck. Sobald die Werkzeuge vollständig gefüllt sind und das Polymer auf die Entformungstemperatur abgekühlt ist, werden die Werkzeuge geöffnet und die fertigen Bauteile ausgestoßen. Vorteile des Spritzgießens sind eine hohe Reproduzierbarkeit und kurze Zykluszeiten, die in Abhängigkeit der Komplexität der Bauteile nur einige Sekunden betragen. Da die Kosten für die Werkzeuge vergleichsweise hoch sind und die Ermittlung der bauteilspezifischen Spritzparameter aufwendig ist, eignet sich das Spritzgießen vor allem für große Stückzahlen [45]. In dieser Arbeit werden spritzgegossene Halbzeuge in Form von Prüfplatten mit und ohne Kohlenstoffeinlagerung zur Herstellung von Ventilgehäusen verwendet.

- Umformen beschreibt die plastische Veränderung eines Körpers unter Beibehaltung seiner Masse. In dieser Arbeit wird Heißprägen (Kapitel 2.2.3) als umformendes Fertigungsverfahren zur Herstellung der Ventilgehäuse für das bistabile Mikroventil verwendet.

- Bei trennenden Verfahren wird die Form eines festen Körpers geändert, wobei der Zusammenhalt örtlich aufgehoben, also im ganzen vermindert wird. In dieser Arbeit wird Drehen, Bohren und Fräsen als trennendes Verfahren verwendet. Im Vergleich zu der Bearbeitung makroskopischer Geometrien ist bei kleinen Bauteilen oder der Strukturierung von Geometrien unterhalb von einem Millimeter folgendes zu beachten: Um die Schnittkräfte und somit die Belastung des Bauteils und des Werkzeugs zu reduzieren, werden die Drehzahlen der Werkzeuge bei einem ähnlichen Vorschub deutlich gesteigert [46]. Eine weitere Herausforderung stellt das Einspannen dünner Werkstücke dar, die in der Regel auf der Oberfläche bearbeitet werden. Im Gegensatz zu üblichen Spannbacken oder Greifern, finden daher eher klebende oder mittels Unterdruck arbeitende Fixierungen Einsatz. Trennende Fertigungsverfahren eignen sich vor allem zur Herstellung von Prototypen oder komplexen Strukturen.

- Als fügende Fertigungsverfahren werden in dieser Arbeit formschlüssige Verbindungen, mechanische Fixierungen von Bauteilen durch Schrauben, das thermische Bonden (Kapitel 2.3.2) oder klebende Verbindungen [47] verwendet. Zur Verbindung der polymeren Ventilkomponenten, der Membran auf dem Ventilgehäuse oder des Mikroventils auf einer fluidischen Backplane wird als stoffschlüssige Verbindung das Laserdurchstrahlschweißen (Kapitel 2.3.1) eingesetzt.

- Beschichten: In Vorversuchen für das Laserdurchstrahlschweißen werden Polymere mit einer dünnen Schicht Kohlenstoff bedampft, um deren Absorption zu steigern. Diese Technologie ermöglicht bei der Wahl der richtigen Dicke der Kohlenstoffschicht die gleichzeitige Verbindung mehrerer übereinander gestapelter Polymere, indem jeweils nur ein Teil der Laserenergie in den einzelnen Schichten absorbiert wird [48].

- Stoffeigenschaft ändern: Für das Laserdurchstrahlschweißen (Kapitel 2.3.1) wird durch Einlagerung von Kohlenstoff die Absorption eines der polymeren Fügepartner gesteigert.

2.2.3. Heißprägen

Das Heißprägen ist ein Replikationsverfahren zur Herstellung polymerer Strukturen im Mikro- und Nanometerbereich. Ein strukturiertes Abformwerkzeug wird hierbei bei erhöhtem Druck und Temperatur in ein polymeres Halbzeug gepresst. Die Verwendung von dünnen Platten oder Folien als Halbzeug ist vorteilhaft, da die Verteilung der Schmelze über die gesamte Werkzeugfläche gleichmäßig ist und Kavitäten im Mikrometerbereich mit möglichst kurzen Fließwegen befüllt werden. In Verbindung mit geringen Prägegeschwindigkeiten entstehen spannungsarme Bauteile mit guten optischen Eigenschaften oder Strukturen mit großen Aspektverhältnissen [49]. Weitere Vorteile des Heißprägens im Vergleich zum Spritzgießen oder Spritzprägen ist die schnelle und kostengünstige Herstellung der Abformwerkzeuge und die Möglichkeit der Strukturierung unterschiedlicher Polymere, ohne die Anlage oder Werkzeuge umbauen zu müssen. Diese Eigenschaften machen das Heißprägen vor allem für die Forschung, die Entwicklung von Prototypen oder Kleinserien interessant. Auf Grund der relativ langen Zykluszeit von einigen Minuten kommen bei größeren Stückzahlen in industrieller Fertigung das Spritzgießen oder Spritzprägen zum Einsatz.

Der Heißprägeprozess gliedert sich im Wesentlichen in fünf Prozesse, die in Abbildung 2.5 schematisch und an Hand eines zeitabhängigen Kraft- und Temperaturdiagramms dargestellt sind.

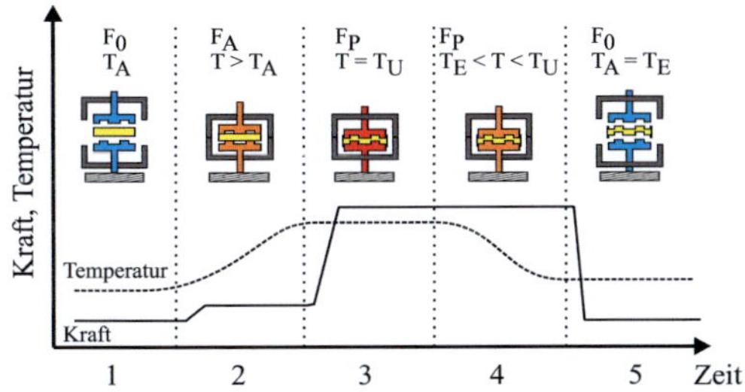

Abbildung 2.5.: Zeitlicher Verlauf der Kraft und Temperatur und schematische Darstellung eines Heißprägezyklus.

1. **Vorbereitung** Zu Beginn des Prozesses wird ein flächiges Halbzeug bei der Temperatur (T_A) zwischen beide Abformwerkzeuge in die Heißprägeanlage eingelegt und positioniert.

2. **Aufheizen** Die Abformwerkzeuge werden mit dem Halbzeug in Kontakt gebracht bis eine so genannte Antastkraft (F_A) aufgebaut ist. Diese Kraft ermöglicht eine bessere Wärmeleitung, ein gleichmäßigeres Aufschmelzen und eine mechanische Fixierung des Halbzeugs. Gleichzeitig wird die Prägekammer geschlossen und evakuiert, um Lufteinschlüsse während des Prozesses zu verhindern und ein vollständiges Befüllen der Abformwerkzeuge zu gewährleisten. Die Abformwerkzeuge und das Halbzeug werden bis zur Umformtemperatur (T_U) des Polymers erwärmt.

3. **Prägevorgang** Beim Erreichen der Umformtemperatur werden die beiden Werkzeuge mit konstanter Geschwindigkeit zusammen gefahren bis die gewünschte Prägekraft (F_P) aufgebaut ist. Diese Kraft wird bei konstanter Temperatur bis zur vollständigen Formfüllung und einer zuvor definierten Restschichtdicke gehalten.

4. **Abkühlen** Die Abformwerkzeuge und das Formteil werden unter Beibehaltung der Prägekraft bis zur Entformtemperatur (T_E) abgekühlt.

5. **Entformung** Beim Erreichen der Entformtemperatur weden die Abformwerkzeuge mit geringer Geschwindigkeit geöffnet. Das Formteil bleibt dabei auf dem unteren Abformwerkzeug, da es durch mechanische Vorbearbeitung eine höhere Rauhigkeit als das obere aufweist [50].

2.3. Verbindungstechniken

Dieses Kapitel beschreibt die Verbindungstechnologien zur Verbindung der Membran mit dem Ventilgehäuse, der polymeren Ventilkomponenten, der Formgedächtnislegierung mit einem Trägersubstrat und die materialschlüssige elektrische Kontaktierung der Formgedächtnislegierung.

2.3.1. Laserdurchstrahlschweißen

Das Laserdurchstrahlschweißen ist eine Fügetechnik mit der unter anderem Polymere materialschlüssig miteinander verbunden werden können. Hierbei wird ein Laserstrahl durch einen für die verwendete Wellenlänge möglichst transparenten Fügepartner auf einen absorbierenden gerichtet. Die eingekoppelte Laserenergie wird auf der absorbierenden Oberfläche in Wärme umgewandelt. Durch Wärmeleitung erweicht der lasertransparente Fügepartner ebenfalls in der Fügezone. Um einen guten thermischen Kontakt zwischen den beiden Fügeflächen zu erreichen, werden diese in einer Vorrichtung gegeneinander vorgespannt [51]. Die Temperatur während des Schweißprozesses wird mit einem Pyrometer gemessen und dementsprechend die Laserleistung geregelt. Nach dem Abkühlen entsteht eine materialschlüssige, dauerfeste Verbindung. Abbildung 2.6 zeigt eine schematische Darstellung des Laserdurchstrahlschweißens.

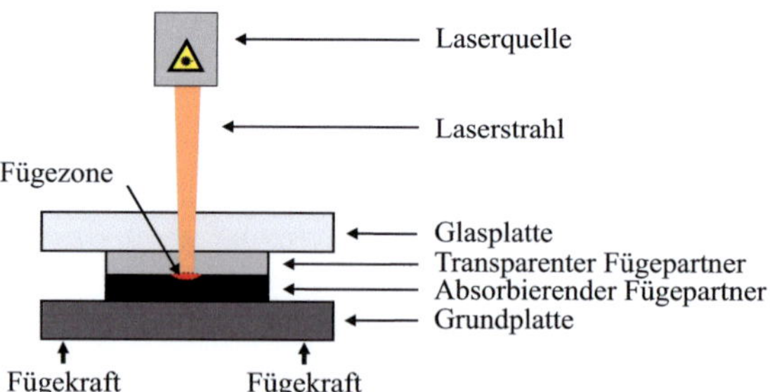

Abbildung 2.6.: Schematische Darstellung des Laserdurchstrahlschweißens.

Verschweißen definierter Verbindungsstellen kann durch Ablenken des Laserstrahls mittels eines Scannerspiegels oder durch Abschattung nicht zu verschweißender Bereiche durch eine Maske erreicht werden. Eine Verbindung von gleichartigen Polymeren kann durch Einlagern von Additiven in die Polymermatrix erreicht werden. Hierbei wird dem Granulat, vor dem Spritzgießen oder Heißprägen, Kohlenstoff beigemengt und in einem Extruder homogenisiert [52]. Eine Alternative bietet das Aufdampfen einer dünnen Kohlenstoffschicht, welche das simultane Verschweißen mehrerer Polymerlagen ermöglicht. Hierbei wird in jeder Kontaktstelle nur ein Teil der Laserenergie absorbiert [48]. Ein Nachteil dieses Verfahrens ist das zusätzliche Einbringen einer Fremdstoffschicht.

2.3.2. Thermisches Bonden

Eine weitere Verbindungstechnik für polymere Materialien ist das thermische Bonden. Die zu fügenden Polymere werden bis knapp unterhalb der Glasübergangstemperatur (T_G) erhitzt und unter Druck miteinander verpresst. Dieses Verfahren ist daher nur für gleichartige oder Polymere mit einer ähnlichen Glasübergangstemperatur geeignet. Der Druck begünstigt hierbei eine gute Annäherung der beiden Kontaktflächen, eine gute Wärmekopplung und gleicht Oberflächenrauhigkeiten aus. Die Festigkeit der Verbindung ist abhängig von der gewählten Temperatur, dem Druck und der Haltezeit des Prozesses. Bei zu hohen Temperatur- und Druckwerten können Mikrostrukturen zerstört werden, bei zu niedrigen kann keine ausreichende Verbindung realisiert werden. Bei der richtigen Wahl der Prozessparameter entsteht eine stabile Verbindung durch die Bildung intermolekularer Wechselwirkungen. Das thermische Bonden ist daher prädestiniert für die Mikrofluidik, da Kavitäten und Kanäle formtreu und ohne Fremdstoffe gedeckelt werden können [53].

Bei einer Vorbehandlung der Fügepartner kann die Glasübergangstemperatur reduziert und somit hohe Verbindungsfestigkeiten bei gutem Strukturerhalt erreicht werden. Mögliche Verfahren sind ein Anlösen der Oberfläche durch Lösungsmittel [54] oder eine photochemische Zersetzung des Polymers durch UV-Bestrahlung [55].

2.3.3. Eutektisches Bonden

Das eutektische Bonden wird in der Mikrosystemtechnik verwendet, um gut leitende elektrische und thermische Kontakte oder hermetisch dichte Verbindungen herzustellen. Gängige Materialpaarungen sind dabei Silizium-Silizium, Glas-Glas oder Silizium-Glas, die über eine Zwischenschicht aus

Gold (Au) miteinander verbunden werden [56]. Bei diesem Verfahren wird die niedrigere Schmelztemperatur einer Legierung im Vergleich zu den reinen Materialien genutzt [57]. In Abbildung 2.7 ist das Phasendiagramm einer Silizium-Gold Legierung dargestellt. Der eutektische Punkt beschreibt ein Gleichgewicht zwischen den Legierungspartnern sowie der festen und flüssigen Phase der Legierung. Das Eutektikum besitzt einen eindeutig bestimmbaren Schmelzpunkt bei einer bestimmten Konzentration der Legierung, der niedriger ist als Schmelzpunkte anderer Mischungsverhältnissen derselben Legierung. Das eutektische Bonden eignet sich daher als elektrische und mechanische Verbindung von Komponenten und kann in einen Batchprozess integriert werden. Über eine Goldschicht auf den zu verbindenden Bauteilen können beispielsweise Legierungen aus NiTi mit einem Silizium-Substrat verbunden werden [58] [59].

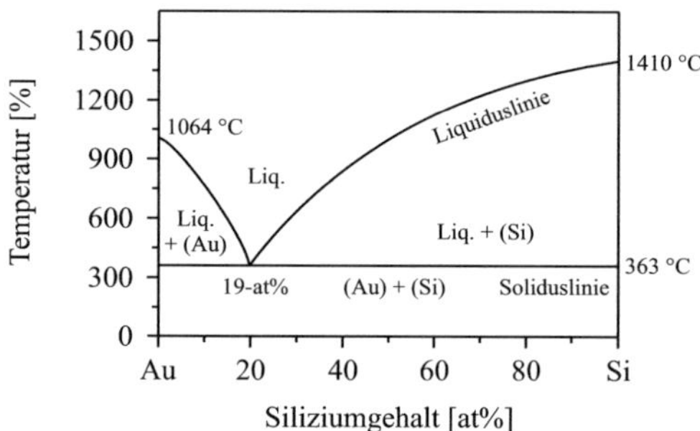

Abbildung 2.7.: Phasendiagramm einer Silizium-Gold Legierung [60].

2.3.4. Spaltschweißen

Beim Spaltschweißen handelt es sich um ein Widerstandsschweißverfahren elektrisch leitfähiger Fügepartner. Die zu verbindenden Partner werden relativ zueinander positioniert und mit einem bestimmten Druck durch zwei Elektroden zusammengepresst. Zwischen diesen beiden Elektroden wird ein einstellbarer Potentialunterschied angelegt, der einen Stromfluss über die Elektroden und die Fügepartner erzeugt. Joule'sche Erwärmung erhitzt die beiden Fügepartner bis zum Aufschmelzen und nach dem Erstarren entsteht eine stabile materialschlüssige Schweißverbindung. Die erzeugte Schweißwärme (Q_S) ist abhängig von der Schweißstromstärke (I_S), dem elektrischen

Widerstand, dem Durchgangswiderstand der zu verbindenden Partner (R_W), der Schweißzeit (t_S) und der mechanischen Vorspannung der Fügepartner durch die Elektroden. Abbildung 2.8 zeigt eine schematische Darstellung des Spaltschweißens.

$$Q_S = I_S^2 \cdot R_W \cdot t_S$$

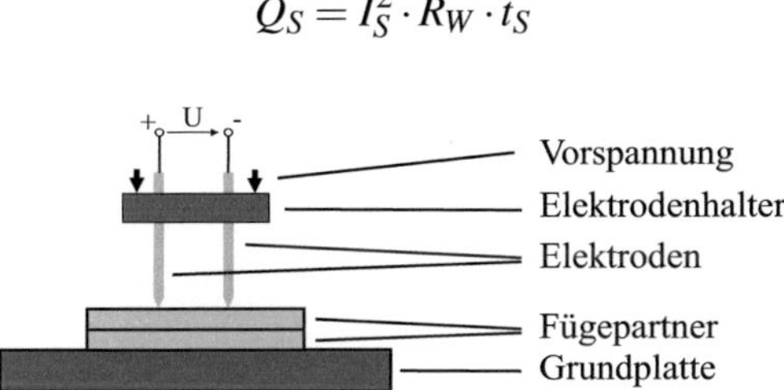

Abbildung 2.8.: Schematische Darstellung des Spaltschweißens.

Eine zu hohe mechanische Vorspannung der Fügepartner durch die Elektroden reduziert den Durchgangswiderstand und erfordert eine Erhöhung der Schweißstromstärke oder der Schweißzeit. Ist die Vorspannung zu gering, kann das aufgeschmolzene Material während des Schweißvorgangs nicht gehalten werden [61].

2.4. Regelungstechnik

Zur gezielten Beeinflussung eines Medienstroms wird in dieser Arbeit eine Regelung für das FGL-Mikroventil entworfen. Zu Beginn dieses Kapitels wird zunächst der Unterschied zwischen Steuerungen und Regelungen beschrieben, anschließend auf unterschiedliche Regelstrecken und Regelglieder eingegangen und abschließend die Einstellung der Regelparameter erläutert.

2.4.1. Steuerung und Regelung

Zur Kontrolle von zeitveränderlichen Systemgrößen technischer Systeme werden Steuerungen oder Regelungen verwendet. In Abbildung 2.9 sind die Blockdiagramme einer Steuerung und Regelung dargestellt. Bei einer Steuerung wird ein System extern durch eine Eingangsgröße (Führungsgröße) beeinflusst. Eine Steuerung kann als ein Folgeplan verstanden werden, bei dem das Steuerglied die Führungsgröße ($w(t)$) übernimmt, daraus die Sollstellung an den Steller übermittelt und anschließend über die Steuerstrecke zur Veränderung der Ausgangsgröße, die sogenannte Steuergröße ($y(t)$) führt.

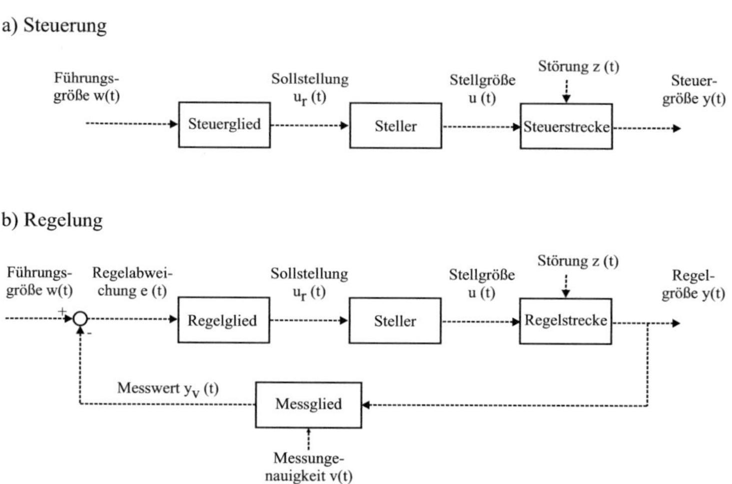

Abbildung 2.9.: Schematischer Aufbau a) einer Steuerung und b) einer Regelung in einem Blockdiagramm.

Die Vorteile einer Steuerung im Vergleich zu einer Regelung sind ein kostengünstiges und stabiles Systemverhalten, unter der Voraussetzung einzelner stabiler Teilsysteme. Steuerungen eignen sich für einfach aufgebaute Systeme, bei denen alle Teilsysteme bekannt sind und der Anspruch auf Einstellgenauigkeit nicht allzu hoch ist. Ein Nachteil ist, dass unzyklische Störgrößen mit variierender Größe nicht kompensiert werden. Eine Regelung ermöglicht die Kompensation von Störgrößen, in dem die Steuergröße im Anschluss an die Regelstrecke bestimmt und an den Eingang der Regelung zurückgeführt wird. Entsprechend der Differenz, der sogenannten Regelabweichung ($e(t)$), zwischen ($w(t)$) und ($y(t)$) wird ein Signal gebildet, das wiederum auf die Regelstrecke wirkt.

2.4.2. Regelglied und Regelstrecke

Die Auswahl der Regelglieder wird durch die Eigenschaften der Regelstrecke bestimmt. In einfachen Systemen kann die Regelstrecke rechnerisch bestimmt werden. Bei großen Systemen, die aus mehreren sich beeinflussenden Teilsystemen bestehen, wird die Regelstrecke normalerweise empirisch bestimmt. Eine Möglichkeit bietet die Sprungantwort, also die Reaktion eines Systems auf einen Einheitssprung (Dirac-Stoß). Ein System kann ebenfalls dynamisch mit einer Sinusschwingung als Anregung charakterisiert werden. Die Frequenz der Schwingung wird dabei kontinuierlich gesteigert und die Antwort des Systems gemessen. Die Ergebnisse werden in einem Bode-Diagramm dargestellt, indem der Amplitudengang und der Phasengang des Systems in Abhängigkeit der anregenden Kreisfrequenz dargestellt sind.

In Abhängigkeit der Regelstrecke wird der entsprechende Regler ausgewählt, der bei einem stetigen Übertragungssystem aus Proportionalglied (P-Glied), Integrationsglied (I-Glied) und Verzögerungsglied (D-Glied) bestehen kann. Die Eigenschaften dieser Glieder werden nachfolgend beschrieben.

P-Glied Ein P-Glied verstärkt kontinuierlich die Regelabweichung proportional mit einem Verstärkungsfaktor (k_P). Das P-Glied benötigt daher stets eine endliche Regelabweichung, um in das System eingreifen zu können. Eine Erhöhung von k_P führt zu einer Reduzierung der Regelabweichung, aber bei zu groß gewählten Werten wird das System für hohe Frequenzen instabil.

I-Glied Das I-Glied reduziert die bleibende Regelabweichung und wird durch die Nachstellszeit (t_N) beschrieben. Die Größe von t_N entspricht dabei derjenigen Zeit, die das I-Glied benötigt, um die gleiche Stellgrößenveränderung wie ein isoliertes P-Glied zu bewirken. Das I-Glied besitzt eine Phasennacheilung von -90° und eine Verstärkung die proportional zum Kehrwert der Frequenz ist (Steigung von -1 im Bode-Diagramm).

D-Glied Der differenzierende Anteil berücksichtigt die Änderungsgeschwindigkeit des Signals und wird durch die Vorhaltezeit (t_V) beschrieben. Je schneller sich die Regelabweichung ändert, desto größer wird die Stellgröße. Die Vorhaltezeit entspricht der Zeit, die ein isoliertes P-Glied benötigen würde, um die gleiche Stellgrößenänderung wie ein

D-Glied zu bewirken. Das D-Glied besitzt eine Phasenvoreilung von +90° (Phasenreserve) und ermöglicht deshalb eine Verstärkung auch bei hohen Frequenzen (Steigung von +1 im Bode-Diagramm).

Um eine hohe Dynamik und Genauigkeit der Regelung zu erreichen, können die einzelnen Glieder kombiniert und unterschiedlich gewichtet werden. Der am häufigsten verwendete Reglertyp ist der PID-Regler, der in Abbildung 2.10 im Bode-Diagramm dargestellt ist. Unterhalb der Eckfrequenz f_I wird die Verstärkung und somit die Einstellgenauigkeit dieses Regeltyps durch das I-Glied erhöht. Durch das D-Glied wird die Phasennacheilung der Regelstrecke durch eine positive Phasenverschiebung kompensiert und ermöglicht somit ein schnelles Regelverhalten.

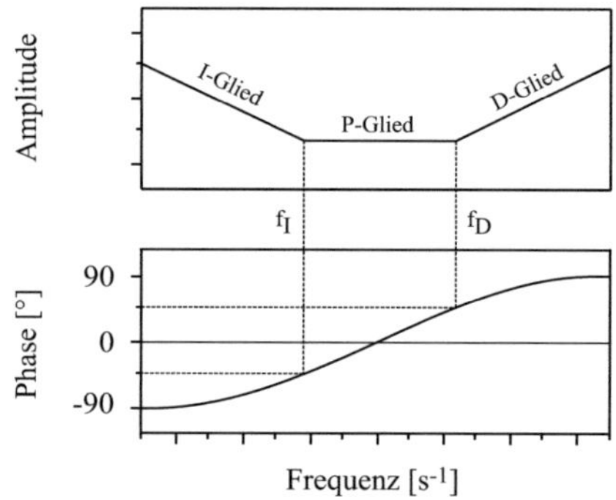

Abbildung 2.10.: Amplituden- und Phasengang eines PID-Reglers im Bode-Diagramm [62].

Durch das Führungsverhalten wird die Güte einer Regelung an Hand mehrerer Kriterien bestimmt. In Abbildung 2.11 sind die Güteparameter einer Sprungantwort des Führungsverhaltens nach DIN19226 dargestellt. Das Diagramm zeigt die maximale Überschwingweite (x_m) sowie die bleibende Regeldifferenz (e) und die zeitlichen Konstanten Totzeit (t_{tot}), Anregelzeit (t_{an}), Ausregelzeit (t_{aus}) und die Einschwingzeit (t_e). Es existiert eine weitere Zeitkonstante, die 90 % der Anregelzeit entspricht und daher mit t_{90} bezeichnet wird.

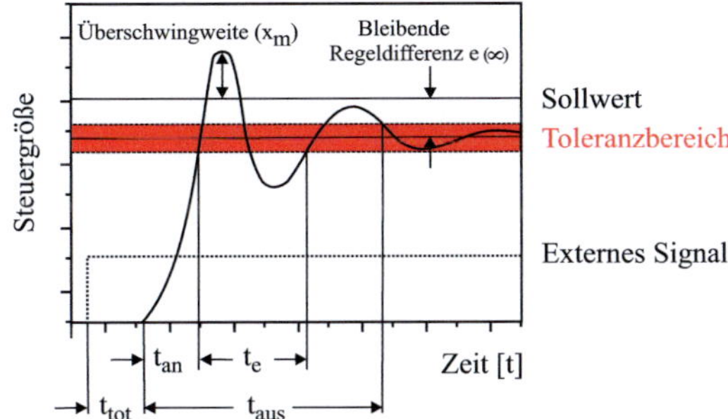

Abbildung 2.11.: Kenngrößen eines dynamischen Systems an Hand der Sprungantwort des Führungsverhalten [63].

2.5. Charakterisierungsmethoden

In diesem Kapitel werden die Bestimmung der Wärmeleitfähigkeit und die Messung der Oberflächentemperatur durch Wärmebildaufnahmen beschrieben. Weiterhin wird die stationäre und dynamische Charakterisierung des druckabhängigen Durchflussverhaltens fluidischer Systeme dargestellt.

2.5.1. Bestimmung der Wärmeleitfähigkeit

Die Wärmeleitfähigkeit ist eine temperaturabhängige Materialkonstante und beschreibt die Fähigkeit eines Materials thermische Energie zu transportieren. Die thermische Leitfähigkeit von Materialien kann sowohl stationär als auch instationär bestimmt werden. Bei stationären Messungen wird ein konstanter Wärmestrom erzeugt und der resultierende Temperaturgradient der Probe gemessen. An Hand des Temperaturgradienten und der gegebenen Wärmestromdichte kann die Wärmeleitfähigkeit berechnet werden. Bei hohen Temperaturen ist das Verfahren ungeeignet, da zum einen das Erreichen der Gleichgewichtstemperatur zeitaufwendig ist und zum anderen die thermischen Abstrahlungseffekte das Ergebnis verfälschen können. Aus diesen Gründen wird die Leitfähigkeit von Materialien bei hohen Temperaturen instationär bestimmt. Eine Möglichkeit ist die Laser-Flash-Methode, bei der ein Wärmeeintrag durch kurze Laserimpulse auf der Stirnfläche einer zylindrischen Probe erzeugt wird [64]. Auf der Unterseite des Zylinders wird die

Laufzeit der Wärmeimpulse mit einem Infrarot-Detektor gemessen und bei gegebener Probendicke die Wärmeleitfähigkeit berechnet.

Zur Bestimmung der Wärmeleitfähigkeit von Schichtdicken oder lateralen Strukturen im Mikrometerbereich wird das photothermische Verfahren verwendet [65]. Bei diesem Verfahren wird moduliertes Licht mit variierender Intensität auf die Probenoberfläche fokussiert und das Laufzeitverhalten der thermischen Wellen bestimmt. Die Absorption der intensitätsmodulierten Strahlung erzeugt Temperaturoszillationen, die in Abhängigkeit der Modulation und der Wärmeleitfähigkeit eine unterschiedliche Eindringtiefe besitzen. Die Detektion der Wärmewellen kann durch den fotoakustischen oder thermoelastischen Effekt sowie durch Laserstrahlablenkung oder fotothermischer Radiometrie erfolgen [66, 67].

2.5.2. Wärmebildaufnahmen

Die Temperaturverteilung eines Körpers kann entweder berührend oder nichtberührend bestimmt werden. Bei Mikrostrukturen ist die Messung der Temperatur durch berührende Verfahren schwer möglich, da die Temperatursensoren im Vergleich zum Prüfkörper eine große Wärmekapazität besitzen und somit das Messergebnis stark beeinflussen. Weitere Nachteile sind die örtliche Begrenzung der Auflösung durch die lateralen Abmessungen der einzelnen Temperatursensoren und die Fragilität der Mikrostrukturen. Aus diesem Grund werden Mikrostrukturen üblicherweise nicht berührend vermessen.

Ein Verfahren ist die Thermographie, bei dem die Wärmestrahlung (Infrarotstrahlung) eines Körpers oberhalb des absoluten Nullpunktes gemessen werden kann. Zur Detektion der Strahlung werden je nach Wellenlänge unterschiedliche auf Halbleiter basierende Sensoren verwendet. Der Intensitätsverlauf der elektromagnetischen Strahlung als Funktion der Wellenlänge ist für die jeweilige Temperatur charakteristisch und wird durch das Planck'sche Strahlungsgesetz beschrieben [68]. Die Wärmestrahlung ergibt sich aus der Temperatur, dem Strahlungskoeffizienten und dem Wärmeabstrahlkoeffizienten. Der Wärmeabstrahlkoeffizient gibt an, wie viel Wärme der Probekörper im Verhältnis zu einem idealen schwarzen Strahler emittiert. Um einen homogene Wärmeabstrahlkoeffizienten auf der Oberfläche zu erreichen wird der Probenkörper mit einer Graphitschicht überzogen und besitzt somit annähernd den Wert eines schwarzen Körpers.

2.5.3. Durchfluss

Der Durchfluss beschreibt das Volumen oder die Masse eines strömenden Mediums, dass in einem gewissen Zeitraum einen Rohrabschnitt der Querschnittsfläche (A_Q) passiert. Zur Bestimmung des Durchflusses kann der Volumendurchfluss oder Massendurchfluss gemessen werden, die über die Dichte (ρ) miteinander verknüpft sind. Beim Volumendurchfluss wird die mittlere Geschwindigkeit (v_{Mit}) eines strömenden Mediums gemessen und bei bekannter Querschnittsfläche (A_Q) durch Gleichung 2.7 der Durchfluss (Q) berechnet. Beim Massendurchfluss muss die Dichte des Mediums zusätzlich bekannt sein, die entweder durch einen Densiometer oder in Abhängigkeit der Temperatur bestimmt wird.

2.5.3.1. Durchflussmessung

Der Volumendurchfluss kann entweder volumetrisch durch diskrete Probenmengen oder kontinuierlich in einem strömendem Medium bestimmt werden. Zu den volumetrischen Durchflusssensoren gehören beispielsweise der Ovalrad-, Ringkolben- oder der Drehkolbenzähler. Der Vorteil dieser Durchflusssensoren ist die Unempfindlichkeit gegenüber Wirbel, Ein- und Auslaufstörungen oder einem nicht-symmetrischen Strömungsprofil. Diese Durchflusssensoren bestehen in der Regel aus rotatorischen Komponenten, die in der Mikrofluidik durch die vergleichsweise hohen Reibungen und geringen Drücke ungeeignet sind.

Die Geschwindigkeitsbestimmung in strömenden Medien kann alternativ durch Drucksonden erfolgen. Der totale Druck (p_{tot}) eines Systems setzt sich aus einem dynamischen (p_{dyn}) und einem statischen Anteil (p_{sta}) zusammen (Gleichung 2.10). Bei einer Verjüngung einer durchströmten Querschnittsfläche (A_Q) steigt die mittlere Geschwindigkeit (v_{Mit}) bei einer gleichzeitigen Reduzierung des statischen Druckanteils. Dieser Zusammenhang wird auch in der Durchflussmessung ausgenutzt, indem an zwei Kanalquerschnitten unterschiedlichen Querschnitts der statische Druck gemessen wird. Aus der Druckdifferenz (Δp_{sta}) zwischen diesen beiden Messstellen kann der Durchfluss bei bekannter Querschnittsfläche und Dichte nach Bernoulli durch Gleichung 2.14 berechnet werden [40, 69].

$$Q = A_Q \cdot \sqrt{\frac{2 \cdot \Delta p_{sta}}{\rho}} \tag{2.14}$$

Neben der absichtlich erzeugten Druckänderung durch unterschiedliche Kanalgeometrien, entsteht entlang eines Kanals mit gleichbleibendem Querschnitt ein reibungsbedingter Druckabfall. Bei bekannter Geometrie des Kanals (Radius r und Länge l) und der dynamischen Viskosität (η), kann mit diesem Druckabfall (Δp_{Reib}) der Durchfluss einer laminaren Strömung (Gleichung 2.2) nach Hagen-Poiseuille durch Gleichung 2.15 berechnet werden [39].

$$Q = \frac{r^4 \cdot \pi}{8 \cdot \eta \cdot l} \cdot \Delta p_{Reib} \tag{2.15}$$

Ein anderer Ansatz ist die Messung des Durchflusses durch einen Schwebekörper. Die Lage eines meist konischen Schwebekörpers verändert sich abhängig von der Geschwindigkeit des Mediums und kann beispielsweise optisch oder kapazitiv bestimmt werden.

Eine berührungslose Messung des Volumendurchflusses kann durch optische oder akustische Durchflusssensoren erfolgen. Der Vorteil einer berührungslosen Messung ist, dass die Strömungsgeschwindigkeit, das Strömungsprofil und die vorliegenden Druckdifferenzen nicht verändert werden. Die Messungen beruhen auf einem Laufzeitunterschied zwischen einer Referenz und der Messstelle, der durch die Geschwindigkeit des Mediums verursacht ist. Alternativ kann mittels des Doppler-Effektes gemessen werden, bei dem in Durchflussrichtung bewegende Streuteilchen eine Frequenzverschiebung des Messsignals verursachen.

Eine weitere Möglichkeit ist eine magnetisch induktive Durchflussmessung (MID) eines leitfähigen Mediums. Ein äußeres Magnetfeld induziert dabei ein elektrisches Feld im Medium, dass senkrecht zur Strömung und zum Magnetfeld wirkt. An Elektroden an der Rohrwand kann das elektrische Potential gemessen werden, das proportional zur Geschwindigkeit des Mediums ist [70].

Eine andere Möglichkeit zur Bestimmung des Durchflusses ist die thermische Anemometrie. Dieses Verfahren beruht auf der Messung des Wärmeübergangs eines Heizdrahtes oder Heizfilms an ein strömendes Medium [71]. Bei bekannter Temperatur und Druck verändert sich der Wärmeübergang nur in Abhängigkeit der Geschwindigkeit des Mediums. Der Wärmeübergang (q) ergibt sich aus dem Temperaturunterschied zwischen dem Draht (T_{Draht}) und Medium (T_{Medium}) sowie dessen Wärmeübergangszahl (α) durch Gleichung 2.16, als auch aus dem Wärmestrom ($\dot{Q}$) pro Fläche (A) durch Gleichung 2.17.

$$q = \alpha \cdot (T_{Draht} - T_{Medium}) \tag{2.16}$$

$$q = \frac{\dot{Q}}{A}\ (mit\ \dot{Q} = P_{\dot{Q}} = I^2 \cdot R_{Draht}) \tag{2.17}$$

Gleichsetzen der Gleichungen 2.16 und 2.17 ergibt den Wärmeübergang in Abhängigkeit der Fläche, der Wärmeübergangszahl und der Temperaturdifferenz bezogen auf den Heizstrom (I) und Widerstand (R_{Draht}) des Drahtes (Gleichung 2.18).

$$I^2 \cdot R_{Draht} = A \cdot \alpha \cdot (T_{Draht} - T_{Medium}) \tag{2.18}$$

Der Zusammenhang zwischen der Wärmeleistung und der Geschwindigkeit des Mediums wird durch das Gesetz von King beschrieben. Das Kingsche Gesetz betrachtet den Wärmeübergang eines unendlich langen Zylinders unter der Berücksichtigung der Nusselt-Zahl, die von der Reynoldszahl (Gleichung 2.2) und demnach von der Geschwindigkeit (v_{Mit}) abhängig ist [72]. Die Umströmung des Zylinders wird nur im laminaren Bereich betrachtet und daher kann der Exponent der Geschwindigkeit auf n = 0,5 gesetzt werden [73].

$$I^2 \cdot R_{Draht} = (T_{Draht} - T_{Medium}) \cdot (A_K + B_K \cdot v_{Mit}^n) \tag{2.19}$$

Bei der thermischen Anemometrie gibt es zwei unterschiedliche Messverfahren. Eine Möglichkeit ist eine konstante Spannung an den Draht anzulegen und die Widerstandänderung unter dem Einfluss der Strömung zu messen (CCA: constant current anemometer). Dieses Messverfahren zeigt eine gute Empfindlichkeit bei kleinen Strömungsgeschwindigkeiten, die bei steigenden Durchflüssen abnimmt. Alternativ wird die Temperatur des Drahtes durch eine Regelung konstant gehalten und die Änderung der Heizspannung als Messsignal für die Strömungsgeschwindigkeit betrachtet (CTA: constant temperature anemometer).

Bei der Messung von statischen Durchflüssen ist vor allem eine große Genauigkeit innerhalb des Messbereichs wichtig. Zur Messung von dynamischen Durchflüssen sind geringe Reaktionszeiten ($\ll 1\,s$) nötig, damit Änderungen der Durchflussgeschwindigkeit detektiert werden können. Mikrosystemtechnische Durchflusssensoren ermöglichen durch die kleinen Abmessungen und Massen in der Regel eine hohe Dynamik und eignen sich daher zur Integration in eine Regelung. Im Anhang A.6 befindet sich eine Übersicht über kommerzielle Durchflusssensoren für Gase und Flüssigkeiten mit Angaben zur Genauigkeit und Dynamik, die dem geforderten Durchflussbereich der Anforderungsliste der Ventil-Spezifikationen (Tabelle 1.1) entsprechen.

2.5.3.2. Statische Charakterisierung des Durchflusses

Abbildung 2.12 zeigt das Schema des Messaufbaus zur statischen Charakterisierung der monostabilen Mikroventile. Bei der statischen Charakterisierung wird eine Druckdifferenz zwischen dem Einlass und Auslass des Mikroventils angelegt. Das FGL-Mikroventil wird schrittweise in einem definiertem Bereich mit elektrischem Strom beheizt und der resultierende Durchfluss simultan am Auslass des Mikroventils gemessen. Bei jedem Heizschritt wird gewartet bis die bleibende Durchflussänderung in einem vorgegeben Bereich liegt. Diese quasisimultanen Messungen kompensieren thermische Störeinflüsse und ermöglichen einen Vergleich verschiedener Mikroventile in Bezug auf die Leistungsaufnahme. Die elektrische Leistung wird über den Heizstrom des Mikroventils und die über einen Messwiderstand (1 Ω) abfallende Spannung bestimmt.

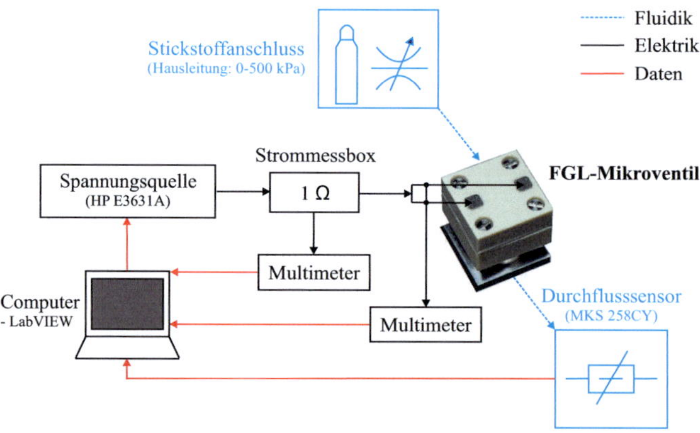

Abbildung 2.12.: Schema des Messaufbaus zur Charakterisierung des statischen Durchflussverhaltens der monostabilen FGL-Mikroventile.

Die Bestimmung des statischen Durchflusses erfolgt durch einen Durchflusssensor[6] mit anemometrischem Messprinzip. Eine Steuereinheit[7] versorgt den Durchflusssensor mit Betriebsspannung, ließt das Sensorsignal aus und gibt es über Schnittstellen aus. Die Ansteuerung und das Auslesen der Laborgeräte erfolgt über einen Computer mit der Software LabVIEW und die Schnittstelle GPIB (General Purpose Interface Bus).

Abbildung 2.13 zeigt die Reaktionszeit des Durchflusssensors zur statischen Bestimmung des Durchflusses. Zum Zeitpunkt t = 0 s wird der Durchfluss von 0 auf 500 sccm durch ein schnellschaltendes Magnetventil[8] erhöht und die Sensorspannung simultan gemessen. Der Durchflusssensor zeigt eine Totzeit (t_{tot}) von etwa 100 ms und eine Einregelzeit (t_{ein}) von etwa 800 ms, bietet aber eine Auflösung von 0,1 % und ein Genauigkeit von 0,8 % in einem Messbereich von 0 - 1000 sccm.

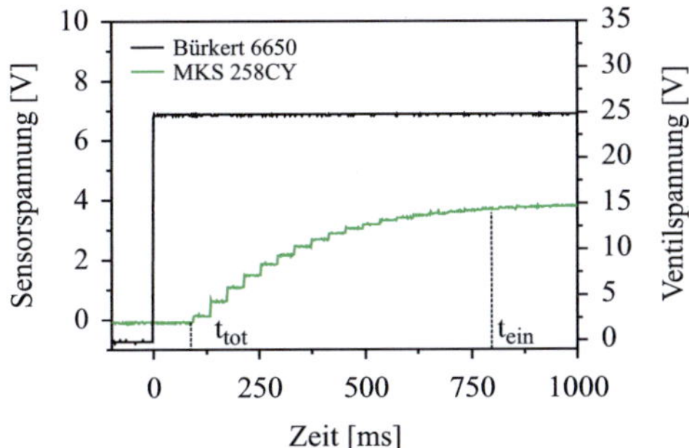

Abbildung 2.13.: Reaktionszeit des Sensors von MKS (258CY) zur statischen Bestimmung des Durchflussverhaltens.

2.5.3.3. Dynamische Charakterisierung des Durchflusses

Abbildung 2.14 zeigt das Schema des Messaufbaus zur dynamischen Charakterisierung der monostabilen Mikroventile. Die dynamische Charakterisierung erfolgt anhand einer Regelung durch die Vorgabe eines Solldurchflusses und Messung der Abweichung. Die Regelung ist mit einem Computer in der technisch-wissenschaftlichen Software Matlab realisiert. Ein Analog-

[6] MKS (Mass Flow Meter 258CY)

[7] MKS (PR 4000)

[8] Bürkert (6650)

Digital Konverter (ADK) wandelt die digitalen Ausgangssignale des Computers in analoge Signale die im Anschluss durch eine Schaltung verstärkt werden. Der Durchfluss wird am Auslass des Mikroventils durch zwei in Reihe geschaltete Durchflusssensoren bestimmt. Neben dem bereits beschriebenen Sensor von MKS wird ein hochdynamischer Durchflusssensor[9] mit anemometrischem Messprinzip verwendet. Die Messsignale beider Durchflusssensoren werden über den ADK an die Regelung zurückgeführt.

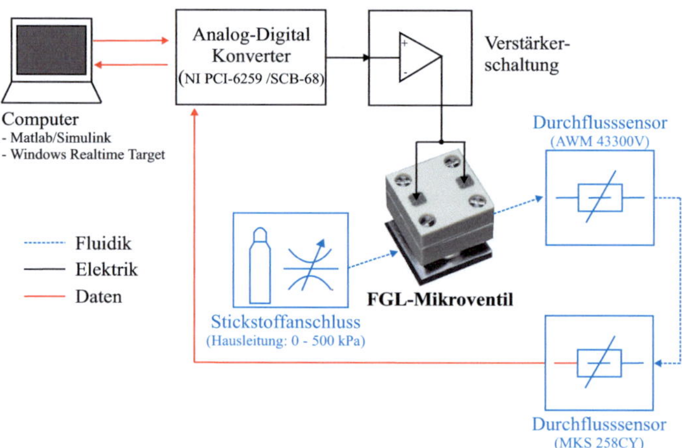

Abbildung 2.14.: Blockschema zur Regelung des Durchflussverhaltens eines FGL-Mikroventils.

Zur Bestimmung der Dynamik des hochdynamischen Durchflusssensors wird der Durchfluss sprunghaft von 0 auf 500 sccm verändert und die Reaktionszeiten gemessen. Hierzu wird ein schnellschaltendes Magnetventil zum Zeitpunkt t = 0 s geöffnet. Abbildung 2.15 zeigt die Reaktionszeit des Durchflusssensors mit einer Totzeit (t_{tot}) von etwa 2 ms und einer Einregelzeit (t_{ein}) von etwa 7 ms. Die tatsächlichen Reaktionszeiten des Durchflusssensors sind noch schneller, da das gemessene Signal auch die Reaktionszeit des Magnetventils und die Wegstrecke zwischen Sensor und Ventil beinhaltet.

[9]Honeywell (AWM 43400V)

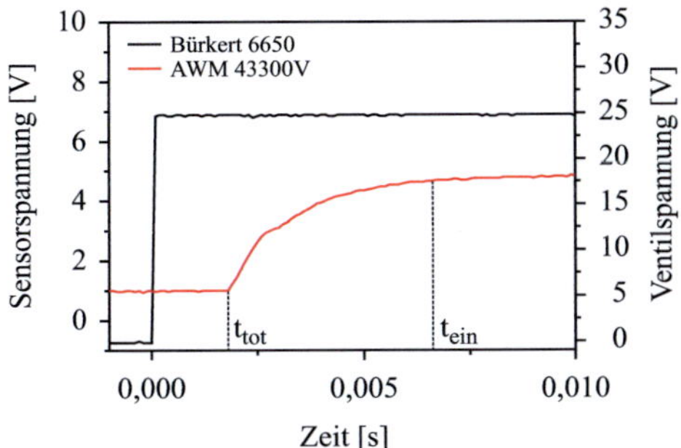

Abbildung 2.15.: Antwortverhalten des Durchflusssensors bei einem sprunghaften Anstieg des Durchflusses von 0 - 500 sccm.

3. Stand der Technik

3.1. Kategorisierung und Aktorprinzipien

Ventile und Mikroventile lassen sich in aktiv und passiv unterteilen. Das Schaltverhalten von passiven Mikroventile kann nicht durch einen Nutzer beeinflusst werden, sondern ist abhängig von physikalischen Größen, wie beispielsweise ein Rückschlagventil vom Fluiddruck. Aktive Mikroventile werden weiterhin nach dem vorliegenden Schaltverhalten in normal geöffnet (NO), normal geschlossen (NC) und bitstabil kategorisiert. Ein Mikroventil wird als NO bezeichnet, wenn es im leistungslosen Zustand geöffnet und somit ein Fluidfluss möglich ist, es aber aktiv geschlossen werden kann. Ein NC Mikroventil besitzt das gegenteilige Verhalten und ist somit im leistungslosen Zustand geschlossen, kann aber aktiv geöffnet werden. NO und NC Ventile können als reine Schaltventile realisiert werden, die nur die diskreten Zustände vollständig geöffnet beziehungsweise geschlossen besitzen. Alternativ können Schaltventile ein proportionales Verhalten aufweisen und Zwischenzustände einnehmen. Bistabile Mikroventile sind durch zwei leistungslose, stabile Zustände gekennzeichnet und benötigen nur eine aktive Ansteuerung um zwischen diesen beiden Zuständen zu schalten.

3.2. FGL-Ventile

3.2.1. Mikroventile mit FGL-Drähten als Aktorelement

Eine Möglichkeit ist die Realisierung von Mikroventilen mit einem Draht aus Formgedächtnislegierung als Aktorelement. Der Draht kann dabei einen fluidischen Kanal verklemmen oder einen verklemmten öffnen. Abbildung 3.1 zeigt ein sogenanntes Quetschventil, bei dem ein Kanal im leistungslosen Zustand durch die mechanische Kraft eines pseudoelastischen Drahtes verschlossen wird. Das NC Mikroventil wird durch Beheizen eines FGL-Drahtes mit einem elektrischen Strom geöffnet. Das Quetschventil öffnet, sobald die

FGL-Kraft die mechanische Kraft des pseudoelastischen Drahtes übersteigt. Die Kontraktion des FGL-Drahtes führt zu einer Biegung des pseudoelastischen Drahtes [74].

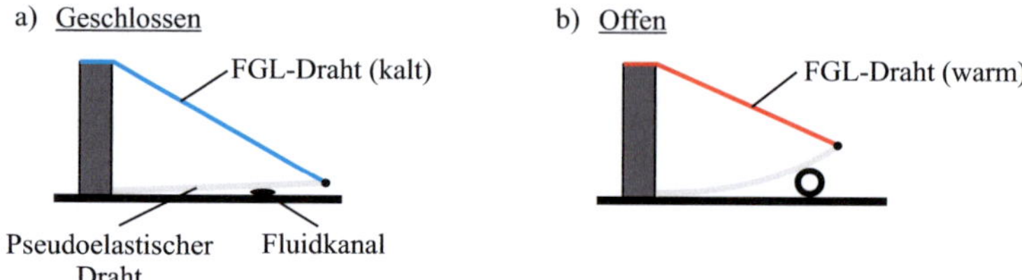

Abbildung 3.1.: NC Quetschventil mit FGL-Draht als Aktorelement und pseudoelastischem Draht als Rückstellelement im a) geschlossenen und b) offenen Zustand [74].

Ein weiteres Prinzip ist in Abbildung 3.2 dargestellt [75]. Der sich mittig befindende, kreisrunde Fluidkanal ist über zwei PEEK-Fixierungen mit einem FGL-Draht gekoppelt. Im leistungslosen Zustand sorgt die mechanische Kraft des polymeren Fluidkanals für eine Biegung des FGL-Drahtes. In diesem Zustand ist der Fluidkanal durch eine Kugel verschlossen (Abbildung 3.2a).

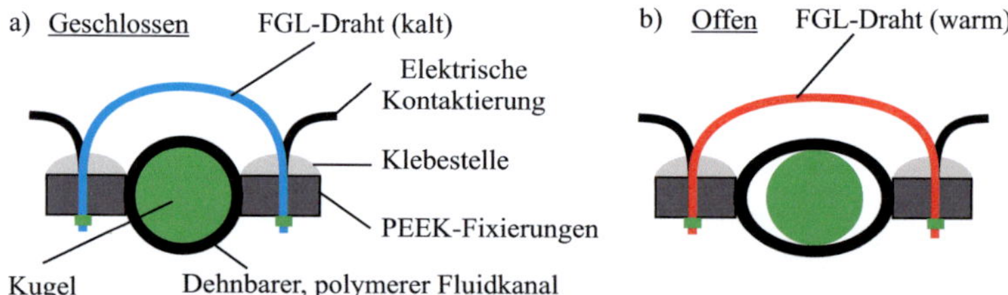

Abbildung 3.2.: Normal geschlossenes (NC) Mikroventil. a) Im leistungslosen Zustand ist der dehnbare, polymere Fluidkanal durch eine Kugel versperrt. b) Öffnen des Mikroventils erfolgt durch Beheizen des FGL-Drahtes mit einem elektrischen Strom. Die Formgedächtniskraft führt zu einer Streckung des Drahtes und des Fluidkanals und somit zum Öffnen des Mikroventils [75].

Die FGL-Kraft wirkt in Richtung der geraden eingeprägten Form, sobald der FGL-Draht mit einem elektrischen Strom über dessen materialspezifische Umwandlungstemperatur erwärmt wird. Das Mikroventil öffnet, sobald die FGL-Kraft die mechanische Kraft des Fluidkanals übersteigt. Die Kopplung des FGL-Drahtes mit dem Fluidkanal über die PEEK-Fixierungen, führt zu einer Verstreckung des Fluidkanals in eine ovale Form. Durch die Formänderung entsteht ein Spalt zwischen der Kugel und der Kanalwand, durch den ein Medium fließen kann (Abbildung 3.2b).

Ein ähnliches Quetschventil mittels eines FGL-Drahtes wurde in [76] realisiert. Durch die mechanische Kraft eines Polydimethylsiloxan (PDMS) Schlauches wird ein FGL-Draht im leistungslosen Zustand gedehnt. Die Verkürzung des FGL-Drahtes in die eingeprägte Form wird in diesem Fall durch Erwärmung mit einer Heizspule aus Aluminium erreicht. Dies verursacht ein Öffnen oder Schließen des Schlauches, in Abhängigkeit der Fixierung an der Schlauchinnen- oder außenseite und des relativen Abstands zwischen Aktorelement und Schlauch.

3.2.2. Mikroventile mit FGL-Folien als Aktorelement

Seit Anfang der 90er Jahre werden ebenfalls FGL-Folien als Aktorelemente in Mikroventile integriert [77]. Vorteile von FGL-Folien sind eine hohe Dynamik durch das große Oberflächen-zu-Volumen Verhältnis und die Möglichkeit der Integration in einen Schichtaufbau. Die Formgedächtnislegierungen werden entweder flächig als Vollmaterial oder in einem Abscheideprozess auf einem Substrat oder mikrostrukturierten Komponenten fixiert. In der Anwendung wird die FGL-Folie meist aus der Ebene gedehnt, um eine Wirkrichtung der Kräfte senkrecht zu den Schichten zu nutzen. Die Schichtbauweise ermöglicht die Realisierung von kompakten NO Mikroventilen, die unter anderem als Steuerventile für pneumatische Muskeln eingesetzt werden [78]. Um ein NC Schaltverhalten zu erreichen, werden die Mikroventile beispielsweise durch eine Blattfeder aus Beryllium-Kupfer [79] oder durch Silizium-Federbalken [80] im leistungslosen Zustand verschlossen.

Am Institut für Mikrostrukturtechnik (IMT) des Karlsruher Instituts für Technologie (KIT) werden ebenfalls seit 1997 Mikroventile mit einer FGL-Folie als Aktorelement entwickelt. Bei den ersten Arbeiten liegt der Fokus auf der Strukturierung sowie der Optimierung des mechanischen Verhaltens dieser Folien [31, 81–86]. In weiteren Arbeiten wird das thermische Verhalten optimiert [87] und druckkompensierte Mikroventilvarianten entwickelt [88]. Anschließend werden FGL zur Erweiterung des thermischen Einsatzbereichs untersucht und deren Verhalten simuliert sowie experimentell verifiziert [30, 89–92]. Die Anwendungsbereiche solcher Mikroventile werden analysiert [93, 94], ein thermischer Durchflusssensor innerhalb der Mikroventile integriert [95], eine Durchflussregelung realisiert [92, 96, 97] und NC Mikroventile entwickelt [98–101]. Zur Kostenreduzierung werden neue Integrationstechnologien der FGL-Folien mit polymeren Ventilgehäusen untersucht und mittels dieser Technologien eine Parallelfertigung realisiert [102–107].

3.2.2.1. Monostabile Mikroventile mit FGL-Folien als Aktorelement

Abbildung 3.3a) zeigt die Funktionsweise eines NO [107] und b) eines NC Mikroventils im offenen und geschlossenen Zustand [101].

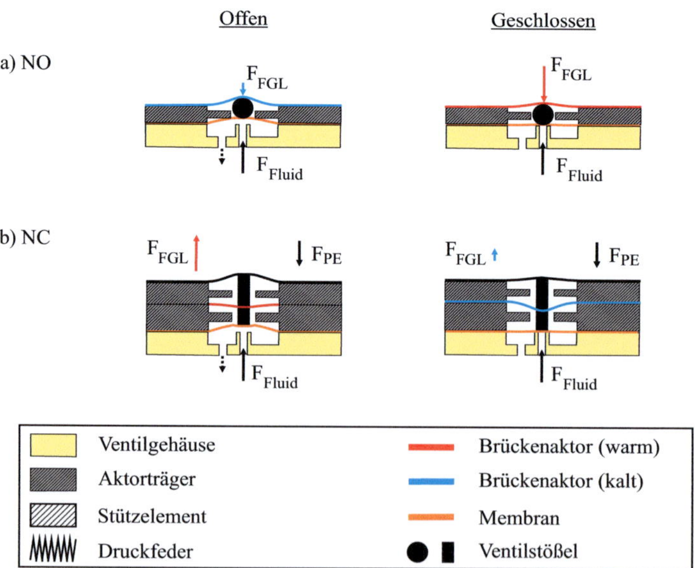

Abbildung 3.3.: Funktionsweise eines a) NO [107] und b) NC [101] Mikroventils mit FGL-Folie als Aktorelement im offenen und geschlossenen Zustand.

Beide Ventilvarianten werden mediengetrennt realisiert, indem das Ventilgehäuse durch eine Membran abgedichtet ist. Eine fluidische Druckdifferenz (> 5 kPa) zwischen Einlass und Auslass verursacht eine Dehnung der Membran des NO Mikroventils. Die Dehnung wird auf ein Aktorelement übertragen, das sich hierdurch im leistungslosen Zustand vom Ventilsitz wegbewegt. Durch den entstehenden Spalt zwischen Membran und Ventilsitz kann ein Medium vom Ein- zum Auslass fließen. Das Aktorelement verformt sich durch Erwärmen mit einem elektrischen Strom zurück in seine ursprüngliche planare Form. Das Mikroventil schließt, sobald die FGL-Kraft (F_{FGL}) die fluidische Kraft (F_{Fluid}) übersteigt und einen sphärischen Ventilstößel auf dem kreisrunden Ventilsitz verpresst. Die Form und die Materialwahl des Ventilstößels in Bezug zum polymeren Ventilsitz ergibt ein gutes Dichtverhalten, verbunden mit einer geringen Leckage. Das NC Mikroventil besitzt eine zusätzliche pseudoelastische Folie als mechanisches Federelement. Im leistungslosen Zustand ist die Federkraft (F_{PE}) größer als die Formgedächtniskraft (F_{FGL}) und dehnt das Aktorelement in Richtung Ventilsitz. In diesem Zustand ist das Mikroventil geschlossen. Beim Erwärmen des Aktorelements übersteigt die FGL-Kraft die Federkraft. Dies führt zu einer Bewegung des Aktorelements weg vom Ventilsitz und einer Stauchung der Federelements, bis ein Kräftegleichgewicht ($F_{FGL} = F_{PE}$) zwischen den beiden Kräften hergestellt ist. In diesem Zustand kann ein Medium zwischen dem Ein- und Auslass fließen.

3.2.2.2. Bistabile Mikroventile mit FGL-Folien als Aktorelement

Die Entwicklung erster Prototypen bistabiler Magneto-Formgedächtnis Mikroventilen erfolgte im Jahr 2010 am Institut für Mikrostrukturtechnik (IMT) [43]. Abbildung 3.4 zeigt einen schematischen Querschnitt, der in einem modularen Schichtaufbau realisierten Mikroventile [108].

Die FGL-Schalteinheit befindet sich als zentrales Element in der Mitte dieses Aufbaus, die aus einem antagonistischen Schalter (AS) und einem magnetischen Rückhaltesystem besteht. Der antagonistische Schalter ermöglicht das Schalten zwischen zwei stabilen Zuständen und besteht aus zwei gegeneinander vorgespannten FGL-Brückenaktoren ($B1$ und $B2$). Die beiden Brückenaktoren sind auf einem gemeinsamen Substrat fixiert und mittig durch einen hartmagnetischen Zylinder (hZ) gegeneinander vorgespannt [109]. Das magnetische Rückhaltesystem dient dem Halten der stabilen Zustände und besteht aus zwei weichmagnetischen Anschlägen ($wA1$ und $wA2$)

oberhalb und unterhalb des *AS*. In Zustand 1 (Ventil offen) überwiegt die magnetostatische Haltekraft zwischen dem *hZ* und dem *wA*2, in Zustand 2 (Ventil geschlossen) zwischen *hZ* und *wA*1. Die Abstände zwischen diesen Komponenten können durch verschiedene Schichtdicken der Abstandshalter (*Ah*1 und *Ah*2) eingestellt werden und definieren zum einen die magnetostatischen Haltekräfte in beiden Zuständen, zum anderen den Hub des *AS*. Zum Schalten zwischen beiden Zuständen müssen die magnetostatischen Haltekräfte in den jeweiligen Zuständen überwunden werden. Hierzu wird der entsprechende Brückenaktor (*B*1 oder *B*2) durch einen elektrischen Heizstrom über seine spezifische Umwandlungstemperatur erhitzt. Die bei dieser Umwandlung auftretende Formgedächtniskraft überwindet die magnetostatische Haltekraft und löst den Schaltvorgang aus. Die Übertragung der resultierenden Kräfte auf den Ventilsitz in Zustand 2 erfolgt durch einen sphärischen Ventilstößel, der in einem Durchgangsloch in *wA*1 geführt wird.

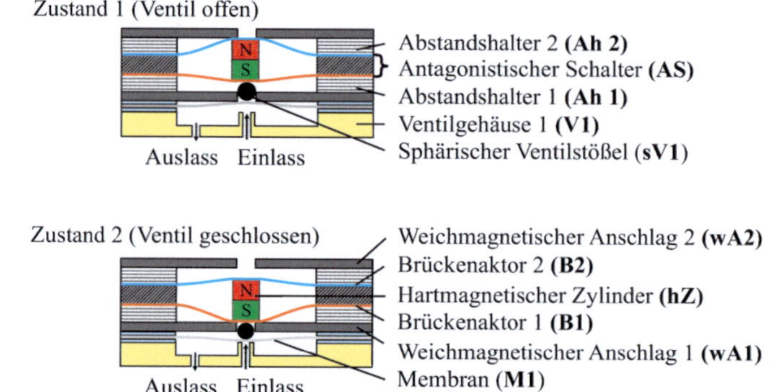

Abbildung 3.4.: Schematischer Querschnitt des bistabilen 2/2-Wege Magneto-Formgedächtnis Mikroventils im offenen und geschlossenen Zustand.

3.2.3. Kommerzielle FGL-Ventile

Ein bisher kommerziell erhältliches 2/2-Wege FGL-Mikroventil ist von der Takasago Electric, Inc. erhältlich und wird zusätzlich über Dolomite Microfluidics vertrieben [110]. Abbildung 3.5a) zeigt das FGL-Mikroventil mit den äußeren Abmessungen von 16,5 x 16 x 4 mm^3.

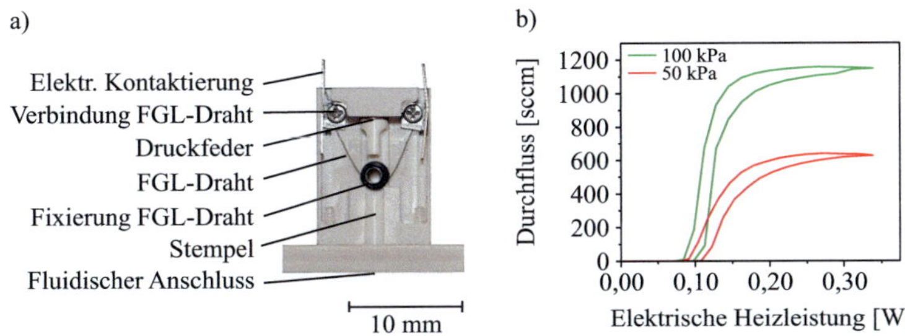

Abbildung 3.5.: a) Foto eines kommerziell erhältlichen NC FGL-Mikroventils und b) Durchfluss in Abhängigkeit der elektrischen Heizleistung für eine anliegende Druckdifferenz von 50 - 100 kPa [110].

Der Einlass und Auslass des NC Mikroventils besteht aus Durchgangslöchern mit einem Durchmesser von 400 µm. Herzstück des Mikroventils ist ein zylindrischer Stempel, an dessen einem Ende eine vulkanisierte Dichtungsmembran befestigt ist und auf der gegenüberliegenden Seite eine Druckfeder. Die Druckfeder stützt sich am Gehäuse ab und verschließt das Mikroventil im leistungslosen Zustand. Ein FGL-Draht mit einem Durchmesser von 120 µm ist mittig mit dem Stempel verbunden und an beiden Enden am Gehäuse verschraubt. Zur elektrischen Kontaktierung sind an diesen Verschraubungen Metallplatten befestigt. Der Stempel kann sich in axialer Richtung bewegen und wird zur Reibungsminimierung in einem polymeren Gleitlager innerhalb des Gehäuses geführt. Laut Herstellerangaben kann das Mikroventil bis 80 kPa betrieben werden und benötigt eine maximale Heizleistung von 300 mW. Zur Verifikation wurde das Mikroventil charakterisiert und übertrifft dabei die Angaben des Herstellers. Der FGL-Draht wird im leistungslosen Zustand durch die Druckfeder gedehnt und die Dichtungsmembran auf dem Ventileinlass verspannt. In diesem Zustand zeigt das Mikroventil bis zu einer anliegenden Druckdifferenz von 500 kPa keine Leckage. Zum Öffnen des Mikroventils wird der FGL-Draht durch eine elektrische Heizleistung erwärmt. Die dabei entstehende FGL-Kraft wirkt gegen die Federvorspannung und verursacht einen Hub des Stempels von etwa 120 µm. In Abbildung 3.5b) ist der Durchfluss von gasförmigen Stickstoff in Abhängigkeit der elektrischen Heizleistung für eine anliegende Druckdifferenz von 50 und 100 kPa dargestellt. Das Mikroventil beginnt ab einer kritischen Heizleistung von 80 mW zu öffnen und ist ab 200 mW vollständig geöffnet. Der maximale Durchfluss für eine Druckdifferenz von 100 kPa beträgt 1100 sccm. Bei höheren Druckdifferenzen ist die Federkraft zu gering, um das Mikroventil im offenen Zustand gegen die Fluidkraft zu schließen.

FGL-Ventile werden zur Regulierung der Temperatur in Mischerbatterien im sanitären Bereich eingesetzt [111]. Diese Ventile stehen somit in Konkurrenz zu wachsbasierten Temperaturreglern, zeigen jedoch Vorteile hinsichtlich des Ansprechverhaltens und der Langzeitstabilität. In Abbildung 3.6 ist ein FGL-basierter Temperaturregler dargestellt. Die Kalt- und Warmwasserzuführung münden in eine gemeinsame Mischkammer, in der sich ein axial verschiebbarer Kolben befindet. An diesem Kolben wirken eine herkömmliche und eine FGL-Zugfeder, die jeweils an der Kammerwand abgestützt werden. In Abhängigkeit der Temperatur verändert sich das Kräfteverhältnis zwischen der Formgedächtniskraft und der Kraft der Druckfeder. Dies resultiert in eine axiale Verschiebung des Kolbens und somit zu einer Veränderung des Mischungsverhältnisses zwischen Kalt- und Warmwasserzuführung. Abbildung 3.6a) und c) zeigen die Zustände vor dem Schalten, bei denen die FGL-Feder noch nicht die Temperatur des Mediums angenommen hat. In Zustand a) befindet sich warmes Wasser in der Mischkammer aber die FGL-Zugfeder ist noch in der martensitischen Phase und in Zustand c) befindet sich kaltes Wasser in der Mischammer aber die FGL-Zugfeder ist noch in der austenitischen Phase. Abbildung 3.6b) zeigt den geregelten Zustand, in dem sich in Abhängigkeit der Temperatur ein Kräftegleichgewicht zwischen der Formgedächtniskraft (F_{FGL}) und der Federkraft (F_{Feder}) einstellt und die Temperatur des Fluids im Auslass entsprechend mischt.

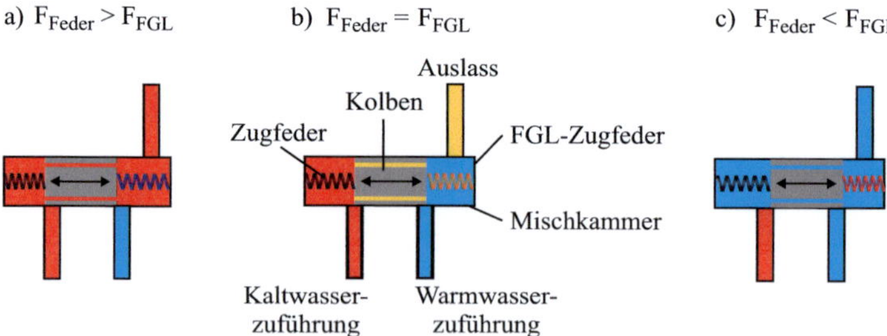

Abbildung 3.6.: Temperaturregelndes Ventil mit FGL-Feder als Aktorelement [111].

Im Automobilbereich werden FGL-Ventile zur Drucksteuerung in Fahrzeugsitzen verwendet. Der geringe Bauraum sowie die Forderung eines lautlosen und leistungsarmen Betriebes begünstigen eine FGL als Aktorprinzip. Abbildung 3.7a) zeigt das Foto eines NC 3/3-Wege FGL-Pneumatikventils der Firma ActuatorSolutions [112] und 3.7b) den schematischen Querschnitt im offenen und geschlossen Zustand. Im leistungslosen Zustand werden die FGL-Drähte durch eine Druckfeder gedehnt und das Ventil ist geschlossen. Durch Heizen des entsprechenden FGL-Drahtes mit elektrischem Strom öffnet das Ventil, sobald die Formgedächtniskraft die Kraft der Druckfeder übersteigt.

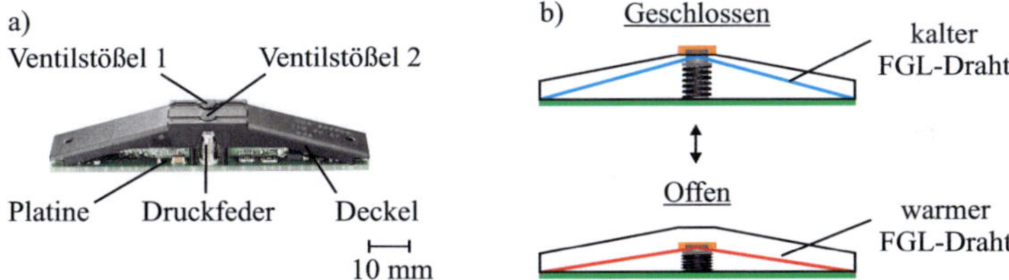

Abbildung 3.7.: NC 3/3-Wege FGL-Ventil zur pneumatischen Drucksteuerung in Fahrzeugsitzen [112].

3.3. Mikroventile

In den vergangenen 30 Jahren wurde eine Reihe von aktiven monostabilen Mikroventilen mit den beschriebenen Schaltverhalten (Kapitel 3.1) und unterschiedlichen Aktorprinzipien entwickelt [113]. Mögliche Prinzipien sind beispielsweise elektromagnetische [114–117], elektrostatische [118–121], piezoelektrische [122–127] oder thermopneumatische Aktorelemente [128–130]. Die Schaltverhalten und Aktorprinzipien werden exemplarisch an den bisher entwickelten bistabilen Mikroventilen erläutert. Da noch kein bistabiles Mikroventil mit piezoelektrischem Aktorelement existiert, wird dieses Aktorprinzip an einem monostabilen Mikroventil beschrieben. Die Kenndaten der bistabilen Mikroventile werden tabellarisch aufgelistet und mit der Anforderungsliste (Tabelle 1.1) sowie den eingeführten Parametern (Kapitel 2.1.2) verglichen.

3.3.1. Piezoelektrisches monostabiles Mikroventil

Abbildung 3.8 zeigt ein NO Mikroventil mit piezoelektrischem Aktorelement. Im leistungslosen Zustand kann ein Medium durch den Ein- und Auslass zwischen einem Ventilgehäuse und einem elastisch gelagerten Ventilstößel fließen. Zum Schließen des Mikroventils wird eine elektrische Spannung an den Piezoaktor angelegt. Hierdurch kommt es zu einer Verlagerung von Ladungsschwerpunkten und somit einer makroskopischen mechanischen Verformung des Piezoaktors. Die damit verbundene Längenänderung wird an den elastisch gelagerten Ventilstößel übertragen, da der Piezoaktor einseitig an einem festen Rahmen fixiert ist. Der Ventilstößel wird auf dem Ventilgehäuse verpresst und verschließt den Einlass [122].

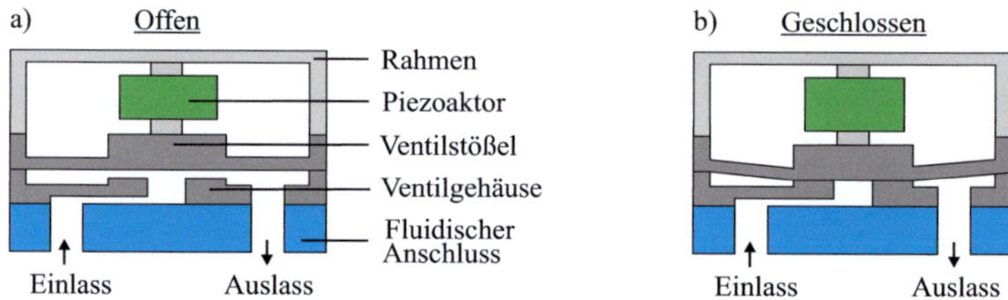

Abbildung 3.8.: Monostabiles NO Mikroventil mit piezoelektrischem Aktorelement [122].

3.3.2. Thermopneumatische bistabile Mikroventile

Thermopneumatische Mikroventile nutzen die thermische Ausdehnung eines fluidischen Mediums in einer abgeschlossenen Fluidkammer. Als Heizelement werden häufig metallische Leiterbahnen verwendet, die sich auf Grund des Ohm'schen Widerstandes bei einem elektrischen Stromfluss erwärmen. Die Erwärmung verursacht eine Ausdehnung des Mediums und somit entsteht eine temperaturabhängige Druckdifferenz, die den Schaltvorgang des Mikroventils verursacht.

Bistabiles Schaltverhalten mit solch einem Aktorprinzip benötigt zwei separierte Fluidkammern, die alternierend angesteuert werden und somit bidirektional schalten. Die stabilen Postionen im leistungslosen Zustand können beispielsweise durch Permanentmagnete realisiert werden. Abbildung 3.9 zeigt ein thermopneumatisches Mikroventil mit Luft gefüllten Fluidkammern, die durch Membranen abgedichtet sind.

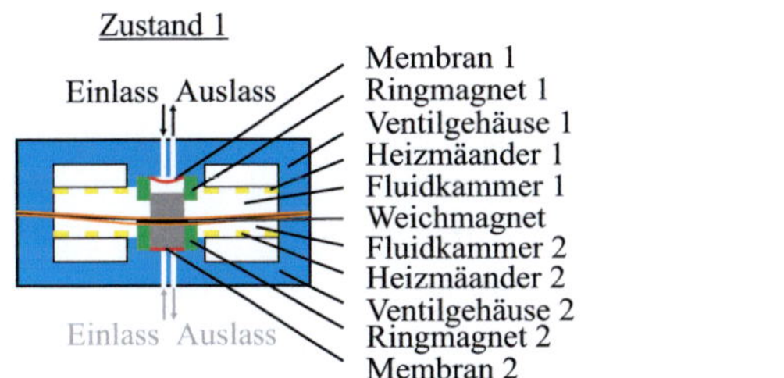

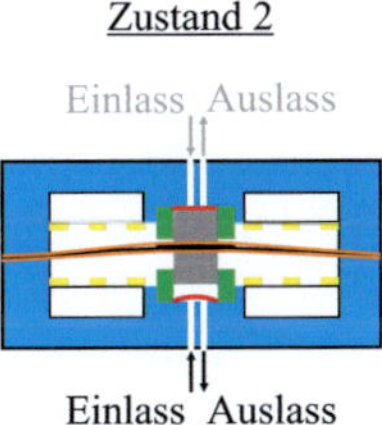

Abbildung 3.9.: Thermopneumatisches 3/2-Wege Mikroventil mit bistabilen, magnetostatischen Zuständen [131].

Die Fluidkammern werden durch Heizmäander aus Gold erwärmt, die auf den Membranen in einem Sputter-Prozess abgeschieden werden. Die Erwärmung führt zu einer Ausdehnung der Luft und Wölbung der entsprechenden Membran. Zwischen den beiden Membranen befindet sich ein weichmagnetischer Kolben, der durch die Wölbung axial verschoben wird. Die stabilen Zustände in den Endpositionen der Verschiebung werden durch magnetostatische Haltekräfte zwischen dem Kolben und einem hartmagnetischen Ringmagnet erreicht [131, 132].

Alternativ besteht die Möglichkeit mit nur einer Druckkammer bidirektional zu schalten [133, 134]. Abbildung 3.10 zeigt den Querschnitt eines Mikroventils mit nur einer Fluidkammer, die durch eine steife, unter Druckspannung eingespannte Membran verschlossen ist.

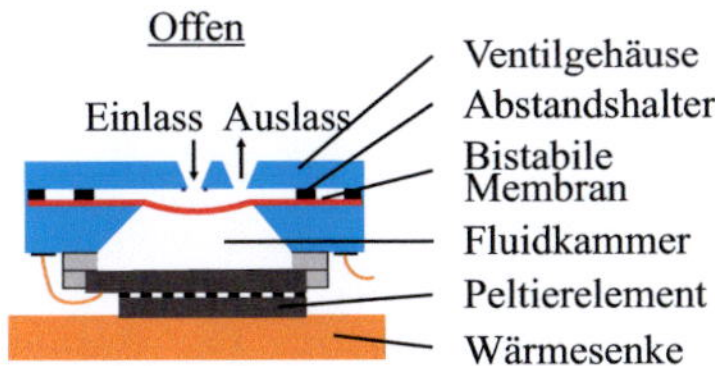

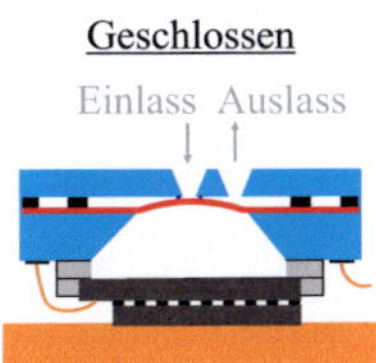

Abbildung 3.10.: Verschlossene Fluidkammer wird durch ein Peltierelement gewärmt oder gekühlt und schaltet in Folge dessen eine bistabile Membran [134].

Das Medium in der Fluidkammer wird durch ein Peltierelement entweder erwärmt oder gekühlt. Durch den relativen Druckunterschied zur Umgebung dehnt sich das Medium beim Heizen aus oder zieht sich beim Kühlen zusammen. Die Volumenänderung des Mediums wird auf die Membran übertragen, die sich entsprechend von der Fluidkammer weg oder zu dieser hin wölbt. Durch die Eigenspannung der Membran sind die beiden Wölbungen mechanisch stabil. Eine andere Möglichkeit ist die Verwendung eines NO Mikroventils, dass thermopneumatisch geschlossen wird und diesen Zustand über elektrostatische Kräfte beibehält. Die Messung der Kapazitäten des elektrostatischen Aktorprinzip erlaubt die zusätzliche Kontrolle des Schaltzustandes [135, 136].

3.3.3. Elektromagnetische bistabile Mikroventile

Abbildung 3.11 zeigt ein bistabiles Mikroventil mit einem Silizium-basierten Ventilgehäuse [137]. Im geschlossenen Zustand wird das Ventilgehäuse durch eine Druckfeder mit einem ferromagnetischen Anker verschlossen. Ausgehend von diesem Zustand wird das Mikroventil durch elektrische Ansteuerung einer Spule geöffnet. Das Mikroventil öffnet, sobald die magnetische Kraft die Federkraft übersteigt.

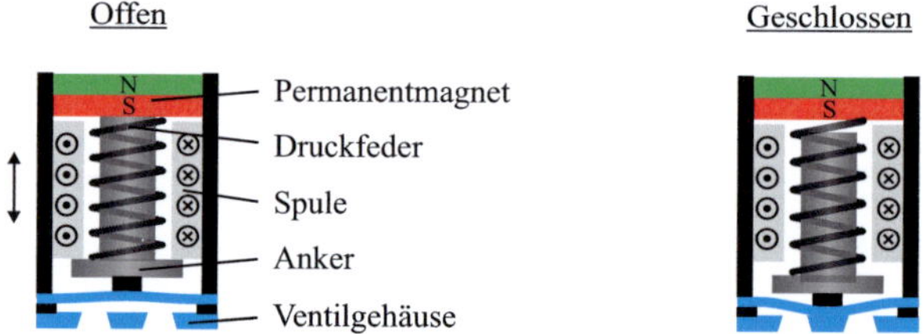

Abbildung 3.11.: Bistabiles Mikroventil aus Silizium mit einer externen, dreidimensionalen Spule zum Schalten. Die stabilen Zustände sind über magnetostatische Haltekräfte und eine Druckfeder realisiert [137].

Die stabile Position im offenen Zustand wird durch magnetostatische Kräfte am Anschlag des Ankers mit einem Permanentmagneten erreicht. Durch Umkehrung der elektrischen Ansteuerung der Spule kann der Anker wieder in die ursprüngliche Position bewegt werden. Die Baumaße des Mikroventils liegen über einem Kubikzentimeter, da das Magnetfeld zum Schalten des

Ankers durch eine kommerziell erhältliche dreidimensionale Spule erzeugt wird. Mikrosystemtechnisch hergestellte Spulen sind durch die Fertigungstechnologien meist nur zweidimensional und können die nötigen Magnetfelder nicht erzeugen.

Abbildung 3.12 zeigt ein rotatorisch wirkendes bistabiles Mikroventil. Ein drehbar gelagerter Rotor wird durch magnetische Kreise, die durch eine externe Spule erzeugt werden, zwischen zwei Positionen geschaltet. Die beiden Positionen werden durch Gelenke mechanisch stabilisiert. Im offenen Zustand kann ein Medium ungehindert durch Auslassöffnungen ausströmen, die im geschlossenen Zustand durch den Rotor verschlossen sind [138].

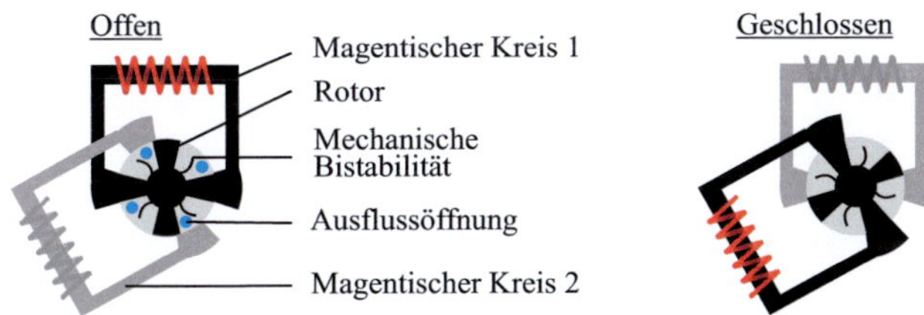

Abbildung 3.12.: Mittels zwei elektromagnetischen Kreisen rotatorisch schaltendes Mikroventil. Die stabilen Positionen sind über mechanische Haltestrukturen realisiert [138].

Die Realisierung von kompakten Mikroventilen mit elektromagnetischem Aktorprinzip erfordert die Integration der Mikrospulen. Mögliche Ansätze zur Herstellung von Mikrospulen durch mikrosystemtechnische Fertigungstechnologien basieren meist auf zweidimensionalen, planaren Windungen. Ausgehend von einem belichteten und entwickelten Substrat werden die Windungen aus Nickel oder Kupfer mit Aspektverhältnissen bis über vier galvanisch abgeschieden [139, 140]. Abbildung 3.13 zeigt ein Mikroventil mit einer planaren Mikrospule, die sich rotationssymmetrisch um eine Auslassöffnung befindet. Durch die elektrische Ansteuerung der Mikrospule wird ein Permanentmagnet angezogen oder abgestoßen. Die stabile Position im offenen Zustand ist durch die elastischen Eigenschaften einer Haltestruktur und im geschlossen Zustand durch magnetostatische Kräfte zwischen dem Permanentmagneten und dem Ventilgehäuse realisiert. Zur Reduzierung der Leckage befindet sich noch eine Ventildichtung um die Auslassöffnung [141, 142].

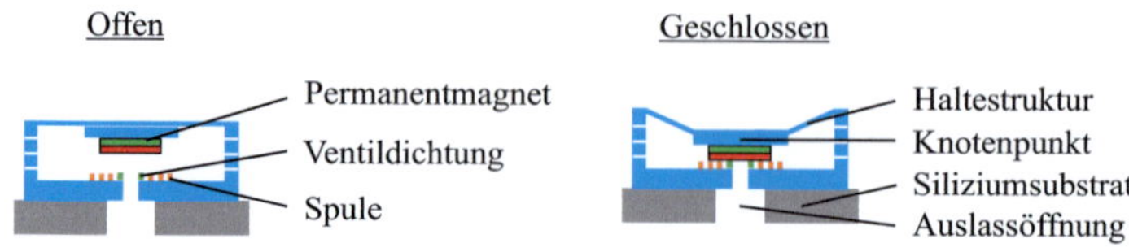

Abbildung 3.13.: Ein Permanentmagnet wird durch eine Mikrospule angezogen oder abgestoßen. Die stabilen Zustände sind durch mechanische Eigenschaften einer Haltestruktur und durch magnetostatische Haltekräfte realisiert [141, 142].

Abbildung 3.14 zeigt ebenfalls ein Mikroventil mit elektromagnetischem Aktorprinzip. Die Spule befindet sich in diesem Fall auf der Oberseite des Mikroventils. Durch elektrische Ansteuerung der Spule wird ein Permanentmagnet angezogen oder abgestoßen. Der Permanentmagnet ist einseitig mit einer elastischen Haltestruktur verbunden, sodass er keine lineare Bewegung sondern eine Rotation um einen Drehpunkt ausführt.

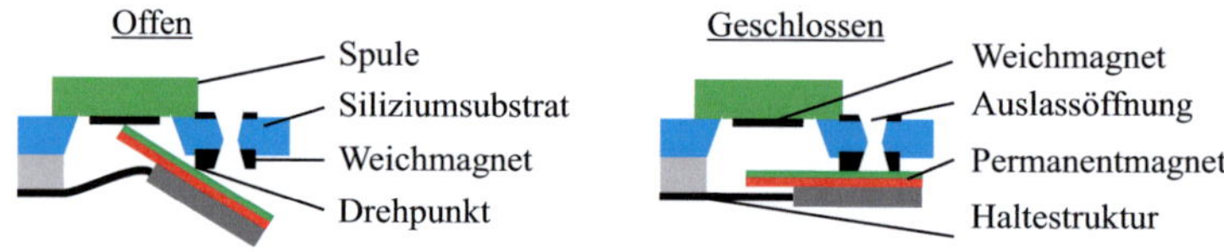

Abbildung 3.14.: Elektrische Ansteuerung der Spule führt zu einer Anziehung oder Abstoßung eines Permanentmagneten, der durch eine einseitige Fixierung mit einer elastischen Haltestruktur eine Drehbewegung ausübt. Die stabilen Positionen sind durch magnetostatische Haltekräfte zwischen dem Permanentmagneten und weichmagnetischen Schichten realisiert [143].

Die beiden stabilen Position sind jeweils durch magnetostatische Kräfte realisiert. Im offenen Zustand wirken Kräfte zwischen dem Permanentmagnet und einem weichmagnetischen Anschlag, der unterhalb der Spule angebracht ist, und im geschlossen Zustand zwischen dem Permanentmagnet und einem weichmagnetischen Ring, der sich um die Auslassöffnung befindet [143].

3.3.4. Elektrostatische bistabile Mikroventile

Auf der Grundlage des elektrostatischen Aktorprinzips werden ebenfalls bistabile Mikroventile hergestellt. Die Vorteile des elektrostatischen Schaltkonzeptes liegen in der schnellen Ansprechzeit und den geringen elektrischen Strömen. Nachteilig sind die hohen elektrischen Spannungen und die geringe Reichweite der Kräfte. Abbildung 3.15 zeigt ein Mikroventil, welches aus zwei strukturierten Silizium-Substraten besteht und einer sich dazwischen befindlichen Membran. Die beiden Silizium-Substrate beinhalten die fluidischen Kanäle und dienen gleichzeitig als Elektroden. Die Membran besteht aus Polyimid und ist beidseitig metallisiert, um ebenfalls als Elektrode zu fungieren. Neben einem Ein- und Auslass befindet sich noch ein weiterer Fluidanschluss im unteren Silizium-Substrat. Auf Grund des Designs des Mikroventils ermöglicht dieser Fluidanschluss einen Druckausgleich innerhalb des Mikroventils und die stabilen Zustände im offenen sowie geschlossenen Zustand. Der Schaltvorgang wird entweder zwischen dem oberen Silizium-Substrat und der Membran oder dem unteren Silizium-Substrat und der Membran mittels einer elektrischen Spannung realisiert [144].

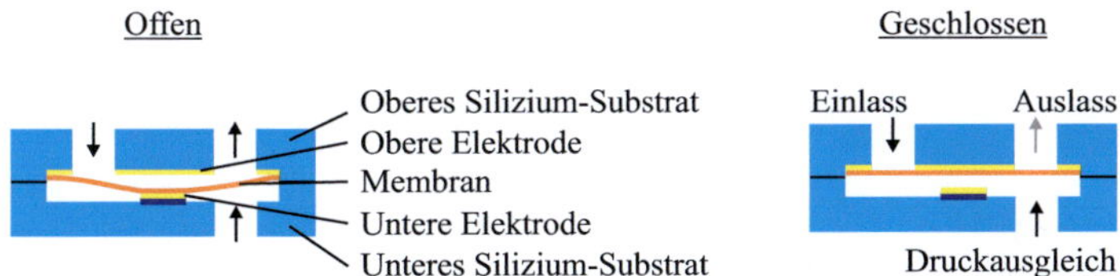

Abbildung 3.15.: Elektrostatisch schaltendes bistabiles Mikroventil. Die stabilen Zustände sind durch Druckdifferenzen zwischen den Fluidkanälen realisiert [144].

Es werden auch Ansätze verfolgt den bidirektionalen Schaltvorgang nicht nur über ein Aktorprinzip, sondern aus einer Kombination mindestens zweier Prinzipien zu erreichen. Beispielsweise dient ein Silizium-Substrat als Ventilgehäuse und Elektrode und ein weiteres strukturiertes Silizium-Substrat als Membran und Elektrode. Bei einem zusätzlichen äußeren Magnetfeld kann somit durch Lorentzkräfte über elektrischen Strom oder durch Coulomb'sche Kräfte über elektrische Spannung geschaltet werden. Die Realisierung der stabilen Zustände erfolgt in diesem Fall über elektrostatische Kräfte [145].

3.3.5. Phasenzustandsabhängige bistabile Mikroventile

Abbildung 3.16a) zeigt eine Alternative, bei der die stabilen Zustände über Paraffin in der festen Phase realisiert werden. Zum Schalten wird die Viskosität des Paraffins durch Erwärmung mit einer Heizmäander reduziert und das schmelzflüssige Material entweder durch die elastischen Eigenschaften einer Membran oder einen äußeren fluidischen Druck verdrängt [146]. In Abbildung 3.16b) wird das Paraffin ausschließlich durch eine Druckdifferenz geschaltet, nachdem es ebenfalls durch eine Heizmäander in einen fließfähigen Zustand überführt wird [147].

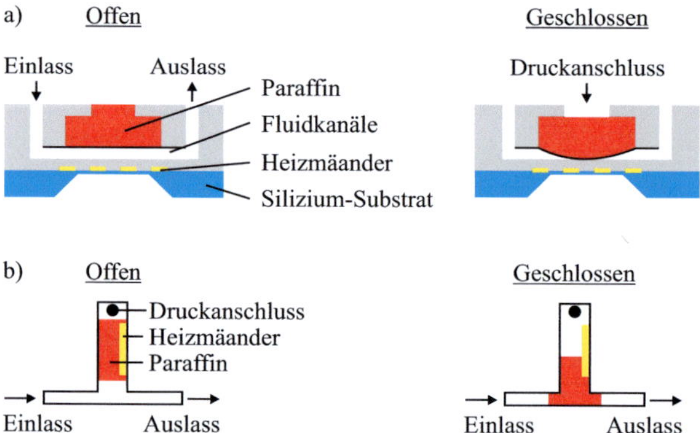

Abbildung 3.16.: Im offenen Zustand ist der Durchflusskanal frei und ein Medium kann fließen. Zum Schließen wird das Paraffin durch eine Heizmäander erwärmt und entweder a) pneumatisch und mechanisch [146] oder b) rein pneumatisch [147] in den Durchflusskanal verdrängt.

3.3.6. Kommerzielles bistabiles Mikroventil

Ein kommerziell erhältliches bistabiles 3/2-Wege Mikroventil ist von der Lee-Company erhältlich [148]. Das Mikroventil besitzt eine zylindrische Form mit einem Durchmesser von 6,3 mm und einer Länge von 31,2 mm. Der schaltbare Druckbereich liegt zwischen 0 - 310 kPa bei einer Leistungsaufnahme von 5,5 mW für einen Schaltvorgang. Die stabilen Zustände sind zum einen über magnetostatische Haltekräfte, zum anderen über eine Druckfeder realisiert. Schalten zwischen diesen Zuständen erfolgt durch entsprechende Ansteuerung einer Spule und der resultierenden axialen Verschiebung eines Ankers. Abbildung 3.17 zeigt das Mikroventil in den beiden möglichen Schaltstellungen. In Zustand 1 befindet sich der Anker am Permanentmagnet und verschließt über eine Dichtung den Anschluss (B_F), sodass ein Medium zwischen dem Druckanschluss (P_F) und Anschluss (A_F) fließen kann. Zustand 2 zeigt die zweite stabile Position, in der der Anker durch eine Druckfeder axial verschoben ist und über eine Dichtung den Anschluss (A_F) verschließt, sodass ein Medium zwischen P_F und B_F fließen kann.

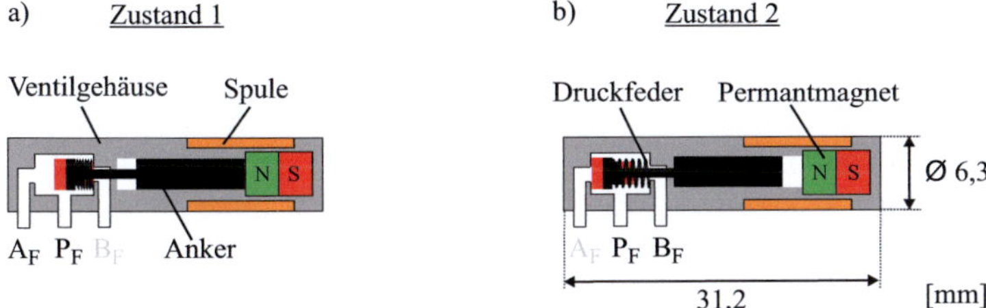

Abbildung 3.17.: Kommerziell erhältliches bistabiles Mikroventil der Firma Lee-Company. Die stabilen Zustände sind durch magnetostatische Haltekräfte und eine Druckfeder realisiert. Schalten zwischen den Zuständen erfolgt durch entsprechende Ansteuerung einer Spule [148].

3.3.7. Vergleich von bistabilen Mikroventilen

In Tabelle 3.1 sind die bisher entwickelten bistabilen Mikroventile aufgelistet. Der obere Teil der Tabelle zeigt Mikroventile für flüssige Medien und der untere Teil Mikroventile für gasförmige Medien, jeweils aufsteigend nach der fluidischen Leistung. Erfüllt ein Mikroventil die Anforderungen der Ventilspezifikationen (Tabelle 3.1) ist das entsprechende Feld grün, ansonsten rot gefärbt. Die grau hinterlegten Felder können auf Grund von fehlenden Angaben nicht angegeben werden und die weißen Felder gehen nicht in die Bewertung ein.

Das bistabile thermopneumatische Mikroventil von Yang et al. [131] kann die geforderte Druckdifferenz schalten, ermöglicht einen ausreichend großen Medienstrom und liegt unterhalb der maximalen Antwortzeit. Die Leistungsaufnahme des Mikroventils liegt ebenfalls deutlich unter dem geforderten Wert. Das Mikroventil ist in einem Schichtaufbau mit polymeren Ventilgehäusen realisiert und wird durch Schrauben mechanisch verbunden. Hierdurch kann die Herstellung und der Aufbau in eine industrielle Fertigung übertragen werden. Mit einem Durchmesser von 26 mm übertrifft das Mikroventil jedoch die geforderten lateralen Abmessungen von 10 x 10 mm^2 und kann nicht in die geplante Anwendung integriert werden. Das thermopneumatische Mikroventil von Goll et al. [133] erfüllt die geforderte Größenvorgabe und den schaltbaren Druckbereich. Das Mikroventil wurde aber bisher nur unter Laborbedingungen getestet und noch nicht hinsichtlich einer industriellen Umsetzung untersucht. Messungen zeigen eine Leckage im geschlossenen Zustand, die das Mikroventil für die geplante Anwendung ausschließen. Das thermopneumatische Mikroventil von Huesgen et al. [134] wird bereits in einem Batch-Prozess in Siliziumtechnik hergestellt, liegt unterhalb der Größenanforderung und ermöglicht einen ausreichenden Durchfluss sowie die geforderte Antwortzeit. Die maximal schaltbare Druckdifferenz dieses Mikroventils erreicht aber ungefähr nur 1/10 des geforderten Wertes und die nötige Leistung zur Ansteuerung des Peltierelementes liegt über den geforderten Werten. Die Verwendung von Peltierelementen ist weiterhin nachteilig, da hierdurch die Stückkosten der Mikroventile ansteigen. Das bistabile, thermopneumatische Mikroventil von Potkay et al. [136] erfüllt in keinem der oben genannten Punkte die Anforderungen.

Die bistabilen elektromagnetischen Mikroventile erfüllen die Antwortzeiten und sind kleiner als die geforderten Abmaße. Das Mikroventil von Bintoro et al. [141] besitzt eine integrierte, zweidimensionale Spule, die mehr als die geforderte elektrische Leistung benötigt. Durch das Zusammenspiel von elastischen Haltestrukturen mit magnetostatischen Kräfte können die geforderten Druckdifferenzen nicht geschaltet werden. Das Mikroventil von Capanu et al. [143] benötigt eine geringere Leistung, kann die geforderte Druckdifferenz aber nicht schalten, da die stabilen Positionen ebenfalls durch elastische Haltestrukturen und magnetostatische Kräfte realisiert sind. Das von Böhm et al. [137] entwickelte Mikroventil, wurde durch mikrosystemtechnische Fertigungsverfahren in Siliziumtechnik hergestellt. Die magnetischen Felder zum Schalten des Mikroventils werden jedoch durch eine externe Spule erzeugt und daher übersteigen die Abmessungen die geforderten Werte. Die schaltbare Druckdifferenz liegt ebenfalls unterhalb des geforderten Druckbereichs. Bei dem von Luharaku et al. [138] entwickelten Mikroventil wird das magnetische Feld ebenfalls durch eine externe Spule erzeugt. Dieses Mikroventil ermöglicht das Schalten der geforderten Druckdifferenz, zeigt aber im geschlossenen Zustand eine zu große Leckage. Keines der vier elektromagnetischen Mikroventile konnte die fluidischen Forderungen bezüglich des Durchflusses erfüllen.

Das bistabile, elektrostatische Mikroventil von Byunghoon et al. [144] liegt nur unterhalb der Antwortzeit. Die weiteren Anforderungen können von diesem in Siliziumtechnik hergestellten Mikroventil nicht erfüllt werden.

Das phasenzustandsabhängige Mikroventil von Yang et al. [146] ist kleiner als die geforderte Baugröße. Bei allen anderen Punkten können die Kenndaten des Mikroventils die geforderten Spezifikationen nicht erfüllen.

Die Lee-Company vertreibt das momentan einzige kommerzielle, bistabile Mikroventil. Das Mikroventil benötigt eine geringe Schaltleistung von nur 5 mW und erfüllt den schaltbaren Druck- und Durchflussbereich. Es erfüllt alle Forderungen bis auf die Baugröße. Die Bauteilhöhe liegt mit 31,2 mm über dem dreifachen Wert der Forderung, und kann somit nicht in der geplanten Anwendung auf einer fluidischen Schaltplatte eingesetzt werden.

Funktionsprinzip + Quelle	Medium [G/W] Δp_{max} [kPa]	Durchfluss [sccm] @ Δp [kPa]	Leckage [µl/min]	Antwortzeit [ms]	Baugröße [cm³]	Heizleistung, -spannung, -strom	Hub/Kraft/Winkel	Fluidische Leistung [ml/s]	Leistungsdichte [ml/(s*cm³)]	Bemerkung
EM + P/Me [Bintoro]	W 1,5	0,05 @ 1,5	< 0,8	10	0,001	1,2-1,6 W	30 µm 2 mN	**0,001**	12,50	CMOS kompatibel
D + Pa [Yang]	W 40	0,025 @ 10	1	4000-8000	0,810	0,5-1,0 W	/	**0,016**	0,02	keine Medientrennung
EM + P [Capanu]	W 7	0,05 @ 7	/	5,3 (öff) 38 (zu)	0,162	0,47 W	/	**0,047**	0,29	
EM + P/F [Böhm]	W 10	0,684 @ 10	0,1	/	1,029	500 mA	>2000 mN	**0,113**	0,11	Ventilgehäuse + 3D-Spule
EM + P/M [Shinozawa]	W 10	0,9 @ 10	20	/	0,125	200 mA	0,13-0,17 mN	**0,150**	1,20	
TP + M [Huesgen]	W 20	4 @ 20	< 1	80 (zu) 400 (öff)	0,018	7,0 W	25 µm	**1,333**	73,88	zusätzliches Peltierelement
TP + M/ES [Potkay]	G 0,7	8 @ 0,7	2,2	1100	0,116	0,57 W	38 µm	**0,09**	0,77	überlagerte Aktorprinzipien
ES + ES/P [Byunghoon]	G 145	23 @ 145	5,6	0,05	> 3	140 V	/	**55,5**	< 18,3	externe Druckquelle
TP + M [Goll]	G 400	15 @ 400	60	/	0,02	/	120 µm	**100**	5000	
EM + Me [Luharaku]	G 40	500 @ 40	30	< 10	0,025	< 10 W	20°	**333,3**	13333	rotatorische Bewegung
FGL + P [Barth]	G 100	900 @ 100	< 6	< 60	0,2	0,55 W	60 µm 102 mN	**1500**	7500	
TP + P [Yang]	G 200	1360 @ 200	0	18-30	7,37	32,0 W	630 µm 820 mN	**4533**	615	3/2-Wege
F + P [Lee]	G 310	6000 @ 70	<1	< 10	0,97	0,005W	/	**6894**	7107	3/2-Wege kommerziell

Tabelle 3.1.: Vergleich bisher entwickelter, bistabiler Mikroventile. In der ersten Spalte bezeichnet die erste Abkürzung das Schaltprinzip und die zweite die Realisierung der stabilen Zustände. Die Abkürzungen bedeuten: EM = Elektromagnetisch, ES = Elektrostatisch, P = Permanentmagnet, M = Membran, F = Feder, FGL = Formgedächtnislegierung, Me = Mechanisch, Pa = Paraffin und D = Druckdifferenz. Im oberen Teil sind Mikroventile für liquide Medien und im unteren Teil für gasförmige Medien.

3.4. Regelungen von Formgedächtnislegierungen

Regelungen von Formgedächtnislegierungen dienen dem Zweck zwischen den beiden Phasenzuständen des Martensits und Austenits beliebig viele Zwischenzustände zu realisieren. Das gemeinsame Ziel der Regelungen ist eine hohe Regeldynamik und somit eine kurze Ausregelzeit (t_{aus}) sowie eine hohe statische Güte und somit eine geringe bleibende Regeldifferenz (e). Das hysteresebehaftete Verhalten einer Formgedächtnislegierung und die Totzeit des thermischen Aktorprinzips erschweren die Realisierung einer Regelung. Dies fordert die Erweiterung einer P-Regelung durch Regler wie beispielsweise PI, PD oder PID. Alternativ können auch modellbasierte Regelungen eingesetzt werden, bei denen das Hystereseverhalten von Formgedächtnislegierungen hinterlegt ist.

3.4.1. PI-Regelungen

Im einfachsten Fall kann die Länge eines FGL-Drahtes mittels einer PI-Regelung eingestellt werden. Zur optischen Erwärmung dient eine Halogenlampe als Energiequelle. Rotationssymmetrisch um den FGL-Draht befindet sich ein optischer Shutter, der über einen Servomotor angetrieben wird. In Abhängigkeit des Drehwinkels wirkt der optische Shutter entweder als Maske oder zur Fokussierung der Lichtquelle auf den FGL-Draht. Die Längenänderung des FGL-Drahtes wird durch eine optische Messeinrichtung bestimmt und steuert den Servomotor und somit die Lichtintensität, die auf den Draht wirkt. Abbildung 3.18a) zeigt den schematischen Aufbau der Regelungskomponenten. Innerhalb der Regelung sind das Materialverhalten und Umgebungseinflüsse über ein entsprechendes Material- und Umgebungsmodell berücksichtigt [149].

Eine 2-achsige Positionierung einer optischen Blende bezüglich eines Laserstrahl kann ebenfalls durch eine PI-Regelung erfolgen. Die Blende und vier Fotodioden befinden sich dabei in einer Rahmenstruktur, die über vier FGL-Drähte relativ zu einer Fixierung verschoben werden kann. Eine Positionsabweichung wird in den Fotodioden durch den Laserstrahl erzeugten Strom gemessen. Der Diodenstrom dient als Regelsignal zum Beheizen des entsprechenden FGL-Drahtes durch elektrischen Strom und somit zur Verschiebung des Rahmens [150]. Abbildung 3.18b) zeigt den schematischen Aufbau der Regelkomponenten.

Bei der Längenregelung eines FGL-Drahtes zeigte die Verwendung einer PI- im Vergleich zu einer PID-Regelung ein besseres Signal-zu-Rausch Verhältnis. Der FGL-Draht wird in diesem Fall durch ein Gewicht vorgespannt und die Längenänderung durch ein ein Differentialtransformator (LVDT-Linear Variable Differential Transformer) bestimmt. Die Erwärmung des Drahtes erfolgt durch ein Heizbad oder einen elektrischen Strom [151].

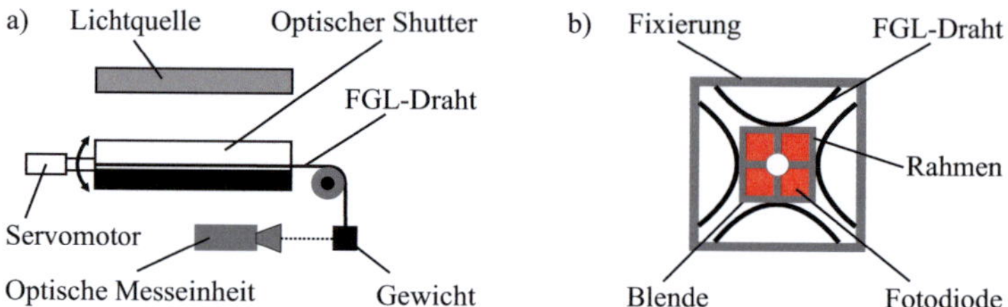

Abbildung 3.18.: a) Ein belasteter FGL-Draht wird über einen Shutter mittels einer Lichtquelle erwärmt. Die Längenänderung des Drahtes wird optisch bestimmt und somit der Drehwinkel des Shutters über einen Servomotor gesteuert [149]. b) Vier FGL-Drähte verschieben einen beweglichen Rahmen, mit darin befindlicher optischer Blende und Fotodioden. Der Diodenstrom dient als Regel-Eingang und verursacht eine Verschiebung eines Laserstrahls bezüglich der Blende [150].

3.4.2. PD-Regelungen

Zur Positionierung eines FGL-Drahtes kann auch eine PD-Regelung verwendet werden. In einem Versuchsaufbau wird der Draht durch eine Zugfeder gestreckt und die Längenänderung ebenfalls durch einen LVDT bestimmt. In Abbildung 3.19 sind die Komponenten des Versuchsaufbaus dargestellt.

Dabei zeigte die Ansteuerung der Regelung mittels eines pulsweitenmoduliertem (PWM)-Signals im Vergleich zu einer kontinuierlichen Ansteuerung eine ähnliche Genauigkeit, eine Reduzierung der benötigten Ansteuerleistung um 30 %, aber auch eine Verdreifachung der Anregelzeit [152]. Durch die Ansteuerung mittels pulsweiten-pulsfrequenzmoduliertem (PWPFM)-Signal konnte bei gleicher Genauigkeit, die Ansteuerleistung in gleichem Maße und die Anregelzeit um 45 % reduziert werden [153].

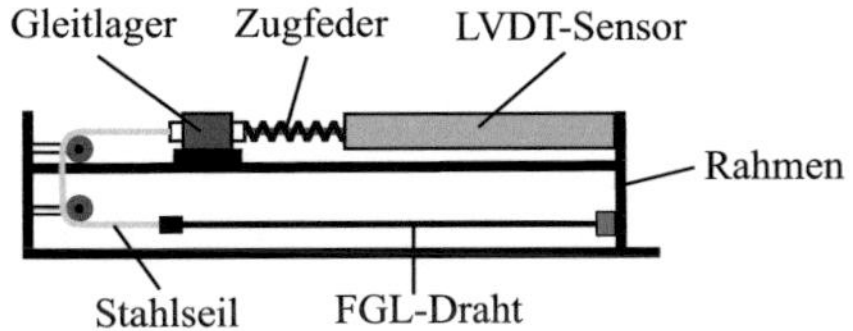

Abbildung 3.19.: Ein, durch eine Zugfeder, vorgespannter FGL-Draht wird mit einem elektrischen Strom unterschiedlicher Signale durch eine PD-Regelung beheizt und die Längenänderung über einen LVDT-Sensor gemessen [152–154].

3.4.3. PID-Regelungen

Mit einer PID-Regelung wird eine adaptive Oberfläche durch einen FGL-basierten Klappenmechanismus realisiert. In Abhängigkeit der Klappenstellung kann ein Luftstrom um einen umströmten Gegenstand geregelt werden. Die Hysterese des Stellweges wird über eine Störgrößenaufschaltung am Eingang der Regelung reduziert. Am Ausgang des Reglers ist ein weiteres Glied zur Kompensation des begrenzenden Verhaltens des Aktorelementes geschaltet [155].

Alternativ kann eine PID-Struktur zur Regelung eines durch eine Feder vorgespannten FGL-Drahtes durch die Verwendung eines PID-P^3 angepasst werden. Die zusätzlichen Proportionalglieder sorgen bei großen Regelabweichungen für eine Reduzierung der Anregelzeit und des Überschwingens [156]. Anstatt die Regelung mit weiteren Proportionalgliedern zu ergänzen, besteht ebenfalls die Möglichkeit eine PID-Regelung mit einer Verzögerungszeitregelung (Time Delay Control-TDC) zu erweitern. Bei einer unbekannten Dynamik oder unerwarteten Störungen eines Systems ermöglicht ein TDC das exakte Folgen des Sollsignals. Dabei wird anhand der Verzögerungswerte des Aktorverhaltens die Nichtlinearität der Regelstrecke abgeschätzt und der Aktor entsprechend angesteuert [157].

Einen ähnlichen Ansatz bietet eine modellfreie Kontrolle (Model-Free Control-MFC). Abbildung 3.20a) zeigt den schematischen Aufbau eines MFC geregelten Systems, bei dem die Höhe eines Gewichtes durch eine FGL-Feder eingestellt wird und in b) ist das schematische Blockschaltbild der Regelung dargestellt.

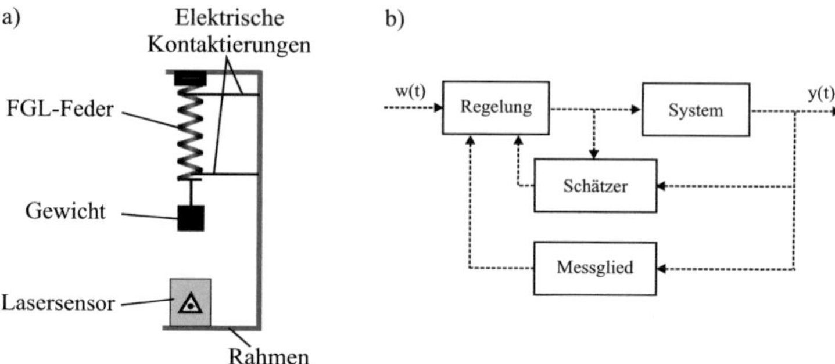

Abbildung 3.20.: a) Schematischer Aufbau zur Höhenregulierung eines Gewichtes durch eine FGL-Feder und b) Blockschaltbild der Regelung [158].

Im Gegensatz zu aufwendig bestimmten und rechenintensiven Materialmodellen, die in einer Regelung hinterlegt sind, ermöglicht ein MFC ebenfalls die Regelung nichtlinearer Systeme. Bei einem MFC wird ein numerisches Modell mit wenigen Eingangsparametern in der Regelung implementiert, das kontinuierlich das Verhalten des zu regelnden Systems abschätzt. Bei jedem Regeleingriff wird das Regelsignal durch ständig berechnete Werte des MFC's erweitert [158].

Zur Reduzierung von Regeloszillationen und somit einer Steigerung der Güte des Regelverhaltens, kann eine PID-Regelung mit einem statischen Model erweitert werden. Das statische Modell wird durch die Messung der Haupt-Hysterese und beispielsweise den Gesetzmäßigkeiten von Brinson et al. gebildet [159].

3.4.4. Alternative Regelkonzepte

Im Gegensatz zur Ansteuerung eines gesamten FGL-Drahtes zur Längenänderung, kann diese auch segmentiert und somit diskret erfolgen. In diesem Fall wird ein FGL-Draht in eine bestimmte Anzahl von Segmenten unterteilt und jeder Abschnitt einzeln mittels Peltierelementen geheizt oder gekühlt. Das Peltierelement kann das Segment entweder oberhalb A_f und somit vollständig in den austenitischen Phasenzustand erwärmen oder unterhalb von M_f und somit vollständig in den martensitischen Phasenzustand abkühlen.

Dies entspricht einer binären Regelung, bei der sich die Längenänderung des gesamten FGL-Drahtes aus der Summation der Einzelabschnitte ergibt [160].

Die bereits beschriebene Positionierung eines FGL-Drahtes durch eine PD-Regelung von [152, 153] wird weiterhin um eine Störgrößenaufschaltung zur Reduzierung der Hysterese erweitert. Zunächst wird der Zusammenhang aus Ansteuerleistung und Positionsänderung, also zwischen Eingangs- und Ausgangssignal, bestimmt. Hierfür wird die elektrische Leistung beim Heizen und Kühlen kontinuierlich verändert und die entsprechende Längenänderung durch den LVDT gemessen. Dieser Zusammenhang wird invertiert und der Regelung vorgeschaltet. Die Inverse kompensiert somit das hysteresebehaftete Aktorverhalten [161].

Eine weitere Möglichkeit zur Regelung einer Hysterese stellt das Preisach-Modell dar. Beim Preisach-Modell wird die Hysterese durch eine Stufenfunktion angenähert, bei der mit zunehmender Anzahl der Stufen die Genauigkeit der Annäherung steigt. Der Ausgang des Preisach-Modells nimmt oberhalb eines höheren Grenzwertes den Wert eins und unterhalb eines tieferen Grenzwertes den Wert null ein. Bei einer Reduzierung vom höheren Grenzwert ausgehend, liegt im Bereich zwischen den Grenzwerten der Wert eins vor. Bei einer Steigerung vom tieferen Grenzwert ausgehend, liegt im Bereich zwischen den Grenzwerten der Wert null vor. Der Wert zwischen den beiden Grenzwerten ist somit Abhängigkeit von dem vorherigen Ausgangswert. Mit dem Preisach-Modell wird die Bewegung eines unter Vorspannung stehenden Pantografen durch einen FGL-Draht geregelt. Gegenüber einer PID-Regelung zeigen sich Vorteile in Bezug auf die Regelabweichung [162].

3.4.5. Geregelte FGL in kommerziellen Anwendungen

Eine kommerzielle Anwendung stellt die beidachsige Verkippung der Außenspiegel bei Kraftfahrzeugen dar. Im Gegensatz zu herkömmlich eingesetzten Stellmotoren reduziert der Einsatz von FGL-Drähten die Gesamtzahl an Komponenten und vereinfacht den Zusammenbau. Der Spiegel wird durch eine mechanische Feder in der neutralen Position gehalten und durch vier FGL-Drähte verkippt. Die Regelung der Verkippung durch die FGL-Drähte ist in diesem Fall über einen nichtlinearen strukturvariablen Regler realisiert. Bei einem strukturvariablen Regler erfolgt die Regeländerung während des Betriebes durch konstante Subregler in Abhängigkeit des Systemzustandes.

4. Monostabile Ventile

Die in diesem Kapitel vorgestellten monostabilen Mikroventile werden hinsichtlich der Anforderungsliste der Spezifikationen (Tabelle 1.1) und der Aufbau- und Verbindungstechnik (Tabelle 1.2) realisiert. Die Forderungen der Medienbeständigkeit, der Verbindungstechniken und der großserientechnisch industriellen Fertigbarkeit, bestimmen die Auswahl der Materialien, die Herstellung und das Design der Komponenten. Für eine industrielle Umsetzung werden Fertigungsverfahren und Aufbau- und Verbindungstechniken der Ventilkomponenten untersucht und qualitativ bewertet. Als Aktorelement wird eine strukturierte Folie aus Formgedächtnislegierung (FGL) verwendet, die in einen modularen Schichtaufbau der Ventilherstellung integriert werden kann und eine normal geöffnete (NO) und normal geschlossene (NC) Ventilvariante ermöglicht. Die durchflussbestimmenden Ventil- und Aktorgeometrien werden durch Simulationen und Experimente ermittelt und entsprechend der Forderungen ausgelegt. Um einen druckunabhängigen Durchfluss oder Dosieranwendungen zu ermöglichen, werden die Mikroventile um einen Durchflusssensor erweitert und in einen Regelkreis eingebunden. Die NO und NC Mikroventile werden als Demonstratoren hergestellt und abschließend statisch und dynamisch charakterisiert.

4.1. Funktionsweise

Ausgehend von den NO und NC Mikroventilen mit FGL-Folie als Aktorelement (Kapitel 3.2.2) wird in dieser Arbeit noch ein weiteres NC Mikroventil realisiert. Abbildung 4.1 zeigt einen schematischen Querschnitt des NC Mikroventils.

Anstatt einer pseudoelastischen Folie als passives Feder-Rückstellelement wird in dieser Arbeit eine Druckfeder verwendet. Der Vorteil der Druckfeder ist eine einstellbare Federvorspannung durch eine Schraube, wodurch das Mikroventil an geforderte Druck- und Durchflussbereiche angepasst werden kann. Im geschlossenen Zustand ist das Aktorelement in Richtung Ventilsitz gedehnt, da die Federkraft (F_{Feder}) größer ist als die Formgedächtniskraft (F_{FGL}) im leistungslosen Zustand. Durch Erwärmen steigt die FGL-

Kraft und das Aktorelement entfernt sich vom Ventilsitz bis ein Kräftegleichgewicht zwischen den beiden Kräften hergestellt ist ($F_{FGL} = F_{Feder}$). In diesem Zustand ist das Mikroventil geöffnet und ein Medium kann zwischen dem Ein- und Auslass fließen.

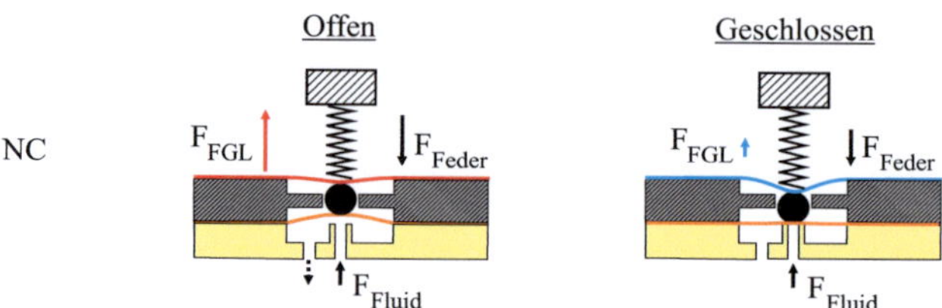

Abbildung 4.1.: Schematischer Querschnitt der Funktionsweise des NC Mikroventils mit Druckfeder im offenen und geschlossenen Zustand.

4.2. Ausführung und Dimensionierung

Dieses Kapitel beschreibt die Ausführung und Dimensionierung der durchflussbestimmenden und funktionserfüllenden Komponenten beider Ventilvarianten. Dies beinhaltet den FGL-Brückenaktor als Aktorelement, den Aktorträger zur Fixierung des FGL-Brückenaktors sowie die polymeren Komponenten des Ventilgehäuses mit integriertem Ventilsitz und den Ventildeckel.

4.2.1. FGL-Brückenaktor

4.2.1.1. Design des FGL-Brückenaktors

In dieser Arbeit wird als Struktur des Aktorelements ein FGL-Brückenaktor aus mehrfach sich schneidenden Aktorstegen verwendet. Die speichenförmige Anordnung der einzelnen Aktorstege, die sich in einem gemeinsamen Knotenpunkt (P_K) treffen, ist in Abbildung 4.2a) dargestellt.

Der FGL-Brückenaktor wird über die beiden Kontaktplatten (K_P) auf einem Substrat (Aktorträger) fixiert, so dass die Aktorstege (A_S) frei beweglich sind. Ein Kraftangriff mit einer Punktlast (F_P) an P_K senkrecht zu der Oberfläche des FGL-Brückenaktors verursacht eine Dehnung der Aktorstege aus der Ebene. Die Kräfte, die auf die Aktorstege wirken, werden radialsymmetrisch am Aktorträger abgestützt.

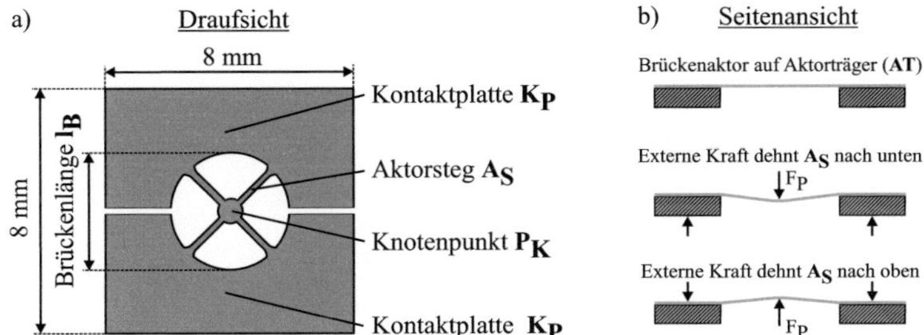

Abbildung 4.2.: a) Draufsicht auf einen FGL-Brückenaktor mit mehreren sich in einem Knotenpunkt (P_K) schneidenden Aktorstegen (A_S) und den beiden Kontaktplatten (K_P). b) Seitenansicht von FGL-Brückenaktoren, die mit einer externen Punktlast (F_P) an P_K orthogonal zu der Oberfläche belastet werden und sich aus der Ebene dehnen.

4.2.1.2. Dimensionierung des FGL-Brückenaktors

Um den geforderten Druck- und Durchflussbereich mit dem FGL-Brückenaktor schalten zu können, wird der Einfluss des Designs auf die Schaltkräfte und Schaltwege abgeschätzt. Zur Abschätzung des Kraft-Weg Verhaltens im austenitischen Zustand wird ein vereinfachtes mechanisches Model verwendet. Die einzelnen Aktorstege (A_S) werden bei diesem Model als Zugstäbe betrachtet, die einseitig eingespannt sind und an dem frei beweglichen Ende mit der Punktlast (F_P) belastet werden. Hierbei wird die Annahme getroffen, dass F_P nur eine einachsige, elastische Längenänderung und kein Biegemoment in den Aktorstegen (A_S) verursacht. Die Punktlast (F_P) erzeugt einen Hub (h) orthogonal zur Oberfläche des FGL-Brückenaktors, bis ein Kräftegleichgewicht mit den mechanischen Rückstellkräften der Aktorstege erreicht ist [106]. Abbildung 4.3a) zeigt einen schematischen Querschnitt des verwendeten Models zur Berechnung des mechanischen Verhaltens der Aktorstege. Abbildung 4.3b) und c) zeigt die Korrelation zwischen F_P mit der Kraft in den einzelnen Aktorstegen (F_S) beziehungsweise mit den geometrischen Zusammenhängen.

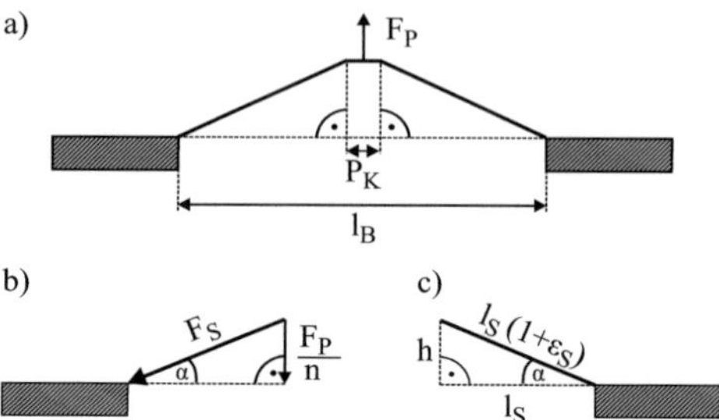

Abbildung 4.3.: a) Schematische Seitenansicht eines FGL-Brückenaktors mit der Brückenlänge (l_B) der durch die Punktlast (F_P) im Knotenpunkt (P_K) aus der Ebene gedehnt wird und b) Korrelation von F_P mit der Kraft in einem Aktorsteg (F_S) sowie c) den geometrischen Zusammenhängen.

Aus der Stegbreite (b_s) und Steghöhe (h_S) berechnet sich die Querschnittsfläche des rechtwinkligen Aktorsteges (A_S). Bei bekannter Größe von F_P ergibt sich die mechanische Spannung (σ) nach Gleichung 4.1.

$$\sigma = \frac{F_P}{A_S} = \frac{F_P}{b_S \cdot h_S} \tag{4.1}$$

Die geometrischen Zusammenhänge der Kräfte und des Dehnverhaltens sind in Abbildung 4.3b) und c) dargestellt und werden durch Gleichung 4.2 und 4.3 beschrieben.

$$sin\,\alpha = \frac{\frac{F_P}{n}}{F_S} \tag{4.2}$$

$$sin\,\alpha = \frac{h}{l_S(1+\varepsilon_S)} \tag{4.3}$$

Die Punktlast (F_P) erzeugt entsprechend der Anzahl (n) der Stege eine Kraft (F_S) und eine Dehnung (ε_S) der Aktorstege. Die Länge eines Aktorsteges (l_S) ergibt sich aus der Länge der Brückenlänge (l_B) und dem Durchmessers des Knotenpunkts (P_K) über folgenden Zusammenhang: $l_S = \frac{1}{2}(l_B - P_K)$. Durch Einsetzen von Gleichung 4.2 und 4.3 in Gleichung 4.1 und anschließendem Umformen kann die Spannung in einem einzelnen Steg (σ_S) durch Gleichung 4.4 abgeschätzt werden.

$$\sigma_S = \frac{F_P \cdot l_S \cdot E}{2 \cdot n \cdot b_S \cdot h_S \cdot h \cdot E - F_P \cdot l_S} \tag{4.4}$$

Durch das Hook'sche Gesetz (Gleichung 4.5) kann bei bekanntem Elastizitätsmodul (E) des Materials die Dehnung (ε_S) in einem Aktorsteg (A_S) in Abhängigkeit von σ_S bestimmt werden.

$$\varepsilon_S = \frac{\sigma_S}{E} \tag{4.5}$$

Die Beziehung zwischen dem Hub (h) und der Dehnung (ε_S) eines Aktorstegs ergibt sich aus den geometrischen Abhängigkeiten und trigonometrischen Beziehungen. Der Hub (h) des Knotenpunktes ist orthogonal zu der Oberfläche des FGL-Brückenaktors und lässt sich durch Gleichung 4.6 näherungsweise berechnen.

$$h = \sqrt{(\frac{1}{2} \cdot l_S \cdot (1 + \varepsilon_S))^2 - (\frac{1}{2} l_S)^2} \tag{4.6}$$

Durch diese Gleichungen kann das Skalierungsverhalten der Kraft (F_P) und des Hubes (h) eines FGL-Brückenaktors in Abhängigkeit der Brückenparameter (l_s, b_s, h_s und n) hergeleitet werden. Das Skalierungsverhalten kann als Designregel bei der Dimensionierung eines FGL-Brückenaktors verstanden werden und ist in Tabelle 4.1 zusammengefasst.

	Einfluss auf Hub (h) und Kraft (F_P)
Steglänge (l_S)	$h \sim l_S$
Stegbreite (b_S)	$F_P \sim b_S$
Steghöhe (h_S)	$F_P \sim h_S$
Anzahl der Stege (n)	$F_P \sim n$

Tabelle 4.1.: Skalierungsverhalten der Kraft (F_P) und des Hubs (h) eines FGL-Brückenaktors in Abhängigkeit der geometrischen Parameter: Steglänge (l_S), Stegbreite (b_S), Steghöhe (h_S) und Anzahl der Stege (n).

Das einfache Model kann ebenfalls für die R-Phase verwendet werden, indem ein effektiver Steifigkeitskoeffizient für einen gegebenen Hub (h) verwendet wird. Zur Berechnung der Spannung während der Transformation zwischen den Phasenzuständen ist ein anspruchsvolleres Model nötig, das die materielle und geometrische Nichtlinearität berücksichtigt [163].

Zur Vermeidung von Materialermüdungen sind materialspezifische Dehngrenzen einzuhalten. Für die verwendete Formgedächtnislegierung liegen die maximalen Dehngrenzen ($\varepsilon_{S,max}$) in der R-Phase bei 0,8 % und in der A-Phase bei 0,3 % [20]. Aus Gleichung 4.6 können bei einer bekannten Steglänge (l_S) die maximal erlaubten Hübe ohne Materialermüdung beider Phasen berechnet werden.

4.2.1.3. Herstellung und Eigenschaften der FGL-Folie

In dieser Arbeit wird eine kaltgewalzte Formgedächtnislegierung (FGL) aus Nickel-Titan (NiTi) mit einer Folienstärke von 20 µm als Aktormaterial verwendet. Formgedächtnislegierungen besitzen im Vergleich zu anderen Aktorprinzipien eine hohe Energiedichte (10^7 J/m^3) und ermöglichen somit in Bezug auf das Volumen große Stellwege und hohe Kräfte [20]. Ausgehend von einem Bulkmaterial wird die Folie bis zur gewünschten Sollstärke in mehreren Walzschritten um jeweils 20 % reduziert. Zwischen den einzelnen Schritten werden Gitterfehler (Versetzungen) der Kaltverformung durch Rekristallisationsglühen abgebaut [164]. Das große Oberflächen-zu-Volumen Verhältnis dünner Folien verbessert die thermischen Eigenschaften des Aktorverhaltens. Ein weiterer Vorteil des Folienmaterials liegt in der Strukturierbarkeit mittels mikrosystemtechnischer Fertigungstechnologien, wie optische Lithografie mit anschließendem nasschemischen Ätzverfahren (Kapitel 2.2.1). Hierdurch ist es möglich, fast jede zweidimensionale Struktur in einem parallelen und somit kostengünstigen Prozess herzustellen.

4.2.1.4. Untersuchung des mechanischen Verhaltens

Durch die Verwendung einer Formgedächtnislegierung mit einer Stärke von 20 µm, kann die Kraft des FGL-Brückenaktors über die Anzahl der Aktorstege (n) und Stegbreite (b_S) eingestellt werden (Tabelle 4.1). Um eine Differenz des Hubs (h) zwischen der R- und A-Phase von mehr als 70 µm zu erhalten, wird die Steglänge (l_S) für die monostabilen Mikroventile auf 1500 µm festgelegt. Mit den Zusammenhängen aus Kapitel 4.2.1.2 sowie dem vorgegebenen Durchmesser des Ventileinlasses (d_{Ein}) und des Druckbereichs (Tabelle 1.1), kann die benötigte Stegbreite (b_S) und Anzahl der Stege (n) errechnet werden.

Das mechanische Kraft-Weg Verhalten der FGL-Brückenaktoren wird mit einer Zugprüfmaschine[1] bestimmt. Ein schematischer Querschnitt des Messaufbaus ist in Abbildung 4.4 dargestellt.

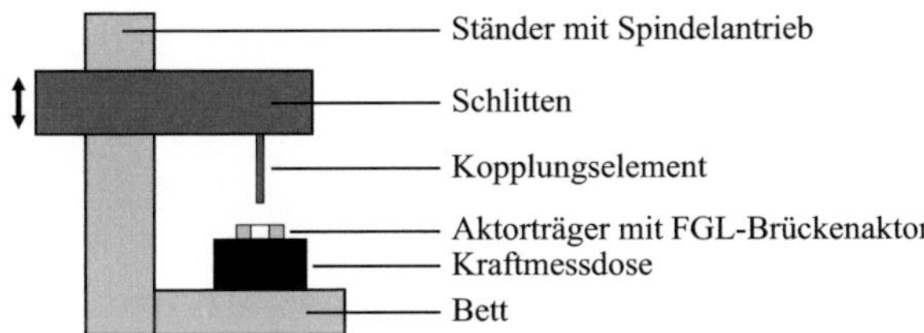

Abbildung 4.4.: Schematischer Querschnitt der Zugprüfmaschine zur Bestimmung des Kraft-Weg Verhaltens der FGL-Brückenaktoren.

Die FGL-Brückenaktoren werden auf einem keramischen Aktorträger (Al_2O_3) mit einem temperaturstabilen Epoxidharzbasiertem Klebstoff fixiert. Der Aktorträger wird zuvor mit einem Laser[2] strukturiert. Er besitzt entsprechend des Durchmessers des FGL-Brückenaktors eine Aussparung, damit die Stege frei aus der Ebene gedehnt werden können. Der Aktorträger mit dem fixierten Brückenaktor wird oberhalb einer Kraftmessdose in der Zugprüfmaschine ortsfest positioniert. Die Kraftkopplung zwischen der Kraftmessdose und dem Knotenpunkt (P_K) des FGL-Brückenaktors erfolgt über ein zylindrisches Kopplungselement, das mit einem Schlitten und einem Spindelantrieb verbunden ist. Der Spindelantrieb erlaubt eine Wegauflösung von 0,25 µm mit einer Wiederholgenauigkeit der Positionierung von 2 µm. Durch Verfahren des Schlittens in Richtung des FGL-Brückenaktors wird dieser durch das Kopplungselement gedehnt und die rückstellende Kraft durch die Kraftmessdose bestimmt.

Zur Bestimmung des Kraft-Weg Verhaltens im austenitischen Zustand wird der FGL-Brückenaktor durch einen elektrischen Strom beheizt. Hierzu wird zwischen den Kontaktplatten (K_P) (Abbildung 4.2) eine Gleichspannung angelegt. Durch den resultierenden Stromfluss wird der FGL-Brückenaktor durch Joule'sche Erwärmung bis oberhalb A_f erwärmt.

[1] Zwick/Roell (Zwicki-Line 500N)

[2] Nd:YAG-Festkörperlaser (Haas, QY20)

Die Aktorstege besitzen durch die kleine Querschnittsfläche (A_S) einen hohen spezifischen Ohm'schen Widerstand gegenüber den Kontaktplatten und erwärmen sich entsprechend schnell.

Die Abbildungen 4.5 und 4.6 zeigen das Kraft-Weg Verhalten von FGL-Brückenaktoren unterschiedlicher Geometrien mit einer identischen Steglänge (l_S) von 1500 µm. Bei beiden Geometrien wird in der R- und A-Phase jeweils das Kraft-Weg Verhalten bei Belastung und Entlastung gemessen. Die gestrichelten Linien in den Abbildungen repräsentieren die maximalen Dehngrenzen beider Phasen.

Der FGL-Brückenaktor in Abbildung 4.5 besitzt vier Aktorstege mit einer Stegbreite (b_S) von 180 µm. Dieser FGL-Brückenaktor wird für den Aufbau der NO Mikroventile verwendet. An der Dehngrenze der R-Phase bei 190 µm beträgt die rückstellende Kraft ($F_{Rück}$) des Brückenaktors 97 mN im leistungslosen Zustand und die Schaltkräfte an der Dehngrenze der austenitischen Phase 151 mN.

In Abbildung 4.6 ist ein FGL-Brückenaktor mit sechs Aktorstegen und einer Stegbreite (b_S) von 250 µm dargestellt, der für die NC Ventilvariante mit Druckfeder verwendet wird. An der Dehngrenze der R-Phase bei 190 µm beträgt die rückstellende Kraft des Brückenaktors 228 mN im leistungslosen Zustand und die Schaltkräfte an der Dehngrenze der austenitischen Phase 293 mN.

Die Federkennlinie zum Schließen des NC Mikroventils ist ebenfalls in das Diagramm eingezeichnet. Die unterschiedlichen Startpunkte der Federkennlinie repräsentieren verschiedene Federvorspannungen. Diese können in dem realisierten Ventildesign durch eine Schraube verändert werden. Im leistungslosen Zustand ist die Federkraft (grüne Linie) größer als die rückstellende Kraft der FGL (blaue Linie). Deshalb schließt das Mikroventil. Beim Erwärmen übersteigt die Formgedächtniskraft (F_{FGL}) des FGL-Brückenaktors (rote Linie) die Federkraft (F_{Feder}) und der FGL-Brückenaktor entfernt sich vom Ventilsitz, bis es zu einem Kräftegleichgewicht zwischen den beiden Kräften an der Position (P_G) kommt. Die Feder besitzt eine Länge von 2,4 mm, einen Durchmesser von 0,9 mm und eine Federkonstante (c) von 430 mN/mm.

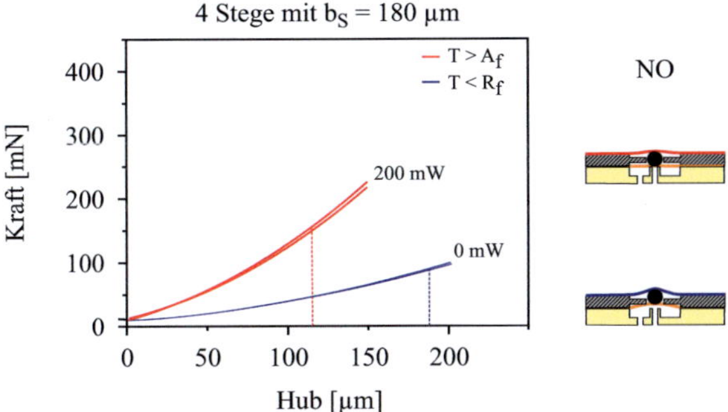

Abbildung 4.5.: Kraft-Weg Verhalten eines FGL-Brückenaktors mit vier Aktorstegen und einer Stegbreite (b_S) von 180 µm in der R- und A-Phase, der zum Aufbau der NO Ventilvariante verwendet wird.

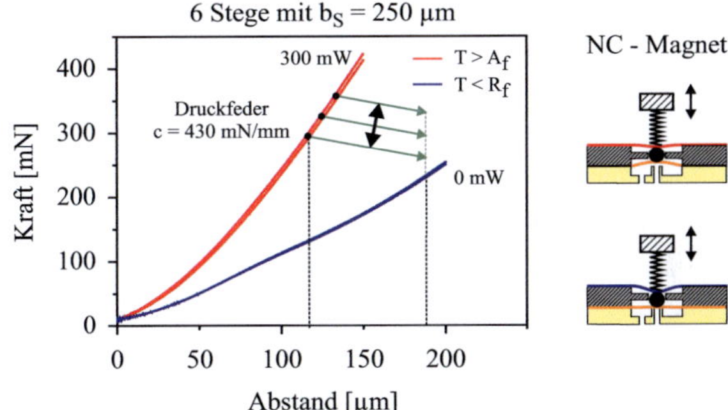

Abbildung 4.6.: Kraft-Weg Verhalten eines FGL-Brückenaktors mit sechs Aktorstegen und einer Stegbreite (b_S) von 250 µm in der R- und A-Phase, der zum Aufbau der NC Ventilvariante mit Druckfeder verwendet wird. Die Federkennlinie ist in grün dargestellt und die veränderbare Federvorspannung durch die parallelen Linien.

4.2.1.5. Untersuchung der Legierungszusammensetzung

Die chemische Zusammensetzung der NiTi-Folie hat einen entscheidenden Einfluss auf die Umwandlungstemperaturen der Formgedächtnislegierung (Kapitel 2.1.1). Da die Mikroventile in einem geforderten Temperaturbereich eingesetzt werden sollen (Tabelle 1.1), wird die chemische Zusammensetzung der Legierung analysiert. Zur Analyse wird eine Energiedispersive Röntgenspektroskopie (EDX) der NiTi-Folien durchgeführt. Bei einer EDX-Analyse werden die Atome der Probe mit einem Elektronenstrahl konstanter Energie angeregt und die resultierende Energie (Röntgenquant) der charakteristischen Röntgenstrahlung mit einem Detektor gemessen.

Hierzu wird ein Probekörper der NiTi-Folie durch ein Schneidwerkzeug separiert und so auf einem Substrat fixiert, dass die Schnittkante mit einem Rasterelektronenmikroskop (REM) untersucht werden kann. Abbildung 4.7a) zeigt die REM-Aufnahme des Querschnittes der NiTi-Folie. Es werden mehrere Messungen entlang der Markierung durchgeführt, um die Verteilung der Elemente innerhalb des Querschnitts zu identifizieren.

In Abbildung 4.7b) sind die Ergebnisse eines Linienscans durch drei ausgewählte Punkte und der resultierende Durchschnitt der Messungen dargestellt. Der Durchschnittswert der Zusammensetzung von $Ni_{50,65}Ti_{49,35}$ deutet auf eine Umwandlungstemperatur in einem Bereich von 10 - 20 °C hin [24].

a)

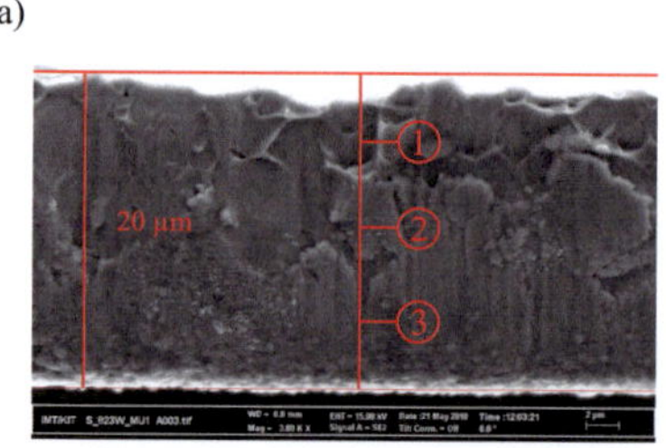

b)

	Atomprozent [%]	
Punkt	Nickel	Titan
1	50,70	49,30
2	49,12	50,88
3	52,13	47,87
Ø	50,65	49,35

Abbildung 4.7.: a) REM-Aufnahme des Querschnitts einer NiTi-Folie und b) EDX-Messungen der Legierungsbestandteile (Atomprozent) der Probe an drei ausgewählten Punkten innerhalb eines Linienscans (Volllinie) sowie der Durchschnitt dieser Messungen.

4.2.1.6. Untersuchung der Umwandlungstemperaturen

Die dynamische Differenz Kalorimetrie (DDK) ist ein Verfahren zur Bestimmung der Umwandlungstemperaturen und Wärmekapazitäten eines Materials. Hierzu wird ein Probenkörper ($\approx$ 10 mg) und ein Referenzmaterial in zwei getrennten Tiegeln (Aluminium) durch einen Wärmestrom einem definierten Temperaturzyklus ausgesetzt. Bei der Phasenumwandlung der FGL entsteht durch die Transformationsenthalpie (ΔH) und die damit verbundene Aufnahme oder Abgabe von Energie eine Temperaturdifferenz zwischen der Probe und Referenz. Da die Wärmeströme proportional zu den Temperaturdifferenzen sind, können die Umwandlungstemperaturen bestimmt werden.

Vor der thermischen Untersuchung der Formgedächtnislegierung müssen die mechanischen Spannungen im Material abgebaut werden, da diese die Umwandlungstemperaturen verschieben. Dies kann durch einmaliges Durchlaufen eines Temperaturzyklus erfolgen. In Abbildung 4.8 ist eine DDK-Messung[3] mit einer Heiz- und Kühlrate von 10 K/min einer FGL aus $Ni_{50,65}Ti_{49,35}$ dargestellt.

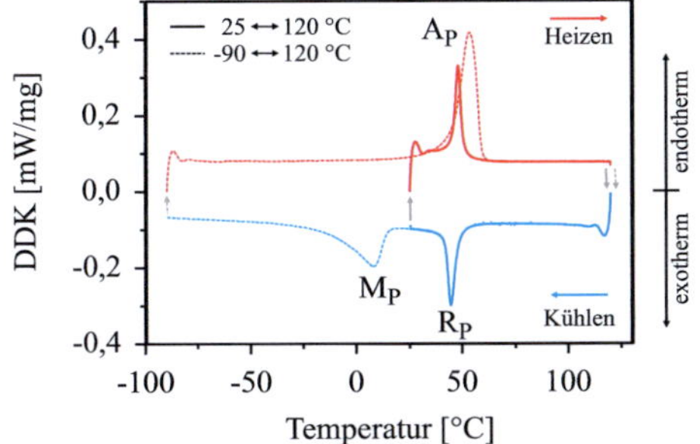

Abbildung 4.8.: DDK-Messung zur Bestimmung der Umwandlungstemperaturen von $Ni_{50,65}Ti_{49,35}$ für zwei unterschiedliche Temperaturzyklen im Bereich von -90 oder 25 bis 120 °C.

Die gestrichelte Linie zeigt die Messergebnisse für einen Temperaturzyklus zwischen -90 und 120 °C. In diesem Temperaturzyklus findet beim Heizen die einstufige Phasenumwandlung zwischen der M- $\rightarrow$ A-Phase und beim Kühlen die zweistufige Umwandlung zwischen der A- $\rightarrow$ R- $\rightarrow$ M-Phase

[3] Netzsch (DSC 204 Phonix)

statt. Die Volllinie zeigt dieMessergebnisse derselben Probe in einem Temperaturbereich zwischen 25 und 120 °C. In diesem Temperaturbereich findet sowohl beim Heizen als auch beim Kühlen nur die einstufige Phasenumwandlung zwischen der R- ↔ A-Phase statt. Der Peak der Umwandlungstemperatur beim Heizen in die A-Phase (A_P) liegt bei 48 °C für den kleinen Temperaturzyklus und bei 53 °C für den großen Temperaturzyklus. Der Peak der Umwandlungstemperatur beim Kühlen in die R-Phase (R_P) ist bei beiden Temperaturzyklen mit 44 °C identisch.

Die Bestimmung der Start- und Endtemperaturen der Phasenumwandlungen erfolgt mittels Tangentenverfahren. Hierbei wird eine Tangente an die Grundlinie des Wärmestroms und den Peak der Phasenumwandlung gelegt und der Schnittpunkt beider Tangenten ermittelt. Die Start- und Endtemperaturen und die Peaktemperaturen der Phasenumwandlungen sind in Tabelle 4.2 zusammengefasst.

Umwandlungstemperaturen [°C]	A_s	A_f	A_P	R_s	R_f	R_P	M_s	M_f	M_P
Heizen: B19' → B2 Kühlen: B2 → R → B19'	45	59	53	48	40	44	15	-11	8
Heizen: R → B2 Kühlen: B2 → R	43	52	48	48	40	44	/	/	/

Tabelle 4.2.: Umwandlungstemperaturen von $Ni_{50,65}Ti_{49,35}$ für zwei unterschiedliche Temperaturzyklen im Bereich von -90 oder 25 bis 120 °C.

Auf Grund der Einsatztemperaturen der Mikroventile in einem Bereich von 20 bis 55 °C (Tabelle 1.1) wird nur die Umwandlung zwischen der R- ↔ A-Phase durchlaufen und daher nur der kleine Temperaturzyklus betrachtet.

Beim Abkühlen aus der Hochtemperaturphase (A-Phase) beginnt bei 48 °C (R_s) die Umwandlung in die R-Phase, die bei 40 °C (R_f) abgeschlossen ist. Die Rückumwandlung in die A-Phase beginnt beim Heizen bei 43 °C (A_s) und endet bei 52 °C (A_f). Die Fläche, die mit den jeweiligen Start- und Endtemperaturen unter der Kurve eingeschlossen ist, entspricht der spezifischen Enthalpie ($\frac{J}{g}$) und ist ein Maß für die bei der Umwandlung benötigte Energie. Die Energie bei der einstufigen ist im Vergleich zur zweistufigen Umwandlung beim Heizen um etwa 70 % niedriger. Da die Hysterese ebenfalls um 5 °C kleiner ist, ermöglicht die einstufige im Vergleich zur martensitischen

Umwandlung eine höhere Schaltdynamik und eignet sich somit besser für aktorische Anwendungen.

Der Ohm'sche Widerstand der Formgedächtnislegierung ändert sich in Abhängigkeit des Phasenzustandes und kann deshalb auch zur Bestimmung der Umwandlungstemperaturen verwendet werden. Abbildung 4.9 zeigt den Ohm'schen Widerstand von $Ni_{50,65}Ti_{49,35}$ in Abhängigkeit der Temperatur.

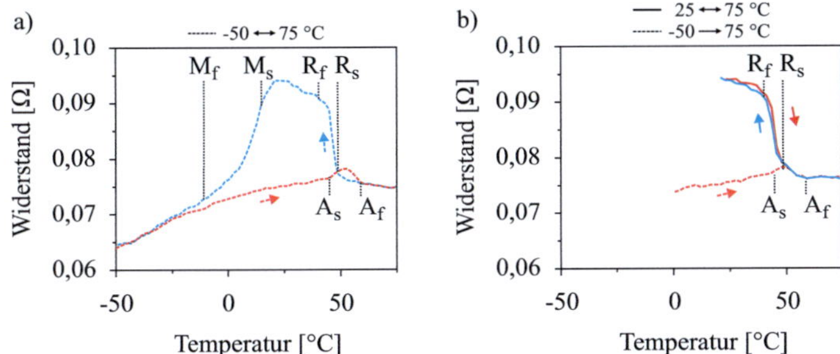

Abbildung 4.9.: Ohm'scher Widerstand von $Ni_{50,65}Ti_{49,35}$ in Abhängigkeit der Temperatur im Bereich von a) -50 bis 75 °C und b) 25 bis 75 °C.

Die Messungen werden in einem Kryostaten durchgeführt, der mittels flüssigen Stickstoffs gekühlt wird und durch eine Heizvorrichtung und einen Temperatursensor auf eine Temperatur geregelt werden kann. Der Widerstand wird in einer Vierdrahtmessung bestimmt, bei der vier Messspitzen in einer linearen Anordnung verwendet werden. Über die äußeren Messspitzen wird ein definierter Stromfluss geleitet und über die beiden inneren der Potentialunterschied bestimmt. Aus dem Stromfluss und der gemessenen Spannung wird der Widerstand nach dem Ohm'schen Gesetz berechnet. Der Vorteil dieses Messverfahrens ist, dass die Übergangswiderstände der elektrischen Kontaktierungen vernachlässigt werden können. Die temperaturabhängigen Widerstandsänderungen weichen um maximal 2 °C von der DDK ab und verifizieren somit die dort ermittelten Umwandlungstemperaturen.

4.2.1.7. Untersuchung der Heizleistungen

Da die FGL-Brückenaktoren in der Anwendung durch einen elektrischen Strom erwärmt werden, wird der Zusammenhang der elektrischen Heizleistung und der Erwärmung der Aktorstege (A_S) bestimmt. Die elektrische Kontaktierung erfolgt über 50 µm starke Ni-Plättchen, die mittels Spaltschweißen materialschlüssig mit den Kontaktplatten (K_P) der FGL-Brückenaktoren verbunden werden. Zwischen den Kontaktplatten wird eine elektrische Spannung angelegt und der resultierende elektrische Strom erwärmt den FGL-Brückenaktor aufgrund des Ohm'schen Widerstands durch Joule'sche Erwärmung. Die elektrische Spannung wird mit einer Schrittweite von 25 mV erhöht und die Temperatur mit einer Wärmebildkamera[4] am Knotenpunkt der Aktorstege gemessen. Für diese Untersuchungen werden die FGL-Brückenaktoren durch einen temperaturstabilen Kleber auf einem Substrat aus Keramik fixiert. Abbildung 4.10 zeigt die resultierenden Temperaturen in Abhängigkeit der elektrischen Heizleistung für zwei FGL-Brückenaktoren bei einer Raumtemperatur (R_T) von 19 °C. Vor den Messungen werden die FGL-Brückenaktoren mit einer dünnen Schicht Graphitlack beschichtet, um einen homogenen Wärmeabstrahlkoeffizienten auf der Oberfläche zu realisieren. Aufnahmen der Wärmebildkamera befinden sich bei ausgewählten Heizleistungen neben den Messkurven. Der Farbwechsel des Hintergrunds der Wärmebildaufnahmen entsteht durch einen Wechsel des Messbereichs bei einer Temperatur von 40 °C. Bei der gewählten Vergrößerung und der Anzahl der Pixel der Wärmebildkamera (256 x 256), beträgt die Ortsauflösung etwa 25 µm.

Abbildung 4.10a) zeigt den FGL-Brückenaktor mit vier Aktorstegen und einer Stegbreite (b_S) von 180 µm, der sich mit einer linearen Heizrate von 0,45 °C/mW erwärmt. Die Heizrate des FGL-Brückenaktors mit sechs Aktorstegen und einer Stegbreite (b_S) von 250 µm (Abbildung 4.10b) ist durch den geringeren Ohm'schen Widerstand kleiner und beträgt 0,32 °C/mW. Die parasitären Ohm'schen Widerstände durch die Übergangswiderstände sind in den Messungen enthalten, werden aber nicht berücksichtigt, da sie vergleichsweise gering sind.

[4] Inframetrics (Thermo-CAM PM 190)

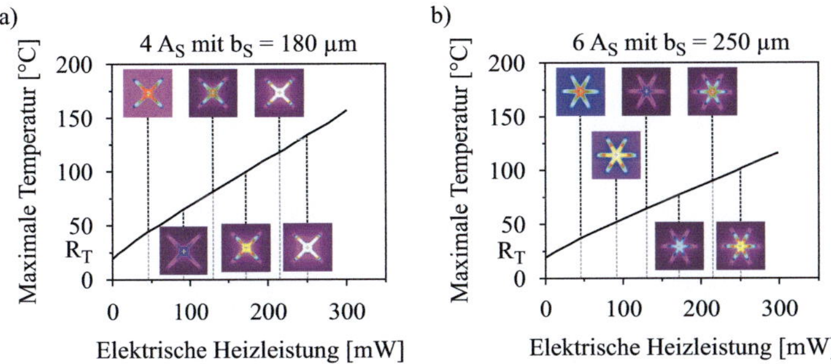

Abbildung 4.10.: Messungen der maximalen Temperaturen mit einer Wärmebildkamera im Knotenpunkt (P_K) eines FGL-Brückenaktors mit vier Aktorstegen und einer Stegbreite (b_S) von 180 µm sowie mit sechs Aktorstegen und einer Stegbreite (b_S) von 250 µm in Abhängigkeit der elektrischen Heizleistung.

4.2.1.8. Untersuchung des Dauerverhaltens

Das Ermüdungsverhalten der FGL ist ein wichtiger Punkt, da der FGL-Brückenaktor in der späteren Anwendung im Mikroventil über viele Schaltzyklen gleichbleibende mechanische Eigenschaften aufweisen soll. Aus diesem Grund wird das Dauerverhalten der FGL-Brückenaktoren untersucht. Abbildung 4.11a) zeigt die Komponenten zur Untersuchung des Dauerverhaltens in einer Explosionsdarstellung und im verbundenen Zustand. Für die Untersuchungen wird ein FGL-Brückenaktor auf einem keramischen Substrat mit einem temperaturstabilen Kleber fixiert, sodass die Aktorstege frei aus der Ebene beweglich sind. Auf der Vorderseite der Keramik befindet sich eine Aussparung, um die Auslenkung des Brückenaktors optisch zu vermessen. Die Auslenkung des FGL-Brückenaktors wird durch ein Gewicht erreicht, das an die mechanischen Eigenschaften der Formgedächtnislegierung angepasst ist, um die materialspezifischen Dehngrenzen nicht zu überschreiten. Zur Befestigung des Gewichts wird eine Gewichtaufnahme aus Nickel mit speziell verjüngten Biegestellen an dem Knotenpunkt (P_K) des FGL-Brückenaktors verschweißt. Die Verbindung des Gewichts mit der Gewichtaufnahme erfolgt über eine Polymerschnur mit einem Durchmesser von 200 µm.

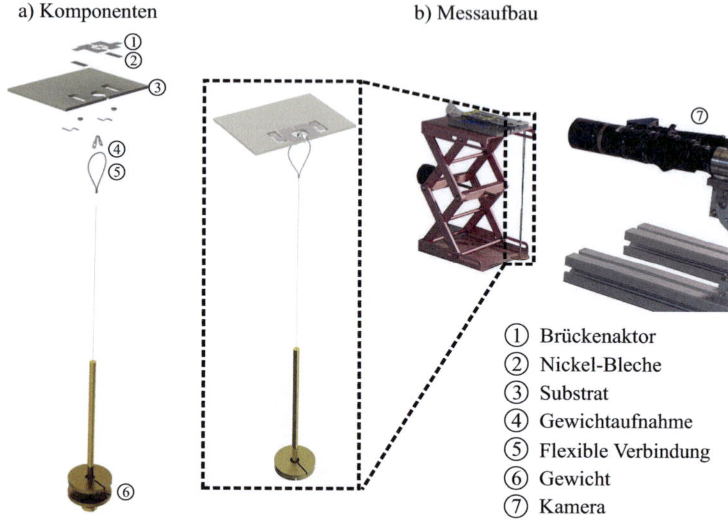

Abbildung 4.11.: a) Komponenten zur Bestimmung des Dauerverhaltens des FGL-Brückenaktors in einer Explosionsdarstellung und im verbundenen Zustand. b) Foto des Messaufbaus mit einem Hubtisch zur vertikalen Justierung des FGL-Brückenaktors und einer Hochgeschwindigkeits-Mikroskop Kamera zur optischen Messung des Aktorhubes.

Die elektrische Kontaktierung ist über verschweißte Nickel-Bleche auf den Kontaktplatten (K_P) des FGL-Brückenaktors realisiert und die elektrische Ansteuerung erfolgt über einen Frequenzgenerator mit nachgeschalteter Verstärkerschaltung. Der Strom und die Spannung werden simultan an der Verstärkerschaltung durch ein Oszilloskop gemessen. Die Messung der Auslenkung erfolgt optisch mit einer Hochgeschwindigkeits-Mikroskop Kamera[5]. Die Kamera ermöglicht bei einer Vergrößerung von 150 und einer Auflösung von 256 x 256 Pixel die Aufnahme von bis zu 1000 Bilder pro Sekunde. Durch eine Analyse der Bilder kann bei dieser Vergrößerung eine Bewegung einzelner Objekte mit einer Schrittbreite von 3 µm durchgeführt werden. Die Kamera und das Oszilloskop werden über eine LabVIEW-

[5] Keyence (VW-6000)

gesteuerte Auslösefunktion gleichzeitig gestartet und die Daten und Bilder chronologisch gespeichert. Abbildung 4.11b) zeigt ein Foto des Messaufbaus zur Bestimmung des Ermüdungsverhaltens des Brückenaktors.

Der FGL-Brückenaktor mit vier Stegen, einer Stegbreite (b_S) von 180 µm und einer Steglänge (l_S) von 1500 µm wird bei diesem Dauerversuch mit einem Gewicht von 10 g belastet. Abbildung 4.12 zeigt den Hub (h) des FGL-Brückenaktors bei einer Ansteuerfrequenz von 0,58 Hz in einem Zeitraum von 8 s. Die resultierende Auslenkung der R-Phase beträgt 178 µm und entspricht einer Dehnung (ε) von 0,75 %. Beim Erwärmen mit einer elektrischen Heizleistung von 190 mW wird das Gewicht auf eine Auslenkung von 81 µm angehoben. Dies entspricht einer Dehnung von 0,21 % in der austenitischen Phase. Die Ansteuerfrequenz wird so gewählt, dass der FGL-Brückenaktor den vollständigen Hub (h) von etwa 100 µm erreicht und die Versuchsdauer möglichst kurz ist. Dies ergibt eine experimentell ermittelte Frequenz von 0,58 Hz mit einer Heizphase von 228 ms und einer Abkühlphase von 1484 ms.

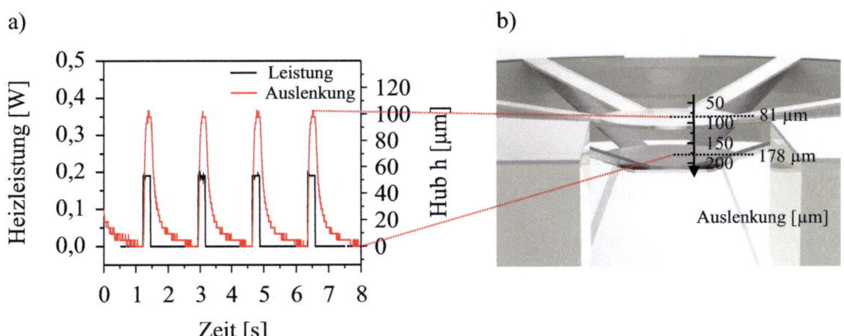

Abbildung 4.12.: a) Ansteuerung des FGL-Brückenaktors mit einer elektrischen Leistung von 190 mW und einer Frequenz von 0,58 Hz. Die Messung des Hubes (h) erfolgt durch eine Hochgeschwindigkeits-Mikroskop Kamera. b) CAD-Darstellung des FGL-Brückenaktors mit Auslenkungen im kalten und beheizten Zustand.

Die maximale Änderung der Auslenkung bis zu einer Zykluszahl von 10^5 beträgt 3 µm und liegt innerhalb der Unsicherheit der Kamera. Dies bedeutet, dass unter diesen Bedingungen keine Ermüdung bei Einhaltung der materialspezifischen Dehngrenzen nachweisbar ist.

4.2.2. Ventilgehäuse

4.2.2.1. Design des Ventilgehäuses

Das Ventilgehäuse ist ein zentrales Bauteil bei Mikroventilen. Im Ventilgehäuse befindet sich der Ein- und Auslass des Mikroventils sowie die Ventilkammer. In der Mikrosystemtechnik werden Mikroventile vorzugsweise als Sitz- oder Schieberventile realisiert. Abbildung 4.13 zeigt den schematischen Aufbau eines Sitz- und Schieberventils im geöffneten und geschlossenen Zustand.

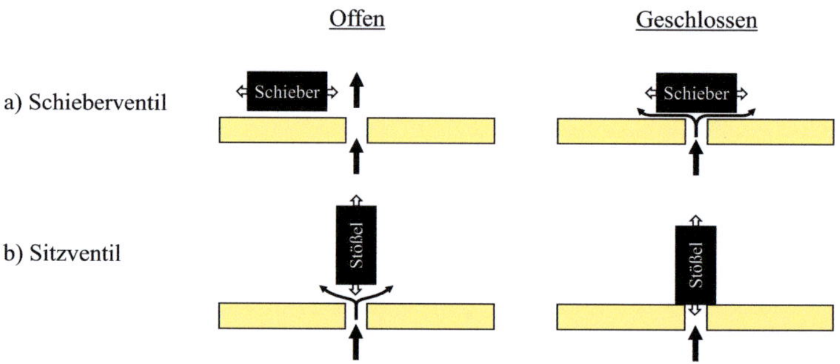

Abbildung 4.13.: Schematischer Querschnitt eines a) Schieberventils und b) Sitzventils im geöffneten und geschlossenen Zustand.

In Schieberventilen wird der Durchfluss mit einem beweglichen Schieber senkrecht zu der Durchflussrichtung reguliert. Im Vergleich zu einem Sitzventil ermöglicht diese Ventilbauart die Schaltung höherer Druckdifferenzen und Durchflüsse. Nachteilig ist eine Leckage im geschlossenen Zustand, da ein gewisser Spalt zwischen Schieber und Ventilöffnung zur Reibungsminimierung prinzipbedingt vorhanden sein muss. Ein Sitzventil wird durch einen Stößel oder eine Membran in Richtung des Ventilsitzes verschlossen. Die Leckage wird durch die richtige Material- und Geometriewahl, sowie eine Vorspannkraft zwischen Stößel beziehungsweise Membran und dem Ventilsitz minimiert. Durch die Forderung einer geringen Leckage und der Wirkrichtung des Aktorelementes senkrecht zu der Oberfläche, wird in dieser Arbeit ein Sitzventil verwendet.

Abbildung 4.14 zeigt eine perspektivische und eine geschnittene Zeichnung (SolidWorks) der Ventilkammer, des Ventileinlasses mit Ventilsitz und des Ventilauslasses. Der Ventileinlass befindet sich mittig in dem Ventilgehäuse innerhalb einer kreisrunden Vertiefung mit einem Durchmesser von 2 mm und besitzt einen Durchmesser (d_{Ein}) von 0,5 mm. Der Ventilsitz (d_{Sitz}) befindet sich konzentrisch um den Ventileinlass und hat einen Außendurchmesser von 1,20 mm. Der Ventilauslass (d_{Aus} = 0,5 mm) hat einen Abstand von 0,9 mm zu dem Ventileinlass und befindet sich innerhalb einer kreisrunden Vertiefung mit einem Durchmesser von 1 mm. Beide Vertiefungen sind tangential miteinander verbunden und haben eine Tiefe von 0,20 mm. Aus den Anschlussanforderungen der Mikroventile (Tabelle 1.2) mit einem fluidischen System dürfen die lateralen Abmessungen des Ventilgehäuses nicht größer sein als 10 x 10 mm^2. Der zylindrische Körper auf der Unterseite des Ventilgehäuses dient zur fluidischen Kontaktierung des Mikroventils und wird in Kapitel 6.1 beschrieben.

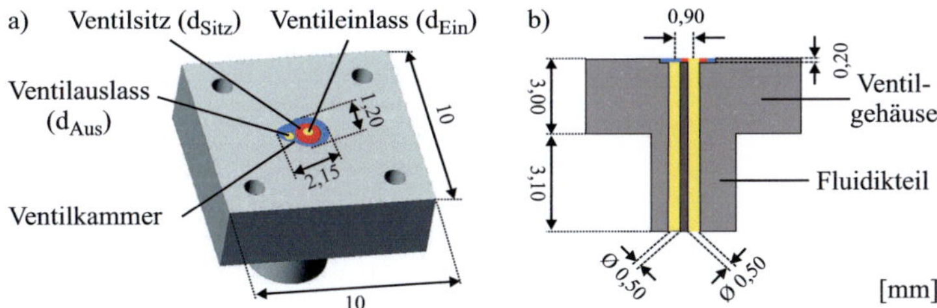

Abbildung 4.14.: a) Perspektivische Ansicht des Ventilgehäuses mit Ventileinlass und -auslass sowie der Ventilkammer mit Ventilsitz. b) Geschnittene CAD-Zeichnung des Ventilgehäuses mit Bemaßung.

Der resultierende Durchfluss bei einem Sitzventil im offenen Zustand ergibt sich aus der durchströmten Querschnittsfläche (A_Q) zwischen Ventilsitz und Stößel, der anliegenden Druckdifferenz (Δp) zwischen Ventileinlass und -auslass und der Dichte (ρ) des Mediums nach Gleichung 2.14. Die durchströmte Querschnittsfläche (A_Q) berechnet sich aus dem Hub (h) des FGL-Brückenaktors oberhalb des Ventileinlasses (d_{Ein}) abzüglich der Dicke einer Membran ($d_{Membran}$). Die Größe der durchströmten Ringfläche kann durch Gleichung 4.7 bestimmt werden.

$$A_Q = d_{Ein} \cdot \pi \cdot h \tag{4.7}$$

Zum Schließen des Mikroventils wird eine Membran auf dem polymeren Ventilsitz verklemmt. Hierzu wird ein sphärischer Ventilstößel mit einem Durchmesser von 762 µm verwendet. Die Eindringtiefe (T_{Kugel}) des Ventilstößels in den Ventilsitz ergibt sich aus dessen Durchmesser (d_{Kugel}) und dem Durchmesser des Ventileinlasses (d_{Ein}). Zur Vermeidung der Leckage wird ein harter sphärischer Ventilstößel aus Keramik (Al_2O_3) gewählt, der sich durch seine Form auf dem zylindrischen Ventilsitz selbstzentriert und bei mechanischem Druck durch die elastische Nachgiebigkeit des Ventilsitzes eine gute Abdichtung ermöglicht. Abbildung 4.15 zeigt einen schematischen Querschnitt des Ventilsitzes und des sphärischen Ventilstößels mit geometrischen Beziehungen.

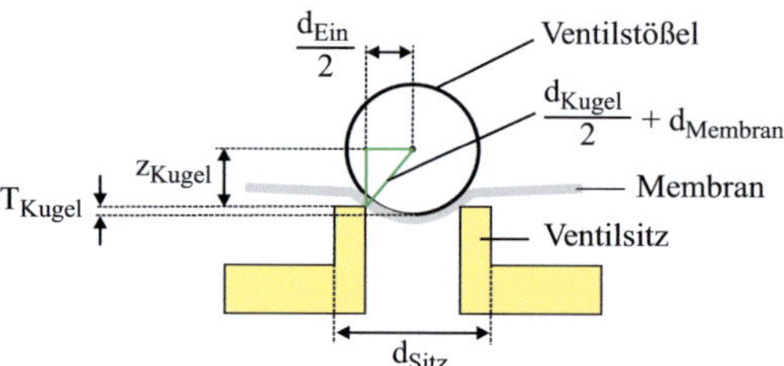

Abbildung 4.15.: Schematischer Querschnitt des sphärischen Ventilstößels und des Ventilsitzes mit den geometrischen Beziehungen zur Berechnung der Eindringtiefe (T_{Kugel}).

Aus den geometrischen Beziehungen und dem Satz des Pythagoras kann der Abstand (z_{Kugel}) des Mittelpunktes des sphärischen Ventilstößels oberhalb des Ventilsitzes mit Gleichung 4.8 berechnet werden.

$$z_{Kugel} = \sqrt{(\frac{d_{Kugel}}{2} + d_{Membran})^2 - (\frac{d_{Ein}}{2})^2} \tag{4.8}$$

Die Eindringtiefe (T_{Kugel}) berechnet sich nach Gleichung 4.9 aus der Differenz des halben Durchmessers des Ventilstößels (d_{Kugel}) und dessen Mittelpunktabstand (z_{Kugel}) bezüglich der Oberkante des Ventilsitzes.

$$T_{Kugel} = \frac{d_{Kugel}}{2} - z_{Kugel} \tag{4.9}$$

4.2.2.2. Simulation des Durchflussverhaltens

Das fluidische Durchflussverhalten des Ventilgehäuses wird in Comsol simuliert. Das numerische FEM-Simulationsprogramm bietet eine Schnittstelle zu gängigen CAD-Programmen und ermöglicht somit die Implementierung konstruierter Bauteile. Für die vorgegebene Geometrie des Ventileinlasses (d_{Ein}) wird unter Berücksichtigung der mechanischen Eigenschaften des FGL-Brückenaktors (h), das druckabhängige Durchflussverhalten des Ventilgehäuses simuliert.

Der Durchfluss eines Mediums durch einen Kanal erfolgt durch eine Druckdifferenz (Δp) als treibende Kraft. Die Druckdifferenz fällt dabei entlang des Kanals kontinuierlich ab. Umlenkungen oder Engstellen, die als hydraulischer Widerstand (Gleichung 2.8) betrachtet werden können, reduzieren weiterhin die Druckdifferenz in Abhängigkeit ihrer Größe. Zwischen dem Ein- und Auslass treten Umlenkungen in Abhängigkeit der Lage der fluidischen Kontaktierung und der Ventilkammer auf. Eine Engstelle befindet sich in der Regel zwischen dem Ventilsitz und Ventilstößel. Durch eine geeignete Kanalgeometrie kann der hydraulische Widerstand und somit die benötigte Druckdifferenz reduziert werden. Eine Vergrößerung der Kanalgeometrie reduziert den fluidischen Widerstand, die Dynamik und die Anfälligkeit gegen Verstopfung, erhöht aber auch das Totvolumen eines Systems.

Für die Wahl eines geeigneten Strömungsmodells ist die Kenntnis erforderlich, ob ein laminares oder turbulentes Strömungsverhalten vorliegt. Für eine anliegende Druckdifferenz kann das Strömungsverhalten eines Mediums durch die Reynoldszahl bestimmt werden. Hierzu wird zunächst die Geschwindigkeit oberhalb des Ventilsitzes ($d_{Sitz,Mitte}$) für verschiedene Hübe (h) des FGL-Brückenaktors und Durchflüsse (Q) nach Gleichung 2.7 abgeschätzt. Die durchströmte Querschnittsfläche ($A_{Q,Mitte}$) in der Mitte des Ventilsitzes ergibt sich durch Gleichung 4.10.

$$A_{Q,Mitte} = d_{Sitz,Mitte} \cdot \pi \cdot h \ (mit\, d_{Sitz,Mitte} = d_{Ein} + \frac{1}{2}(d_{Sitz} - d_{Ein}) \qquad (4.10)$$

Mit Hilfe der gemittelten Geschwindigkeit (v_{Mit}) und des hydraulischen Durchmessers (D_{Hyd}) kann im Anschluss die Reynoldszahl durch Gleichung 2.2 ermittelt werden. Der hydraulische Durchmesser ist eine äquivalente Kennzahl beliebiger Querschnittsflächen in Bezug auf einen kreisförmigen Querschnitt gleicher mittlerer Geschwindigkeit, Länge und Druckabfall. Für die radialsymmetrische Spaltströmung oberhalb des Ventilsitzes ergibt sich D_{Hyd} durch Gleichung 4.11. Für die Abschätzung der Reynoldszahl wird Wasser bei einer Temperatur von 25 °C, einer Dichte (ρ) von 997,04 kg/m^3 und einer dynamischen Viskosität (η) von 0,891 mPa·s verwendet.

$$D_{Hyd} = \frac{4A}{U} \; mit \begin{cases} A = 2\pi \cdot d_{Sitz,Mitte} \cdot h \\ U = 2(\pi \cdot d_{Sitz,Mitte} + h) \end{cases} \tag{4.11}$$

Abbildung 4.16a) zeigt die gemittelte Geschwindigkeit (v_{Mit}) von Wasser, b) den hydraulischen Durchmesser (D_{Hyd}) und c) die Reynoldszahl (Re) in Abhängigkeit des Hubes (h) des FGL-Brückenaktors für Durchflüsse (Q) zwischen 0 - 10 ml/min.

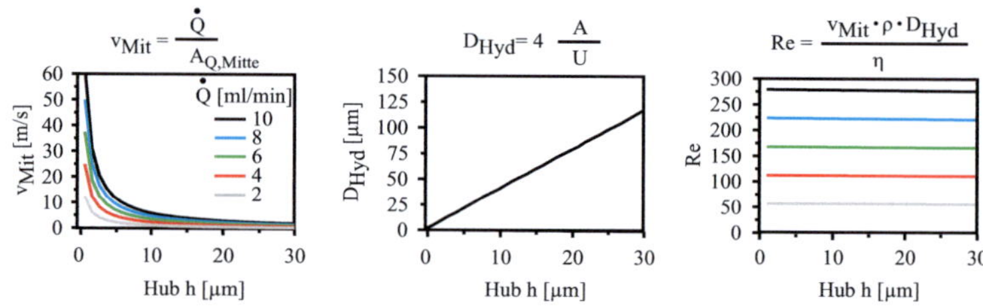

Abbildung 4.16.: a) Gemittelte Geschwindigkeit (v_{Mit}) von Wasser b) der hydraulische Durchmesser (D_{Hyd}) und c) die Reynoldszahl (Re) in Abhängigkeit des Hubes des Brückenaktors zwischen 0 - 30 µm für Durchflüsse in einem Bereich von 0 - 10 ml/min.

In dem geplanten Druckbereich zwischen 0 - 200 kPa und der damit verbundenen fluidischen Kraft, wird anhand des mechanischen Verhaltens der Hub (h) des FGL-Brückenaktors auf 0 - 30 µm abgeschätzt. Die kritische Reynoldszahl wird durch eine angenommene Plattenströmung oberhalb des Ventilsitzes ($d_{Sitz,Mitte}$) ausgerechnet. Für den maximalen angenommenen Durchfluss beträgt die kritische Reynoldszahl (Re_{Krit}) 333,43. Da die Reynoldszahl für den betrachteten Bereich kleiner als 280 ist, kann mit einem laminarem Strömungsmodell simuliert werden.

In Abbildung 4.17 sind die Simulationsergebnisse des laminaren Durchflusses für eine Druckdifferenz zwischen 50 - 200 kPa und einem Hub (h) des FGL-Brückenaktors zwischen 0 - 30 µm mit einer Schrittweite von 5 µm dargestellt.

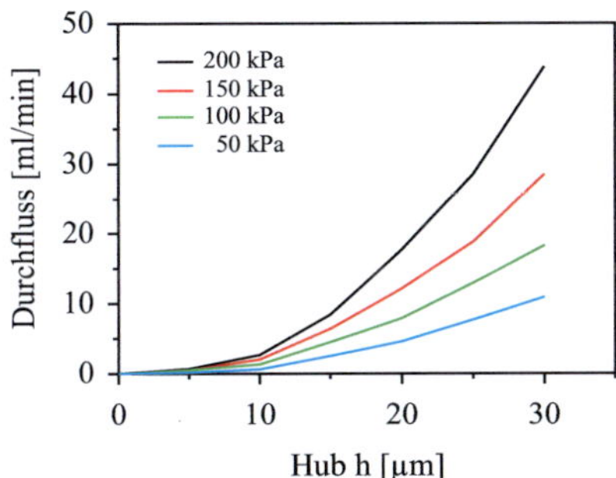

Abbildung 4.17.: Durchfluss von Wasser in Abhängigkeit des Hubes (h) des FGL-Brückenaktors in einem Bereich von 0 - 30 µm für eine Druckdifferenz zwischen 50 - 200 kPa.

Im Fall eines laminaren Strömungsverhaltens kann die No-Slip Bedingung (Gleichung 2.6) verwendet werden, die besagt, dass die Geschwindigkeit eines Mediums an der Kanalwand null ist. Durch diese Bedingung ergibt sich ein steiler Geschwindigkeitsgradient des Mediums in der Nähe der Kanalwand. In der Simulation wird dieses Verhalten berücksichtigt, indem dieser Bereich mit einem geschichteten Gitternetz besonders fein aufgelöst wird. Die Gesamtanzahl der Gitternetze wird auf etwa 10^5 gewählt, um ausreichend genaue Simulationsergebnisse bei einer akzeptablen Rechenzeit zu erhalten. Um den Einfluss des Ein- und Auslaufs eines Fluids auf den zu untersuchenden Bereich zu minimieren, werden zusätzliche Kanalabschnitte mit einem konstanten Querschnitt vor- und nachgeschaltet. Für Re >10 kann die Länge dieser Querschnitte (L_{Quer}), in Abhängigkeit der Reynoldszahl (Re) und des hydraulischen Durchmessers (D_{Hyd}) durch $L_{Quer} = 0{,}06 \cdot Re \cdot D_{Hyd}$ abgeschätzt werden [13]. Für den vorliegenden Fall wird ein L_{Quer} von 1 mm gewählt.

Durch die unterschiedlichen Querschnitte in einem Mikroventil verändert sich der statische Druck (p_{sta}) und die gemittelte Geschwindigkeit (v_{Mit}) eines Fluids nach Gleichung 2.10. Ein Medium läuft dabei durch den Einlass (d_{Ein}), die durchströmte Querschnittsfläche oberhalb des Ventilsitzes (A_Q) und die Ventilkammer bis zum Auslass (d_{Aus}) des Mikroventils. Abbildung 4.18a) zeigt Stromlinien für den beschriebenen Weg bei einem Hub des Brückenaktors von 20 µm und einer anliegenden Druckdifferenz von 100 kPa mit Wasser als Medium. Die äquidistanten Strömungslinien zeigen einen gleichmäßigen Verlauf und demnach wenig Totstellen und eine gute Spülbarkeit des Ventilgehäuses. Abbildung 4.18b) zeigt die Veränderung des statischen Drucks (p_{sta}) innerhalb des Ventilgehäuses. In der durchströmten Querschnittsfläche oberhalb des Ventilsitzes ist der fluidische Widerstand am größten und dementsprechend beträgt der Druckabfall in diesem Bereich 75 % der anliegenden Druckdifferenz ($\Delta p = p_1 - p_0$).

Abbildung 4.19a) zeigt die mittlere Strömungsgeschwindigkeit (v_{Mit}) von Wasser innerhalb des Mikroventils und b) in der Ventilkammer oberhalb des Ventilsitzes bei einer Druckdifferenz von 100 kPa und einem Hub des Brückenaktors von 20 µm. Die mittlere Strömungsgeschwindigkeit steigt in den vertikalen Ventilanschlüssen und zeigt ein Maximum von 2,6 m/s oberhalb des Ventilsitzes.

Abbildung 4.20 zeigt den simulierten und gemessenen Durchfluss des Ventilgehäuses bei einer anliegenden Druckdifferenz zwischen 50 - 200 kPa. Der gewählte Hub (h) des Brückenaktors für die Simulation beträgt 20 µm. Für die Messung wird ein Durchflusssensor[6] (Anhang A.5) mit einem Messbereich von 0 - 25 ml/min und einer Auflösung von 0,5 % verwendet.

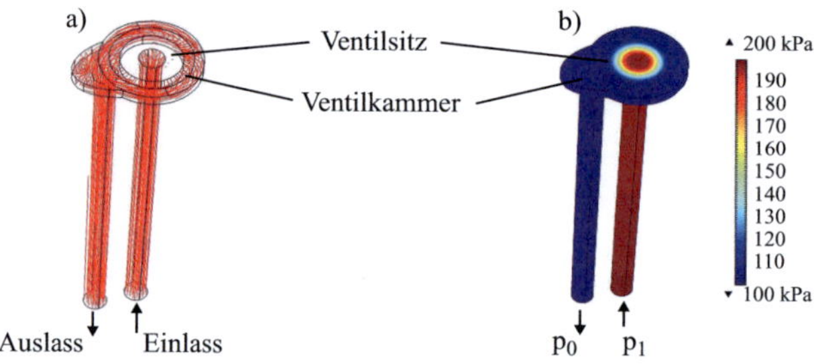

Abbildung 4.18.: a) Stromlinienverlauf und b) Druckabfall (p_{sta}) von Wasser im Mikroventil bei einer Druckdifferenz von 100 kPa und einem Hub (h) des FGL-Brückenaktors von 20 µm.

[6]Bürkert (8709)

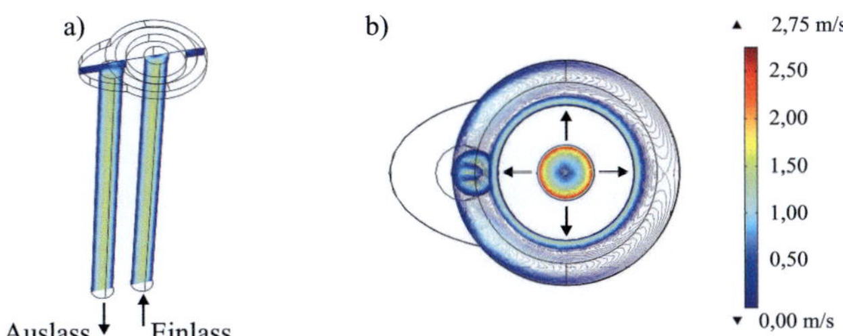

Abbildung 4.19.: Simulationsergebnisse der mittleren Strömungsgeschwindigkeit (v_{Mit}) von Wasser bei einer Druckdifferenz von 100 kPa und einem Hub (h) des FGL-Brückenaktors von 20 µm. a) Ansicht des ganzen Mikroventils und b) Detailansicht der Ventilkammer.

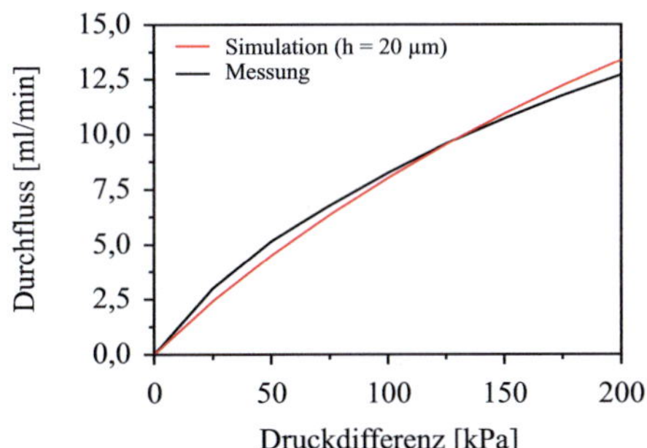

Abbildung 4.20.: Simulierte und gemessene Durchflusskennlinie durch ein Ventilgehäuse mit Wasser als Prüfmedium für eine anliegende Druckdifferenz zwischen 50 - 200 kPa.

4.2.3. Aktorträger

Der Aktorträger (AT) dient zur Fixierung des FGL-Brückenaktors und zur Führung des sphärischen Ventilstößels. Die Dicke des Aktorträgers ist für die Vorauslenkung (Vor) der Aktorstege verantwortlich und wird deshalb an die Geometrie des FGL-Brückenaktors angepasst. Im Schichtaufbau des Mikroventils befindet sich der AT zwischen dem Ventilgehäuse, beziehungsweise der Membran und dem Deckel. Damit die Aktorstege (A_S) frei beweglich sind und die Membran sich im offenen Ventilzustand ausdehnen kann, befindet sich beidseitig eine kreisrunde Vertiefung im Aktorträger. Der Durchmesser der Vertiefung beträgt 3,8 mm und entspricht der Brückenlänge l_B (Abbildung 4.2). Zur mechanischen Führung des Ventilstößels ist die Vertiefung in der Mitte des Aktorträgers auf einen Durchmesser von 0,9 mm verjüngt. Dies ermöglicht eine ausreichende Führung und Spiel des sphärischen Ventilstößels, der einen Durchmesser von 762 μm besitzt. In Abbildung 4.21 ist ein schematischer Querschnitt des Aktorträgers (AT) dargestellt.

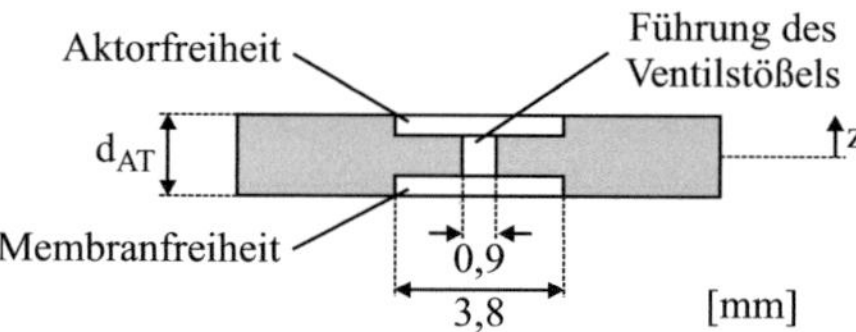

Abbildung 4.21.: Schematischer Querschnitt des Aktorträgers (AT) mit den beiden Vertiefungen zur Ausdehnung des FGL-Brückenaktors und der Membran sowie das Durchgangsloch zur Führung des sphärischen Ventilstößels.

Abbildung 4.22 zeigt einen schematischen Querschnitt des Ventilsitzes und Aktorträgers mit der Vorauslenkung (Vor) des Brückenaktors der a) NO und b) NC Ventilvariante. Die Vorauslenkung (Vor) der Aktorstege ist abhängig von der Dicke des Aktorträgers (d_{AT}), dem Durchmesser des sphärischen Ventilstößels (d_{Kugel}) sowie dessen Mittelpunktsabstands oberhalb des Ventilsitzes (z_{Kugel}) und dem Parameter $d_{Schicht}$, der die Membrandicke und die Klebeschicht zur Fixierung der Membran berücksichtigt. Die Vorauslenkung darf die materialspezifischen Dehngrenzen des FGL-Brückenaktors nicht überschreiten, um eine Materialermüdung zu verhindern. Für die gewählte Steglänge (l_S) von 1500 µm, bedeutet dies eine maximale Auslenkung von 190 µm in der R-Phase und eine maximale Auslenkung von 110 µm in der A-Phase.

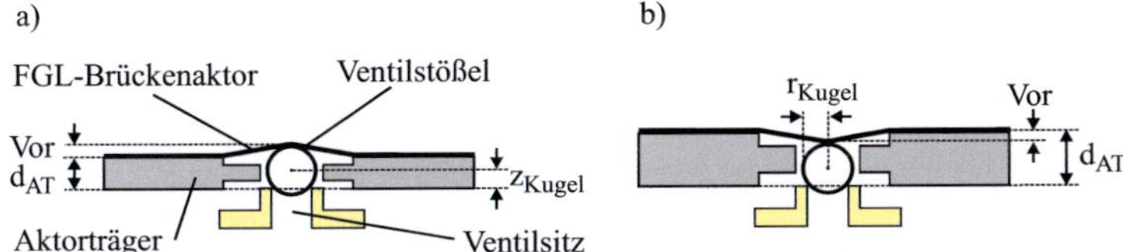

Abbildung 4.22.: Schematischer Querschnitt des Ventilsitzes und Aktorträgers mit der Vorauslenkung (Vor) des FGL-Brückenaktors der a) NO und b) NC Ventilvariante.

Für den Fall einer Membran aus Polyimid (PI) mit einer Dicke ($d_{Membran}$) von 12 µm und einer Klebeschicht von 10 ± 2 µm, kann $d_{Schicht}$ = 20 µm angenommen werden. Die Dicke des Aktorträgers (d_{AT}) für ein NO Mikroventil kann durch Gleichung 4.8 berechnet werden. Die Berechnung von z_{Kugel} erfolgt durch Gleichung 4.8 und die maximale Vorauslenkung (Vor) der A-Phase beträgt 110 µm.

$$d_{AT} = z_{Kugel} + \frac{d_{Kugel}}{2} - d_{Schicht} - Vor \tag{4.12}$$

Im Falle des NC Mikroventils ist die Wirkrichtung des Brückenaktors invertiert und folglich ändert sich das Vorzeichen der Vorauslenkung. Die Dicke des Aktorträgers für das NC Mikroventil ergibt sich aus Gleichung 4.13.

$$d_{AT} = z_{Kugel} + \frac{d_{Kugel}}{2} - d_{Schicht} + Vor \tag{4.13}$$

Tabelle 4.3 fasst die Parameter der Dimensionierung des Aktorträgers (AT) zusammen und zeigt die Schichtdicken der Aktorträger (d_{AT}), die in dieser Arbeit verwendet werden.

Ventiltyp	Steglänge [µm]	Ventilsitz Ø [µm]	Ventilstößel Ø [µm]	d_{AT} [µm]
NO	1500	500	762	550
NC	1500	500	762	780

Tabelle 4.3.: Schichtdicken (d_{AT}) der Aktorträger der NO und NC Ventilvariante, in Abhängigkeit der Steglänge (l_S), des Durchmessers des Ventileinlasses (d_{Ein}) und des Durchmessers des Ventilstößels (d_{Kugel}).

4.2.4. Ventildeckel

Der Ventildeckel befindet sich oberhalb des Aktorträgers (AT). Die lateralen Abmessungen sind an das Ventilgehäuse angepasst und betragen 10 x 10 mm^2. Weitere Designmaßnahmen und Funktionen sind im Folgenden kurz zusammengefasst:

Schutz des Aktors Der Deckel dient als mechanischer Schutz der Aktorstege (A_S), die sich bei der Anwendung orthogonal mit dem Hub (h) zu den Schichten ausdehnen. Auf der Deckelunterseite ist dieser Freiraum durch eine kreisrunde Vertiefung mit dem Durchmesser der Brückenlänge (l_B) realisiert.

Aufnahme der Kühlkörper Zur Steigerung der Dynamik des FGL-Brückenaktors befinden sich Kühlkörper im Deckel. Die Kühlkörper befinden sich auf der Unterseite des Deckels in Nuten und sind in direktem Kontakt mit den Kontaktplatten (K_P) des FGL-Brückenaktors. Die Kühlkörper entziehen dem FGL-Brückenaktor Wärme und steigern somit den passiven Kühlprozess.

Führung der elektrischen Kontaktierung Die elektrische Kontaktierung der Mikroventile ist über Federkontakte realisiert. Die Federkontakte stellen einen Kontakt zwischen dem FGL-Brückenaktor und der Oberseite des Deckels her und werden in entsprechenden Bohrungen geführt.

Verbindung der Bauteile Die Verbindung der drei Hauptkomponenten Ventilgehäuse, Aktorträger und Deckel erfolgt über den Deckel. Im Deckel befinden sich daher Aufnahmen für Schrauben oder eine umlaufende Kante zum Laserdurchstrahlschweißen oder UV-Kleben.

Höhenausgleich Die Bauteilhöhen beider Ventilvarianten sind funktionsbedingt unterschiedlich (Kapitel 4.2.3). Die Dicke des Ventildeckels dient als Höhenausgleich, um beide Ventilvarianten gemeinsam auf einer fluidischen Schaltplatte zu integrieren.

Aufnahme der Druckfeder Das NC Mikroventil wird über eine Druckfeder geschlossen, die am Knotenpunkt (P_K) des FGL-Brückenaktors angreift und diesen in Richtung Ventilsitz dehnt. Die Druckfeder wird innerhalb des Deckels geführt. Die Federvorspannung kann über eine Schraube eingestellt werden, die sich oberhalb der Druckfeder befindet. Zwischen der Feder und der Schraube befindet sich ein sphärisches Element, damit kein Drehmoment bei einer Verstellung der Schraube über die Feder auf den FGL-Brückenaktor übertragen wird.

4.2.5. Zusammenfassung der Ausführung und Dimensionierung

Um den geforderten Druck- und Durchflussbereich schalten zu können, wird zunächst das mechanische Verhalten der FGL-Brückenaktoren in Abhängigkeit der Geometrien abgeschätzt und für beide Ventilvarianten dimensioniert. Im Anschluss wird das Kraft-Weg Verhalten beider FGL-Brückenaktoren untersucht und bestätigt die aus der Abschätzung bestimmten Geometrien. Die Umwandlungstemperaturen der Formgedächtnislegierung und die benötigten Heizleistungen für diese Geometrien werden bestimmt und erfüllen ebenfalls die Anforderungen. Ein Dauerversuch der Formgedächtnislegierung bestätigt ein gleichbleibendes mechanisches Verhalten bei Berücksichtigung der materialspezifischen Dehngrenzen. In Abhängigkeit der mechanischen Eigenschaften des FGL-Brückenaktors wird das druckabhängige Durchflussverhalten des Ventilgehäuses simuliert und experimentell verifiziert. Mit den Geometrien des FGL-Brückenaktors und Ventilgehäuses ist es demnach möglich, den geforderten Druck- und Durchflussbereich zu erfüllen. Die Dicke des Aktorträgers wird an die mechanischen Eigenschaften des FGL-Brückenaktors sowie die Geometrien des sphärischen Ventilstößels und den Durchmesser des Ventileinlasses angepasst. Die Form des Deckels wird entsprechend der Geometrien des FGL-Brückenaktors, der geforderten Gesamthöhe und der lateralen Abmessungen der Mikroventile abgestimmt.

4.3. Aufbau und Verbindung

In Abbildung 4.23 ist ein Übersichtsschema der Komponenten des FGL-Mikroventils und verwendeten Verbindungstechnologien dargestellt.

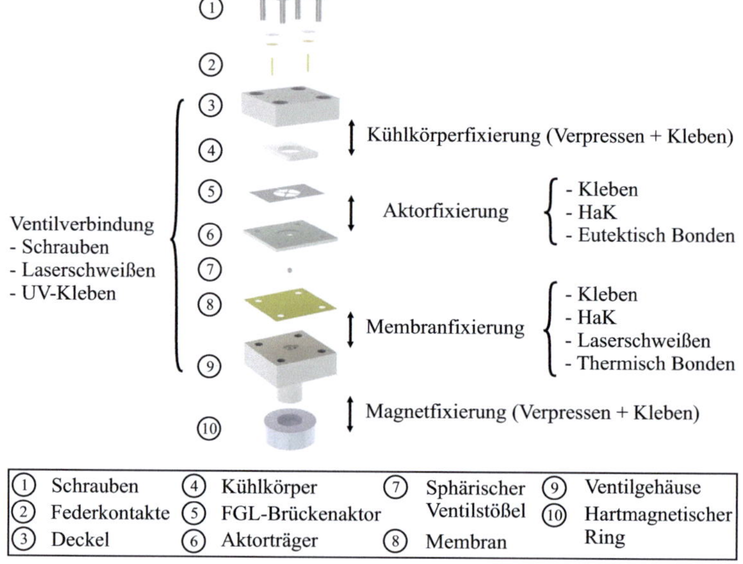

Abbildung 4.23.: Explosionszeichnung eines NO Mikroventils. Auf der rechten Seite sind Verbindungstechnologien zwischen einzelnen Komponenten und auf der linken Seite Möglichkeiten zur Gesamtverbindung des Mikroventils dargestellt.

Auf der rechten Seite der Explosionszeichnung befinden sich die untersuchten Verbindungstechnologien zwischen jeweils zwei Komponenten. Dies beinhaltet die Befestigung des Kühlkörpers innerhalb des Deckels, die Fixierung des FGL-Brückenaktors auf den unterschiedlichen Aktorträgern, die Fixierung verschiedener Membranen auf dem Ventilgehäuse und die Befestigung eines hartmagnetischen Rings am Ventilgehäuse. Die Funktion des hartmagnetischen Rings wird in Kapitel 6.1 beschrieben und die Verbindungstechnologien werden in den folgenden Unterkapiteln behandelt. Auf der linken Seite befinden sich die untersuchten Technologien zur Verbindung der Komponenten zu einem Mikroventil.

4.3.1. Aktorfixierung

Im Kapitel Aktorfixierung wird die Befestigung des strukturierten FGL-Brückenaktors auf dem Aktorträger beschrieben. Die Strukturierung des FGL-Brückenaktors erfolgt durch den beschriebenen parallelen Prozess (Kapitel 2.2.1). Die Verbindung zwischen diesen Komponenten muss mechanisch stabil sein, um die Kräfte des FGL-Brückenaktors abzustützen und thermisch stabil sein, um einen sicheren Halt in der A-Phase zu gewährleisten. In dieser Arbeit werden als Verbindungstechnologien das viskose Kleben, die Verbindung über eine hitzeaktivierbare Klebefolie (HaK) und das eutektische Bonden untersucht. Als Aktorträger wird gefrästes PEEK, eine laserstrukturierte Keramik (Al_2O_3) und ein laserstrukturierter Silizium-Wafer verwendet. Im Falle der laserstrukturierten Keramik und des Silizium-Wafers dient ein gefrästes Polymer zur Führung des sphärischen Ventilstößels. Vor der Fixierung wird der FGL-Brückenaktor auf einer Hotplate bis oberhalb A_f erwärmt, um dessen eingeprägte Form herzustellen. Zur sicheren Handhabung und zur Minimierung der mechanischen Belastung des FGL-Brückenaktors wird eine Vakuumpinzette verwendet.

4.3.1.1. Viskoses Kleben

Die Verbindung zwischen dem FGL-Brückenaktor und dem Aktorträger kann durch viskoses Kleben realisiert werden. Hierzu wird ein auf Epoxidharz-Basis bestehender Kleber verwendet [165]. Vor dem Klebeprozess werden der Aktorträger und der FGL-Brückenaktor in Isopropanol und Aceton gereinigt, um mögliche Rückstände von Fett auf den Oberflächen zu entfernen. Auf dem Aktorträger aus PEEK oder Keramik wird mit einem Dosierinstrument eine homogene Schicht aus Kleber appliziert. Der FGL-Brückenaktor wird auf dem Aktorträger abgelegt und an der Vertiefung der Aktorfreiheit konzentrisch ausgerichtet. Durch die geringe Viskosität und die Kapillarkräfte breitet sich der Kleber unter dem Aktor gleichmäßig aus. Die Klebefront stoppt an der Vertiefung der Aktorfreiheit des Aktorträgers, so dass die Aktorstege des FGL-Brückenaktors nicht in Kontakt mit Kleber kommen. Zum Aushärten des Klebers wird der Verbund wahlweise für zwei Stunden bei einer Temperatur von 70 °C in einem Ofen oder für fünf Minuten auf eine

Hotplate bei 120 °C gelegt. Die Klebeverbindung besitzt eine Scherfestigkeit von etwa 10 N/mm^2 und kann dementsprechend die Kräfte der FGL-Brückenaktoren (Abbildung 4.5 und 4.6) aufnehmen. Die Dicke der Klebeschicht beträgt 10 $\pm$ 2 µm und muss bei der Auslegung des Aktorträgers (Kapitel 4.2.3) berücksichtigt werden. Das viskose Kleben ermöglicht eine materialunabhängige Verbindung zwischen dem FGL-Brückenaktor und dem Aktorträger. Sie besitzt eine thermische Stabilität und ein dauerfestes Verhalten bis zu einer Temperatur von 200 °C, die oberhalb der maximalen Temperaturen der FGL-Brückenaktoren liegt (Abbildung 4.10).

4.3.1.2. Eutektisches Bonden

Das eutektische Bonden ist eine weitere Möglichkeit zur Verbindung des FGL-Brückenaktors mit einem Substrat. Als Substrat dient ein Silizium-Wafer mit einer Dicke von 550 µm, der mittels Laser an die Geometrien des FGL-Brückenaktors angepasst ist. Auf die Oberfläche des strukturierten FGL-Brückenaktors und des Silizium-Substrats wird eine dünne Schicht (100 nm) aus Gold aufgesputtert [7]. Die Verbindung der Bauteile erfolgt unter Druck und Temperatur über die Goldschichten. Der Prozessablauf zur Herstellung der Goldschicht und zur Verbindung der Bauteile ist in Abbildung 4.24 dargestellt und nachfolgend erklärt.

Das Temperaturprofil des Temperprozesses aus Schritt 9 ist in Abbildung 4.25 dargestellt. Da bei erhöhter Temperatur Sauerstoff in das NiTi diffundieren kann, das den Formgedächtniseffekt reduziert, wird die Kammer des Ofens zunächst mit Stickstoff geflutet und anschließend evakuiert (1). Der Ofen wird im Anschluss an die Evakuierung über die eutektische Temperatur (T_{Eu}) der Verbindung (Silizium-Gold: 363 °C) erwärmt (2). Der Bondprozess wird bei einer Temperatur von über 400 °C für 30 min durchgeführt (3) und anschließend auf Raumtemperatur (R_T) abgekühlt (4).

Abbildung 4.26 zeigt Fotos des Silizium-Substrates und des FGL-Brückenaktors. In der linken Spalte befinden sich beide Bauteile unter der Sputtermaske (Punkt 5, Abbildung 4.24), die mittlere Spalte zeigt beide Bauteile mit aufgesputterter Goldschicht unterhalb der Maskierung (Punkt 6, Abbildung 4.24) und in der rechten Spalte sind beide Bauteile nach dem Lösen von der TdK dargestellt (Punkt 7, Abbildung 4.24).

[7] Balzers Union (MED 010)

1. Aufbringen der ersten Opferschicht: Eine thermisch deaktivierbare Klebefolie (TdK) wird als Opferschicht auf einem Substrat aus Keramik (Al_2O_3) aufgebracht.

2. Fixierung eines Rahmens: Eine Rahmenstruktur aus Al_2O_3 wird über die TdK auf dem Keramik-Substrat fixiert.

3. Fixierung des Silizium-Substrats und FGL-Brückenaktors: Innerhalb der Rahmen werden das lasergeschnittene Silizium-Substrat und der nasschemisch strukturierte FGL-Brückenaktor auf der TdK fixiert.

4. Aufbringen der zweiten Opferschicht: Eine strukturierte TdK wird auf dem Rahmen aufgebracht.

5. Aufbringen einer Hartmaske: Eine lasergeschnittene Keramik oder erodiertes Messing wird als Maskierung über die TdK fixiert.

6. Aufsputtern der eutektischen Schicht: Auf die Oberfläche des Silizium und FGL-Brückenaktors wird eine100 nm Goldschicht aufgesputtert.

7. Lösen des Silizium-Substrats und des FGL-Brückenaktors: Durch thermische Aktivierung (Hotplate) der TdK lösen sich die Bauteile vom Keramiksubstrat.

8. Verspannen der Bauteile: Das Silizium-Substrat und der FGL-Brückenaktor werden mit der Gold zugewandten Seite bei einer Spannung von 0,25 MPa miteinander verspannt.

9. Tempern der Bauteile: Der Verbund wird im verpresstem Zustand oberhalb der eutektischen Temperatur (T > 363 °C) getempert.

10. Entfernung der Haltestruktur: Das Silizium-Substrat und der FGL-Brückenaktor sind nach Entfernung der Haltestrukturen miteinander verbunden.

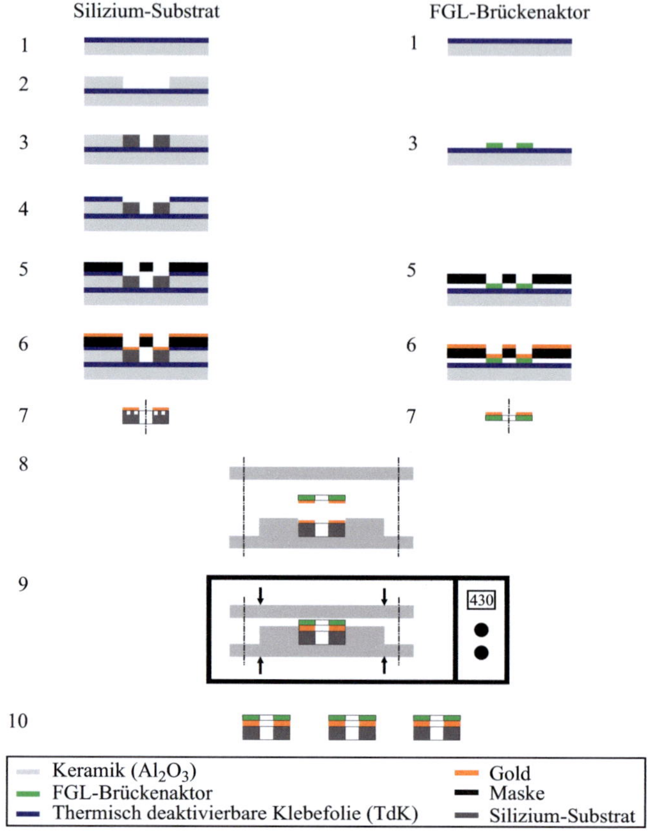

Abbildung 4.24.: Schematische Darstellung der Prozessschritte zur Vorbereitung und Verbindung eines strukturierten FGL-Brückenaktors und Silizium-Substrats durch eutektisches Bonden.

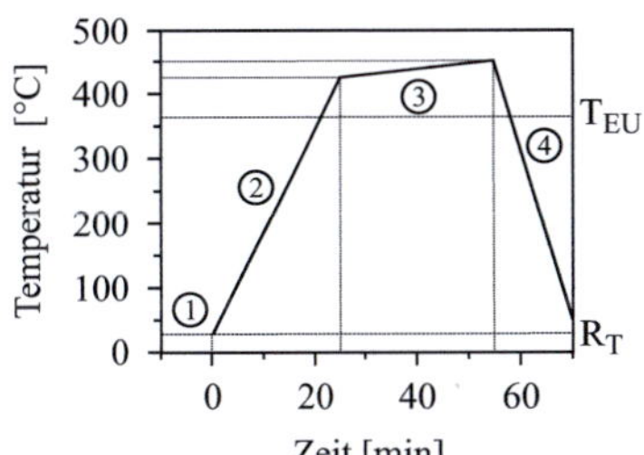

Abbildung 4.25.: Zeitabhängiges Temperaturprofil des eutektischen Bondprozesses in einem evakuierten Temperofen.

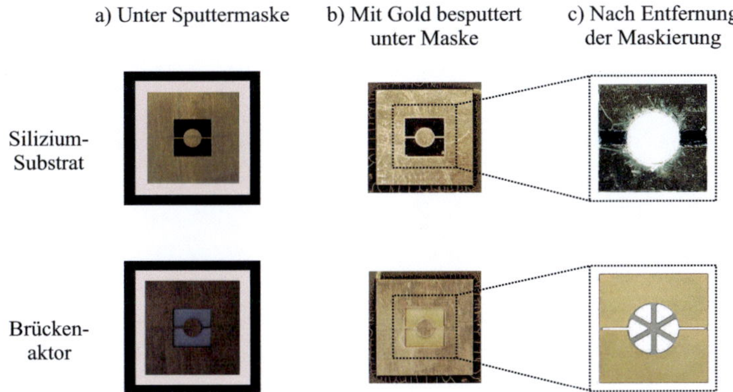

Abbildung 4.26.: Silizium-Substrat und FGL-Brückenaktor unter den Sputtermasken a) vor dem Sputtern, b) nach dem Sputtern und c) Fotografien der Bauteile mit abgeschiedener Goldschicht auf der Oberfläche im abgelösten Zustand.

Die inhomogene Goldschicht auf dem Silizium-Substrat ist auf die Strukturierung des Wafers durch den Laser zurückzuführen. Bei der nachfolgenden Verbindung führt diese Inhomogenität zu keinen Beeinträchtigungen. Die horizontale Trennung der Goldschicht auf dem Silizium-Substrat dient der elektrischen Isolierung beider Hälften. Die Aktorstege (A_S) des FGL-Brückenaktors werden beim Sputtern durch eine Maske aus Keramik oder

Messing geschützt. Dies ist nötig, da eine Einlagerung von Gold im Kristallgitter von NiTi den Formgedächtniseffekt reduzieren würde.

In Abbildung 4.27a) und b) sind REM-Aufnahmen eines FGL-Brückenaktors dargestellt. Der hellere Bereich in den Aufnahmen ist die gesputterte Goldschicht und der dunklere Bereich ist NiTi. Zur Bestimmung des Streubereichs des Goldes beim Sputterprozess und beim eutektischen Bonden wird eine EDX-Analyse durchgeführt. Hierdurch soll ausgeschlossen werden, dass sich Gold auf den Aktorstegen (A_S) befindet und die Aktorik beeinflusst. Abbildung 4.27c) zeigt die EDX-Analyse vor und d) nach dem eutektischen Bonden an derselben Messstelle. Die Konzentration des Goldes fällt in einer kurzen Wegstrecke von etwa 50 µm (grauer Bereich) von über 90 auf unter 5 % ab und ist somit für die Aktorik unkritisch.

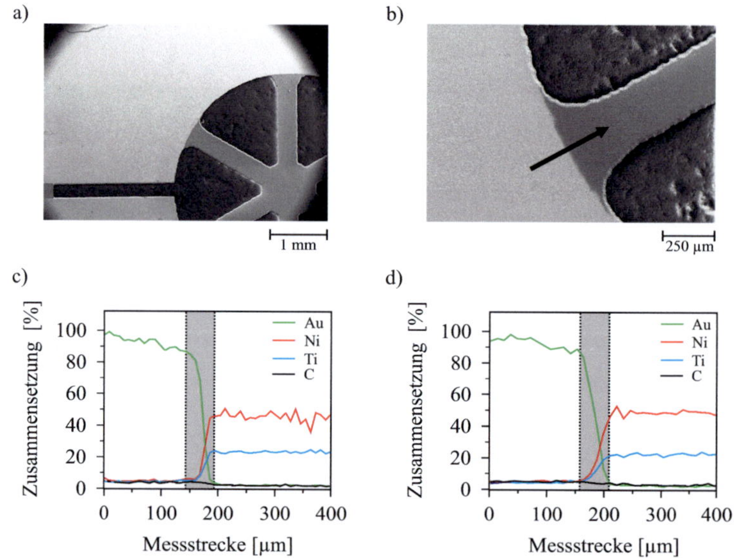

Abbildung 4.27.: a) REM-Aufnahme des FGL-Brückenaktors mit gesputterter Goldschicht und b) vergrößerte Aufnahme eines Aktorsteges (A_S) mit gekennzeichneter Länge und Richtung des Linienscans. c) EDX-Analyse des Linienscans vor dem eutektischen Bonden und d) nach dem eutektischen Bonden.

4.3.1.3. Hitzeaktivierbare Klebefolie

Eine alternative Möglichkeit bietet die Verbindung des FGL-Brückenaktors durch eine hitzeaktivierbare Klebefolie (HaK) [166]. Der Vorteil der beidseitigen Klebefolie im Vergleich zu niederviskosen Klebern liegt in ihrer Strukturierbarkeit und damit genauen Definition der Klebeflächen. Die Klebfolie wird durch einen CO_2-Laser[8] mit einer Wellenlänge von 10,6 µm an die Geometrien des FGL-Brückenaktors und Aktorträgers angepasst. Die Klebfolie und der FGL-Brückenaktor werden auf dem Aktorträger aufgebracht und anhand der Vertiefung der Aktorfreiheit ausgerichtet. Die Handhabung der Klebefolie ist unproblematisch, da ihre Haftung erst unter Einwirkung von Kraft und Temperatur aktiviert wird. Die nötige Kraft und Temperatur wird durch eine verschraubte Abschlussplatte und einen Ofen aufgebracht. Das Ausbacken der HaK erfolgt bei einem Druck von 70 kPa und einer Temperatur von 90 °C für eine Dauer von 60 min [106]. Die resultierende Verbundfestigkeit der Klebeverbindung wird in Zugversuchen gemessen und beträgt im Mittel 12 MPa. Im ausgebackenen Zustand besitzt die Klebefolie eine Stärke von 50 ± 10 µm. Als Aktorträger kann dementsprechend PEEK oder eine Keramik mit einer Stärke von 500 µm verwendet werden, ohne die Vorauslenkung (*Vor*) des FGL-Brückenaktors der NO Mikroventile zu überschreiten.

4.3.1.4. Vergleich der Verbindungstechniken zur Aktorfixierung

Die in Kapitel 4.3.1 dargestellten Verbindungstechnologien, die eine Verbindung zwischen dem strukturierten FGL-Brückenaktor und den verwendeten Aktorträgern ermöglichen, sind in Tabelle 4.4 vergleichend gegenübergestellt.

Als Aktorträger wird gefrästes PEEK, eine laserstrukturierte Keramik (Al_2O_3) und ein laserstrukturierter Silizium-Wafer verwendet. Die untersuchten Verbindungstechnologien sind viskoses Kleben, eine hitzeaktivierbare Klebefolie (HaK) und das eutektische Bonden. Auf Grund der guten Maßhaltigkeit, der Materialunabhängigkeit und dem vergleichsweise geringem Aufwand wird das viskose Kleben zur Fixierung des FGL-Brückenaktors in der weiteren Arbeit verwendet.

[8] Synrad (Modell FireStar V40)

		Viskoses Kleben	Hitzeaktivierbare Klebefolie (HaK)	Eutektisches Bonden
	Substratmaterial	unabhängig	unabhängig	Silizium
	Maßhaltigkeit [µm]	± 2	± 10	<< 1
Betrieb	Temperaturstabil	< 200 °C	< 600 °C	< 363 °C
	Dauerverhalten	geeignet	geeignet	geeignet
	Festigkeit	ausreichend	ausreichend	/
Fertigung	Aufwand	gering	gering	aufwendig
	Serientauglichkeit	geeignet	geeignet	mittel

Tabelle 4.4.: Vergleich und Bewertung der Verbindungstechnologien in Bezug auf den Betrieb und die Fertigung. Der Farbcode bedeutet: Grün ist geeignet, Gelb ist mittel und Rot ist ungeeignet.

4.3.2. Aktorkontaktierung

Die FGL-Brückenaktoren der Mikroventile werden direkt durch elektrischen Strom beheizt. Die elektrische Kontaktierung der Formgedächtnislegierung ist durch die Bildung einer Oxidschicht schwer möglich. In vergangenen Arbeiten [43,92] werden Drahtbonden, anisotropes Kleben, Leitkleber, Löten, Laserschweißen und Spaltschweißen als mögliche Kontaktierungsverfahren getestet und hinsichtlich ihrer thermischen Stabilität und ihres Übergangswiderstands verglichen. Vor allem der Übergangswiderstand ist ein wichtiger Parameter, der minimiert werden sollte, um den Energieverbrauch beziehungsweise die Verlustleistung zu reduzieren.

Auf Grund des geringen Übergangswiderstands wird das Spaltschweißen (Kapitel 2.3.4) als Kontaktierungsverfahren gewählt[9]. Der Übergangswiderstand der materialschlüssigen Verbindung zwischen einem FGL-Brückenaktor und einem Nickel-Blech (50 µm) beträgt weniger als 50 mΩ. Die Nickel-Bleche werden vor dem Schweißvorgang mit einem Laser strukturiert, mit Isopropanol gereinigt und deren Oxidschicht mechanisch entfernt. Die Kontaktierung der Nickel-Bleche und somit der FGL-Brückenaktoren mit der Oberseite des Mikroventils erfolgt durch Federkontakte. Die Übergangswiderstände der Federkontakte liegen mit 50 mΩ in einem ähnlichen Bereich wie die Schweißverbindung. In Abbildung 4.28 ist die elektrische Kontaktie-

[9]Unitek Equipment (UB25)

rung des FGL-Brückenaktors mit laserstrukturierten, verschweißten Nickel-Blechen und den Federkontakten dargestellt. In Tabelle 4.5 sind die Spezifikationen der Federkontakte beider Ventilvarianten aufgelistet [167].

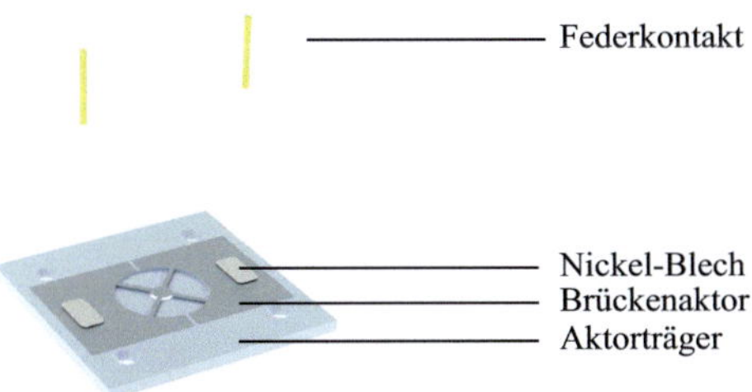

Abbildung 4.28.: Elektrische Kontaktierung des FGL-Brückenaktors mit Federkontakten auf laserstrukturierten, verschweißten Nickel-Blechen.

	Deckelhöhe [mm]	Max. Länge [mm]	Min. Länge [mm]	Durchmesser [mm]	Federstärke [N/mm]	Widerstand [mΩ]
NO	3,00	3,30	2,80	0,31	0,34	< 60
NC	7,00	7,37	6,35	0,89	0,30	< 50

Tabelle 4.5.: Spezifikationen der Federkontakte zur elektrischen Kontaktierung der NO und NC Mikroventile.

4.3.3. Membranfixierung

Dieses Kapitel beschreibt die verwendeten Verfahren zur Fixierung der Membran. Als Membranmaterialien werden eine Folie aus Polyimid (PI) mit einer Stärke von 12 µm und eine Folie aus COC mit einer Stärke von 25 µm verwendet. Beide Materialien weisen eine gute chemische Beständigkeit gegen die geforderten Chemikalien auf und können in den modularen Herstellungsprozess des Ventilaufbaus integriert werden. Zur Charakterisierung des mechanischen Verhaltens werden Zugversuche[10] beider Membranen durchgeführt. Die Teststreifen zur Messung besitzen eine Breite von 10 mm und

[10]Zwick/Roell (Zwicki-Line 500N)

eine Länge von 100 mm, wobei sie beidseitig zu 2,5 mm in den Spannbacken verklemmt sind. Abbildung 4.29 zeigt das experimentell ermittelte Kraft-Weg Verhalten der Membran aus Polyimid und COC. Das ermittelte Elastizitätsmodul beträgt 4,35 GPa für PI und 29,72 GPa für COC. Auf Grund des geringeren E-Moduls und damit kleineren Kraft zur Verformung, ist die PI-Membran besser zur Realisierung von Mikroventilen mit begrenzten Aktorkräften geeignet.

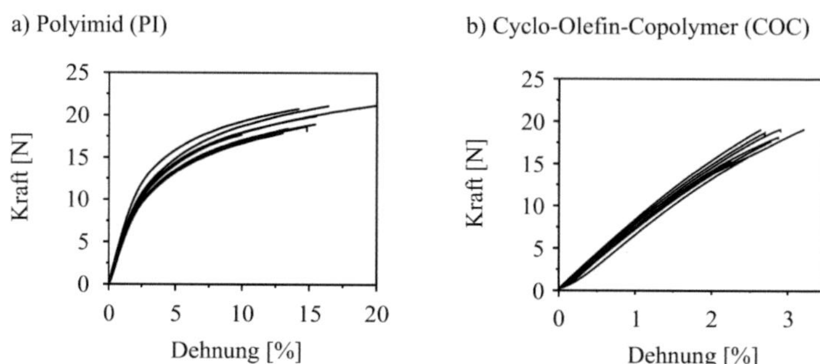

Abbildung 4.29.: Experimentelle Untersuchung des Kraft-Weg Verhaltens der Membranen aus PI mit einer Stärke von 12 µm und COC mit einer Stärke von 25 µm.

Nach der spanenden Herstellung der Ventilgehäuse werden diese auf ihre Funktionalität untersucht und für den Verbindungsprozess vorbereitet. Unter einem Lichtmikroskop wird einerseits die Durchgängigkeit des Ventileinlass und -auslass andererseits die Rundheit und innere Kante des Ventilsitzes betrachtet. Die Rundheit und innere Kante des Ventilsitzes sind vor allem für ein vollständiges Schließverhalten des Mikroventils und damit zur Vermeidung von Leckage verantwortlich. Anschließend werden die Ventilgehäuse poliert, um herstellungsbedingte Grate und Unebenheiten zu eliminieren. Abschließend werden die Ventilgehäuse in Isopropanol und Aceton in einem Ultraschallbad von Fettresten befreit. Dies ermöglicht eine maximale Festigkeit des Bondprozesses.

Im Anschluss an den jeweiligen Verbindungsprozess werden die Membranen auf ihre fluidische Eignung getestet. Die Dichtheit der Membranen bzw. des Verbindungsprozesses wird in einem Wassergefäß durch Stickstoff (Gas) geprüft. Bei diesem Versuch wird ein Gasdruck von 200 kPa gewählt, der in der Anforderungsliste (Tabelle 1.1) als die maximal schaltbare Druckdifferenz der Mikroventile gefordert ist. Die Dauerfestigkeit der Membranen wird in einem 100 stündigen Dauertest mit Wasser als Prüfmedium untersucht. Als Versorgung dient eine spulenbetriebene Membranpumpe[11] mit einer Förderrate von 1 - 5 ml bei einer maximalen Druckdifferenz von 20 kPa. Zur Ermittlung der mechanischen Stabilität der Membran oder der Verbindung werden Berstdruckversuche durchgeführt. Bei diesen Versuchen wird der Auslass des Mikroventils verschlossen und der Einlassdruck kontinuierlich erhöht. Die anliegende Druckdifferenz wird mit einem in Reihe geschaltetem Barometer mit Schleppzeiger bestimmt. Beim Versagen der Membran oder der Verbindung bricht die anliegende Druckdifferenz ab und der Berstdruck kann an dem Schleppzeiger abgelesen werden.

4.3.3.1. Viskoses Kleben

Um einen sicheren Halt des Ventilgehäuses während des Klebeprozesses zu gewährleisten wird das Ventilgehäuse mit einer magnetischen Verbindung auf einem weichmagnetischen Substrat fixiert. Als Klebstoff wird ein auf Epoxydharz-Basis bestehender Kleber mit einer niedrigen Viskosität und einer ausgezeichneten Beständigkeit gegen Feuchtigkeit und Chemikalien verwendet [165].

Auf der Oberfläche des Ventilgehäuses werden mit einer Kanüle gleichmäßig Klebepunkte appliziert. Die Membran wird vorsichtig auf diese Klebepunkte aufgebracht und durch einen Stempel gleichmäßig verpresst. Die geringe Viskosität und der Stempel begünstigen eine homogene Benetzung der Kontaktfläche. Aufgrund wirkender Kapillarkräfte zwischen der Membran und dem Ventilgehäuse stoppt die Klebefront an den Kanten und Rändern des Ventilgehäuses. Hierdurch wird ein Verkleben der Ventilkammer und des Ventilsitzes verhindert. Die Aushärtung des Klebers erfolgt in einem Temperschritt bei einer Temperatur von 70 °C für eine Dauer von 2 Stunden. Der durchschnittliche Berstdruck bei zehn durchgeführten Versuchen beträgt 710 kPa, bei einer Streuung von $\pm$65 kPa. Bei allen Versuchen versagt dabei nicht die Membran, sondern die Klebeverbindung. Die Ursache des Versagens ist dabei auf eine Inhomogenität der Klebeschicht zurückzuführen, die entweder durch Partikel oder Lufteinschlüsse verursacht wird. Beim Dauertest können keine Veränderungen der Verbindung oder Leckagen festgestellt werden. Abbildung 4.30a) zeigt eine lasergeschnittene Membran aus PI mit

[11] Bürkert (7604)

einer Stärke von 12 µm sowie das Ventilgehäuse mit den applizierten Klebepunkten und b) das fertige Ventilgehäuse mit verklebter Membran.

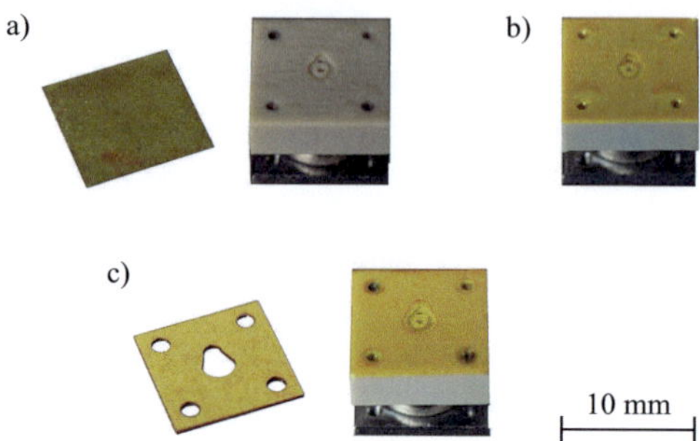

Abbildung 4.30.: a) Lasergeschnittene Membran aus PI und Ventilgehäuse aus PEEK mit applizierten Klebepunkten vor und b) nach dem Verkleben der Membran. c) Lasergeschnittene hitzeaktivierbare Klebefolie (HaK) und eine fertig verklebte Membran auf einem Ventilgehäuse.

4.3.3.2. Hitzeaktivierbare Klebefolie (HaK)

Alternativ zum flüssigen Kleber wird die Membran mit der HaK auf dem Ventilgehäuse befestigt. Die Strukturierung und Vorbereitung der Komponenten erfolgt wie in Kapitel 4.3.1. Die Klebefolie sowie die Membran werden auf dem Ventilgehäuse positioniert und anhand der Ventilkammer und der Schraubverbindungen ausgerichtet. Nach dem thermischen Aushärten ist die Verbindung fluiddicht und zeigt im Dauerversuch keinerlei Verschleißerscheinung. Der durchschnittliche Berstdruck bei zehn durchgeführten Versuchen beträgt 1620 kPa, bei einer Streuung von ± 110 kPa. Bei dem Dauertest konnte ebenfalls keine Verschleißerscheinung festgestellt werden. Nachteilig an diesem Verbindungsverfahren ist die Höhenvarianz der Klebefolie im ausgehärteten Zustand von 50 ± 10 µm. Abbildung 4.30c) zeigt eine lasergeschnittene Klebefolie und ein abgedichtetes Ventilgehäuse aus PEEK.

4.3.3.3. Laserdurchstrahlschweißen

Eine weitere Möglichkeit die Membran mit dem Ventilgehäuse zu verbinden ist das Laserdurchstrahlschweißen. Die besten und am einfachsten herstellbaren Verbindungen werden bei der Verwendung von gleichen Materialpartnern oder Polymeren mit ähnlicher Glasübergangstemperatur und ähnlichem Viskositätsbereich erreicht. Aus den Anforderungen der zu schaltenden Medien (Tabelle 1.1), eignen sich PEEK und COC als Materialien für das Ventilgehäuse. PEEK ist durch die teilkristalline Struktur und dem damit verbundenen schmalen Prozessfenster sowie der hohen Verarbeitungstemperatur für das Laserdurchstrahlschweißen ungeeignet. Aus diesem Grund wird das amorphe Polymer COC[12] mit einer Glasübergangstemperatur von $\approx 130\,°C$ und guter urformender und spanender Verarbeitbarkeit gewählt.

Für Vorversuche wird das COC in sogenannte Prüfplatten mit einer Stärke von 3 mm und lateralen Abmessungen von 110 x 110 mm^2 spritzgegossen. Vor dem Spritzguss wird dem Polymer im Extruder 2-3 Vol.-% Kohlenstoff beigemischt. Dies steigert die Absorption des Materials beim Laserdurchstrahlschweißen des verwendeten Laser. Die Prüfplatten werden auf ein Außenmaß von 30 x 30 mm^2 verkleinert und mittig mit einem Durchmesser von 4 mm durchbohrt. Das Durchgangsloch ist stellvertretend für die Ventilkammer und dient der fluidischen und mechanischen Charakterisierung der Verbindung. Die durchsichtige Membran mit einer Stärke von 25 µm ist für die Wellenlänge des Lasers fast vollständig transparent (Anhang A.4). Die Membran wird auf den Prüfplatten positioniert und durch einen pneumatischen Tisch gegen eine Quarzglasplatte mit einer Anpresskraft von 400 kPa verspannt. Durch diese Annäherung der Kontaktflächen werden Oberflächenrauhigkeiten der beiden Fügepartner ausgeglichen und somit eine gute thermische Kopplung erreicht.

Verwendet wird ein Hochleistungsdiodenlaser[13] mit einer Wellenlänge von 940 nm und einem Laserspot von 0,32 x 0,41 mm^2. Vor Beginn des Laserschweißens wird der Laserstrahl auf den Bauteilen ausgerichtet und während des eigentlichen Schweißprozesses über Spiegeloptiken abgelenkt. Als Betriebsmodus des Laserdurchstrahlschweißens wird Konturschweißen verwendet. Bei diesem Verfahren rastert der Laserstrahl über die gesamte Kopplungsfläche und die nicht zu verbindenden Bereiche werden durch eine Maske abgeschattet. Die Laserleistung kann entweder auf einen konstanten Wert eingestellt oder auf die mit einem Pyrometer[14] gemessene Temperatur geregelt werden. Im geregelten Betrieb wird zunächst die Laserleistung bestimmt, um die beiden Polymere in der Fügezone auf die Schweißtemperatur

[12] Topas (COC 6013)

[13] FLS (Ironscan 50/940)

[14] FLS (PyroS)

zu erwärmen. Diese liegt etwa 10 °C oberhalb der Glasübergangstemperatur (T_G). Durch das träge thermische Antwortverhalten des Pyrometers, wird eine langsame Vorschubgeschwindigkeit des Lasers von 30 mm/s gewählt. Die Bauteile werden anschließend im konstanten Betrieb verbunden. Dieser Betrieb ermöglicht eine höhere Vorschubgeschwindigkeit und somit einen gleichmäßigeren thermischen Eintrag in das Material sowie eine Reduzierung von Unregelmäßigkeiten der Schweißnaht. Die ermittelten Parameter zur Verbindung der Membran mit den Prüfplatten ist eine Laserleistung von 3 mW, bei einer Vorschubgeschwindigkeit von 200 mm/s und einem Linienabstand zwischen den Schweißnähten von 0,3 mm. Abbildung 4.31 zeigt die verkleinerten Prüfplatten und die Membran a) vor dem Schweißen und b) nach dem Schweißen. Um die fluidische Dichtheit der Schweißverbindungen zu testen wird der Berstdruck bestimmt. Bei 10 gemessenen Prüfplatten beträgt dieser im Mittel 140 kPa bei einer Streuung von ±20 kPa. Da der Berstdruck unterhalb des geforderten Differenzdrucks liegt, wird die Verbindung nicht hinsichtlich des Dauerverhaltens untersucht.

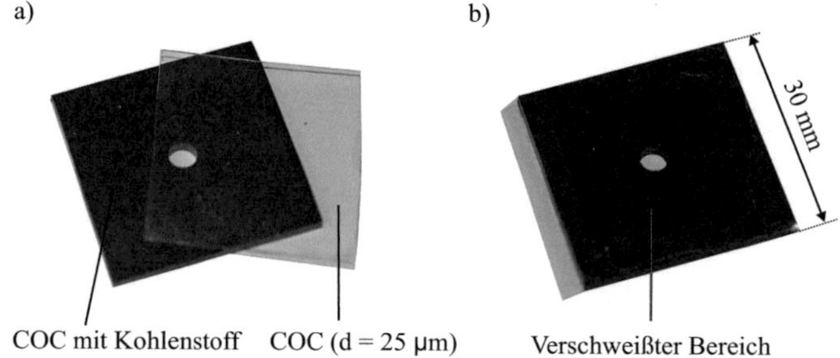

Abbildung 4.31.: Fotografien der Prüfplatten und der Membran a) vor und b) nach dem Laserdurchstrahlschweißen mit einem Diodenlaser (λ=940 nm).

4.3.3.4. Thermisches Bonden

Als weiteres Verbindungsverfahren der Membran mit dem Ventilgehäuse wird das thermische Bonden untersucht. Bei diesem Verfahren wird das Ventilgehäuse und die Membran unter Druck und Temperatur in einer Presse [15]

[15]Bürkle (Lat 6,0)

miteinander verbunden. Das Verfahren eignet sich am Besten zur Verbindung gleichartiger Polymere. In der vorliegenden Arbeit wird folglich nur die Verbindung von COC untersucht, da sich PEEK auf Grund der hohen T_G und dem engen Prozessfenster für diesen Verbindungsprozess nicht eignet. In Vorversuchen mit Prüfplatten von ebenfalls 30 x 30 x 3 mm^3 und der dünnen Membran von 25 µm werden die Parameter Bondtemperatur, Bondzeit und Anpressdruck optimiert. Die besten Ergebnisse in Bezug auf Haftung werden bei einer Temperatur von 135 °C und einem Anpressdruck von 150 kPa für 10 min erzielt. Anschließend wird der Berstdruck der thermisch gebondeten Bauteile mit Stickstoff (Gas) bestimmt. Bei diesen Messungen zeigen die Bauteile einen durchschnittlichen Berstdruck von 398 kPa mit einer Streuung von $\pm$40 kPa. Bei dem Dauerversuch zeigt sich auch keinerlei Veränderung der Verbindung.

4.3.3.5. Vergleich der Verbindungstechniken zur Membranfixierung

Die in Kapitel 4.3.1 dargestellten Verbindungstechnologien, die eine Verbindung zwischen den verwendeten Membranen und den polymeren Ventilgehäusen ermöglichen, sind in Tabelle 4.6 vergleichend gegenübergestellt. Als Membranmaterial wird Polyimid (PI) mit einer Stärke von 12 µm und Cyclo-Olefin-Copolymer (COC) mit einer Stärke von 25 µm verwendet. Als Ventilgehäuse wird ebenfalls COC und PEEK gewählt, da diese Polymere eine Beständigkeit gegen die geforderten Chemikalien besitzen und in den Fertigungsprozess integriert werden können. Das viskose Kleben ermöglicht eine materialunabhängige, fluiddichte und dauerfeste Verbindung zwischen der Membran und dem Ventilgehäuse. Durch den geringen Aufwand bei der Herstellung, der Möglichkeit der Fertigung in den eigenen Laboren und des guten mechanischen Verhaltens, werden in der weiteren Arbeit alle Versuche mit verklebten PI-Membranen durchgeführt.

		Viskoses Kleben	Hitzeaktivierbare Klebefolie (HaK)	Laserdurch-strahlschweißen	Thermisches Bonden
	Membranmaterial	unabhängig	unabhängig	COC	COC
	Ventilgehäuse	unabhängig	unabhängig	COC	COC
Betrieb	Fluiddicht	ja	ja	ja	ja
	Dauerverhalten	geeignet	geeignet	/	geeignet
	Berstdruck [kPa]	710 ± 65	1620 ± 110	140 ± 20	398 ± 40
Fertigung	Aufwand	gering	gering	aufwändig	aufwändig
	Maßhaltigkeit [µm]	± 2	± 10	< 5	nicht messbar
	Serientauglichkeit	geeignet	geeignet	mittel	mittel

Tabelle 4.6.: Vergleich und Bewertung der Verbindungstechnologien in Bezug auf die fluidische Eignung während des Betriebs und der Fertigung. Der Farbcode bedeutet: Grün ist geeignet, Gelb ist mittel und Rot ist ungeeignet.

4.3.4. Ventilaufbau

In diesem Kapitel wird der Zusammenbau des Mikroventils aus den bereits verbundenen Komponenten beschrieben. Dies beinhaltet die drei Hauptkomponenten Ventilgehäuse mit Membran, Aktorträger mit FGL-Brückenaktor sowie Deckel mit Kühlkörper und Federkontakten. Der Zusammenbau des Mikroventils wird über eine mechanische Verbindung durch Schrauben, eine materialschlüssige Verbindung durch Laserdurchstrahlschweißen und eine klebende Verbindung durch UV-Kleber realisiert.

4.3.4.1. Mechanische Verbindung

Bei der mechanischen Verbindung werden die einzelnen Komponenten durch vier Schrauben miteinander verbunden. Die Verbindung erfolgt über M1-Schrauben zwischen dem Ventilgehäuse und dem Deckel. Hierzu sind Gewinde in das Ventilgehäuse geschnitten, sowie Bohrungen und Vertiefungen innerhalb des Deckels spanend hergestellt. Der Aktorträger besitzt entsprechende Durchgangslöcher für die Schrauben, so dass er zwischen dem Ventilgehäuse und Deckel verspannt werden kann. In Abbildung 4.32 sind ein NO und NC Mikroventil dargestellt, welche jeweils über vier Schrauben verbunden ist.

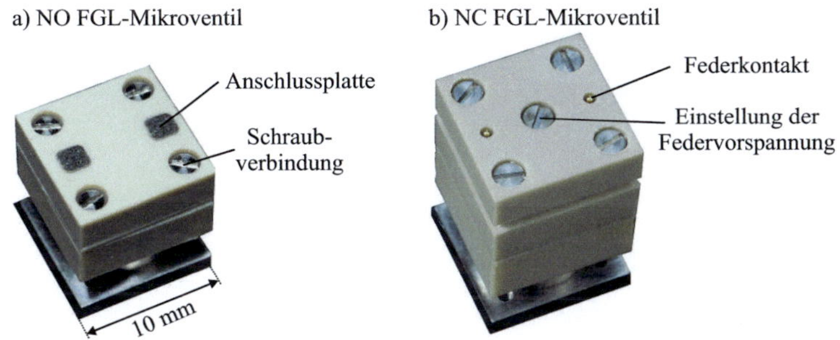

Abbildung 4.32.: Fotos von einem a) NO und b) NC Mikroventil, das jeweils über vier M1-Schrauben mechanisch verbunden ist.

4.3.4.2. Laserdurchstrahlschweißen

Das Laserdurchstrahlschweißen bietet die Möglichkeit das Mikroventil materialschlüssig zu verbinden. Das Polymermaterial liegt in spritzgegossenen Prüfplatten mit einer Stärke von 6 mm und lateralen Abmessungen von 100 x 100 mm^2 vor und wird spanend bearbeitet. Die Verbindung erfolgt über einen für den Laserstrahl transparenten und einen absorbierenden Fügepartner. Beide Fügepartner bestehen aus COC, wobei dem absorbierenden Partner etwa 2 % Kohlenstoff beigemischt sind. Bei dieser Verbindungstechnologie und den gewählten Materialpartnern können maximal zwei Fügepartner miteinander verbunden werden. Die Verbindung der drei Hauptkomponenten (Ventilgehäuse, Aktorträger und Deckel) des Mikroventils ist nun folgenderweise realisiert. Der Deckel besitzt auf der Unterseite eine Tasche, in die der Aktorträger eingelegt wird. Über den Rand des Deckels mit einer Breite von 1 mm wird dieser mit dem Ventilgehäuse verschweißt. Ein wesentlicher Einflussparameter für die Funktionalität des späteren Ventils ist der Abstand zwischen dem Ventilgehäuse und dem Aktorträger. Um Schwankungen dieses Abstandes zu reduzieren, wird der Aktorträger innerhalb der Tasche über ein strukturiertes, elastisches Spannelement auf dem Ventilgehäuse vorgespannt. Abbildung 4.33 zeigt eine CAD-Zeichnung des Deckels mit Tasche zur Aufnahme des elastischen Spannelements, den Kühlkörper und den Aktorträger mit FGL-Brückenaktor sowie das Ventilgehäuse mit Membran. Die gestrichelten Pfeile repräsentieren die Verbindungsstelle für das Laserdurchstrahlschweißen.

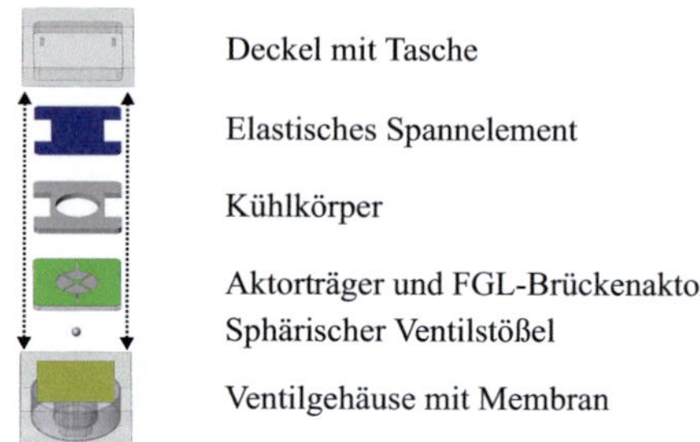

Abbildung 4.33.: CAD-Zeichnung des Deckels mit Tasche zur Aufnahme des elastischen Spannelements, des Kühlkörpers und des Aktorträgers mit FGL-Brückenaktor sowie das Ventilgehäuse mit Membran.

Vor dem Schweißprozess werden die Einzelkomponenten des Mikroventils in einer speziell hierfür entwickelten Halterung gestapelt. In dieser Halterung richten sich die Komponenten relativ zueinander aus und können sowohl fluidisch als auch elektrisch kontaktiert werden. Die fluidische Kontaktierung ist über einen verschraubbaren polymeren Flansch auf der Unterseite realisiert. Auf der Oberseite dient ein verschraubbarer Deckel zum Verspannen der einzelnen Komponenten und zur elektrischen Kontaktierung über Federkontakte. In dieser Konfiguration kann die Funktionalität der Mikroventile überprüft werden und im Anschluss an einen erfolgreichen Test in dieser Halterung verschweißt werden. Abbildung 4.34a) zeigt eine CAD-Zeichnung der Halterung im geschlossenen und offenen Zustand und b) Fotos der Komponenten und ein Mikroventil innerhalb der Halterung.

Nach erfolgreichen Tests wird der Deckel der Halterung entfernt und die Ventilkomponenten innerhalb des Lasers verspannt. Die Ventilkomponenten sind so dimensioniert, dass der Deckel des Mikroventils zu etwa 1 mm aus der Halterung herausragt. Dies ermöglicht das Verspannen der Ventilkomponenten von der Oberseite mit einer Quarzplatte durch einen pneumatischen Hubtisch innerhalb des Lasers mit einer Kraft von 400 kPa (Kapitel 2.3.1).

Diese Kraft staucht das elastische Spannelement und ermöglicht eine gute Annäherung der zu fügenden Komponenten.

Der Laserstrahl wird beim anschließenden Verbindungsprozess durch Spiegeloptiken über die Randstruktur abgelenkt und erzeugt eine materialschlüssige Verbindung zwischen dem Ventilgehäuse und Deckel. Der Verfahrweg des Lasers wird zuvor in einem maschinenlesbaren Format (.dxf oder .dwg) in der Maschinensteuerung geladen. Auf Grund der geringen Breite der Randstruktur und zum Schutz weiterer Strukturen wird in diesem Fall temperaturgeregelt geschweißt. Geeignete Parameter sind eine Temperatur von 150 °C, eine Vorschubgeschwindigkeit von 30 mm/s und ein Linienabstand von 0,3 mm bei einem Durchmesser des Spots von 0,9 mm.

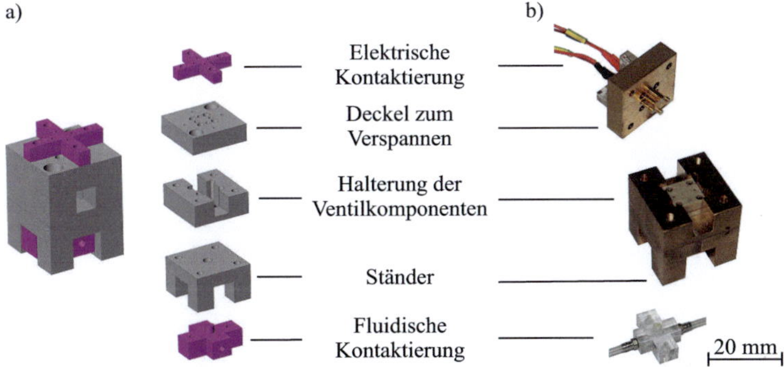

Abbildung 4.34.: Halterung zum Test der fluidischen und elektrischen Funktionalität vor sowie während des Laserdurchstrahlschweißens des Mikroventils. a) CAD-Zeichnung des geschlossenen und offenen Zustandes und b) Fotos der Kontaktierungen und Halterung.

Abbildung 4.35 zeigt ein laserverschweißtes NO Mikroventil. Untersuchungen des gleichen Materials mit gleichen Verbindungsparametern zeigen bei Zugversuchen eine Zugfestigkeit von 5 MPa [168]. Dies bedeutet bei der beschriebenen Kontur eine Haltekraft von 200 N.

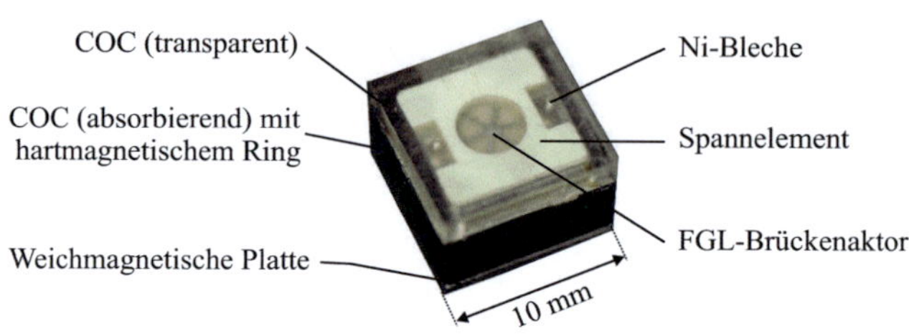

Abbildung 4.35.: Durch Laserdurchstrahlschweißen verbundenes NO Mikroventil auf einer weichmagnetischen Platte.

4.3.4.3. UV-Kleben

Als weiteres Verbindungsverfahren der Mikroventile wird UV-Kleben verwendet. Der UV-Kleber ist im Ausgangszustand flüssig und besitzt eine Viskosität von 0,45 $Pa \cdot s$ [169]. Ähnlich wie ein Negativresist vernetzt der Kleber bei Bestrahlung durch ultraviolettes Licht (UV). Diese Eigenschaft ermöglicht eine genaue Dosierung sowie Verteilung des Klebers und eine Justage der zu verbindenden Bauteile, bevor der Kleber verfestigt wird. Die Bauteilgeometrien entsprechen denen des Laserdurchstrahlschweißens, so dass der Deckel über eine Randstruktur mit einer Breite von 1 mm auf dem Ventilgehäuse verklebt wird. Das verwendete COC besitzt eine hohe Transmission (siehe Anhang A.4) für den emittierenden Wellenlängenbereich von 315 - 500 nm der eingesetzten UV-Lampe[16]. Der Kleber besitzt im ausgehärteten Zustand ein E-Modul von 170 MPa und eine Zugfestigkeit von 17 MPa. Bei den gegebenen Geometrien ergibt dies eine Haltekraft zwischen Ventilgehäuse und Deckel von 680 N. Dies setzt eine geringe Oberflächenrauigkeit und eine vollkommen fettfreie Fügefläche voraus.

[16]Delo (Delolux 04)

4.4. Herstellung der Mikroventilkomponenten

Die polymeren Komponenten des Mikroventils werden spanend hergestellt. Der Aktorträger wird ausschließlich gefräst, der Deckel und das Ventilgehäuse werden zusätzlich gebohrt, beziehungsweise gedreht. Die verwendeten Polymere sind Cyclo-Olefin-Copolymere (COC) und Polyetheretherketon (PEEK). Das COC wird in Form von sogenannten Prüfplatten mit einer Stärke von 3 mm und lateralen Abmessungen von 110 x 110 mm^2 bei dem Kooperationspartner Bürkert und mit einer Stärke von 6 mm und lateralen Abmessungen von 100 x 100 mm^2 durch das Kunststoffzentrum Leipzig spritzgegossen. Die verwendeten Spritzguss-Parameter des Kunststoffzentrum Leipzigs befinden sich in Anhang A.7.

Die Keramiken, die als Aktorträger oder Kühlkörper verwendet werden, bestehen aus Aluminiumoxid (Al_2O_3) und besitzen eine Stärke von 500 µm. Als Silizium-Substrat wird ein 4-Zoll Wafer mit einer Stärke von 550 µm verwendet [170]. Die Strukturgebung der Keramiken und des Wafers erfolgen durch Laserschneiden[17].

Die Nickel-Bleche zur elektrischen Kontaktierung mit einer Stärke von 50 µm [171] und die Membran aus Polyimid (PI) mit einer Stärke von 12 µm [172] werden ebenfalls mit einem Laser strukturiert. Für das Laserschneiden wird die PI-Folie planar auf einen Silizium-Wafer aufgebracht und auf das entsprechende Maß geschnitten. Die Membran aus COC besitzt eine Stärke von 25 µm [173] und wird durch ein Schneidwerkzeug strukturiert.

Die Dichtmembran zur fluidischen Kontaktierung besteht aus Silikon mit Keramikfüllstoff [174] und besitzt eine Stärke von 130 µm. Die Strukturierung erfolgt durch einen Laser oder ein konstruiertes Schneidwerkzeug. Die Strukturierung der hitzeaktivierbaren Klebefolie (HaK) [166], die den Brückenaktor auf dem Aktorträger und die Membran mit dem Ventilgehäuse verbindet, erfolgt ebenfalls durch Laserschneiden[18].

Die Federkontakte zur elektrischen Kontaktierung [175], der sphärische Ventilstößel aus Keramik (Al_2O_3) [176], die Federn zum Aufbau des NC Mikroventils [177], die hartmagnetischen Ringe zur fluidischen Kontaktierung [178] und die Schrauben zur Ventilverbindung sind kommerziell erhältliche Zukaufteile [179].

---

[17] Haas (QY20); Nd:YAG, λ=1064 nm

[18] Synrad (FireStar V40;CO_2-Laser, λ=10,6 µm)

4.5. Charakterisierung der Mikroventile

Die Charakterisierung der Mikroventile gliedert sich in einen statischen und dynamischen Teil. Bei der statischen Charakterisierung wird der Durchfluss der Mikroventile bei einer quasi-stationären Heizleistung in Abhängigkeit verschiedener Druckdifferenzen gemessen. Die dynamische Charakterisierung erfolgt durch eine Durchflussregelung, bei der ein Sollwert vorgegeben und die Reaktion des Mikroventils bestimmt wird. Abbildung 4.36 zeigt den Messaufbau, der sowohl für die statische als auch die dynamische Charakterisierung verwendet und dementsprechend angepasst wird.

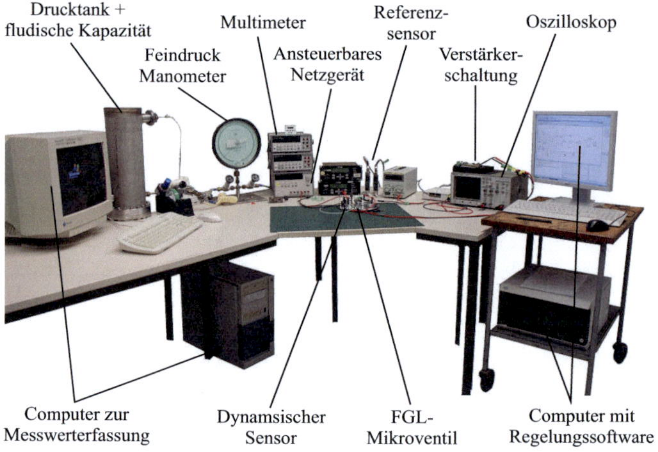

Abbildung 4.36.: Foto des Messaufbaus zur statischen und dynamischen Charakterisierung der Mikroventile.

4.5.1. Statische Charakterisierung

Die entwickelten und hergestellten Mikroventile werden hinsichtlich ihres statischen Verhaltens mit Stickstoff (Gas) und Wasser charakterisiert. Die fluidische Kontaktierung erfolgt durch verpresste und verklebte Dosiernadeln auf der Unterseite des Mikroventils im Ventileinlass und -auslass. Die elektrische Kontaktierung ist durch Federkontakte oder Anschlussplatten auf der Oberseite realisiert. Ein Schema des Messaufbaus, die Durchführung der statischen Charakterisierung und die Eigenschaften des Durchflusssensors für Gas sind in Kapitel 2.5.3.2 beschrieben. Der Durchflusssensor zur Messung von Wasser ist in Kapitel 4.2.2.2 vorgestellt.

4.5.1.1. NO Mikroventil

Abbildung 4.37a) zeigt statische Durchflusskennlinien in Abhängigkeit der Heizleistung eines NO Mikroventils für einen Druckbereich von 50 - 200 kPa mit Stickstoff (Gas) als Prüfmedium.

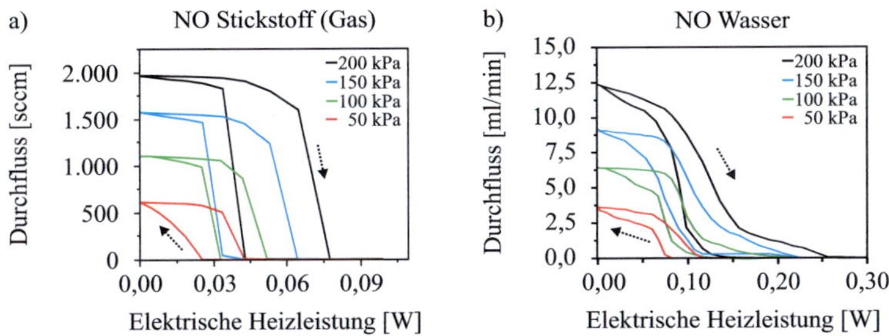

Abbildung 4.37.: Leistungsabhängige Durchflusskennlinie eines NO Mikroventils für eine Druckdifferenz zwischen 50 - 200 kPa mit a) Stickstoff (Gas) und b) Wasser als Prüfmedium.

Bei einer anliegenden Druckdifferenz von 200 kPa beträgt der resultierende Durchfluss im leistungslosen Zustand etwa 2000 sccm. Das Mikroventil beginnt oberhalb von 70 mW zu schließen und ist ab einer Heizleistung von 80 mW vollkommen geschlossen. Ausgehend von diesem Punkt öffnet das Mikroventil bei einer Leistungsreduzierung unterhalb von 45 mW und ist im leistungslosen Zustand wieder komplett geöffnet. Das Durchflussverhalten erklärt sich durch die thermische und materialbedingte Hysterese. Bei geringeren Druckdifferenzen (< 200 kPa) reduziert sich die Kraft des Fluids und demzufolge auch die kritische Heizleistung zum Schließen und Öffnen des Mikroventils (Kapitel 2.1.1). Abbildung 4.37b) zeigt Durchflusskennlinien von Wasser bei einer anliegenden Druckdifferenz von 50 - 200 kPa. Bei einer Druckdifferenz von 200 kPa beträgt der resultierende Durchfluss im leistungslosen Zustand etwa 12,5 ml/min. Die benötigten Heizleistungen steigen ebenfalls mit zunehmender Druckdifferenz und sind im Vergleich zum Gasbetrieb um den Faktor drei höher.

Ein Vergleich zwischen dem Durchfluss des NO Mikroventils mit den Simulationen und Messergebnissen des Ventilgehäuses (Abbildung 4.20) zeigt eine maximale Abweichung von 10 %. Dies bestätigt die in Kapitel 4.2 gewählten Geometrien und Dimensionierungen.

4.5.1.2. NC Mikroventil

Abbildung 4.38 zeigt eine typische leistungsabhängige Durchflusskennlinie eines NC Mikroventils im Druckbereich von 50 - 200 kPa mit Stickstoff (Gas) und Wasser als Prüfmedium.

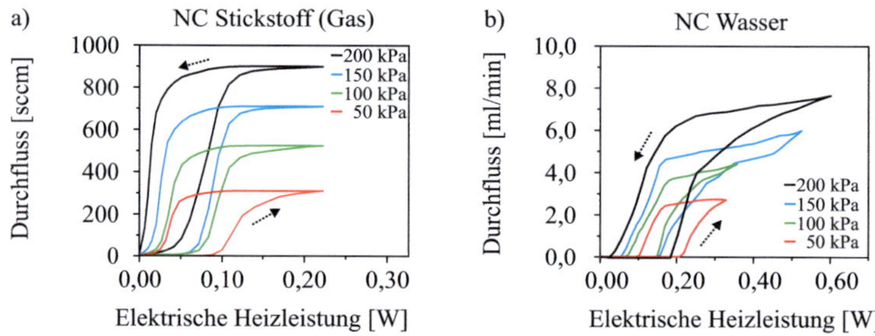

Abbildung 4.38.: Leistungsabhängige Durchflusskennlinie eines NC Mikroventils für eine Druckdifferenz zwischen 50 - 200 kPa mit a) Stickstoff (Gas) und b) Wasser als Prüfmedium.

Bei dieser Ventilvariante reduzieren sich die benötigten Heizleistungen bei steigender Druckdifferenz durch die zusätzliche fluidische Kraft, die ein Öffnen begünstigt. Bei einer anliegenden Druckdifferenz von 200 kPa ist das Mikroventil im leistungslosen Zustand vollständig geschlossen. Eine Steigerung der elektrischen Heizleistung führt zum Öffnen des Mikroventils und weiterhin zu einem Anstieg des Durchflusses. Oberhalb einer kritischen Heizleistung von circa 200 mW bei Stickstoff oder 500 mW bei Wasser ist das Mikroventil vollständig geöffnet. Bei diesen Heizleistungen liegt ein Kräftegleichgewicht zwischen der Formgedächtniskraft des FGL-Brückenaktors (F_{FGL}), der Druckfeder (F_{Feder}) und der fluidischen Kraft (F_{Fluid}) vor. Die Heizleistungen der NC Mikroventile bei Wasser sind etwa doppelt so groß wie bei Stickstoff (Gas). Durch die auf den Brückenaktor wirkende Druckfeder ist der Spalt zwischen dem Ventilsitz und der Membran geringer und dementsprechend sind die Durchflüsse bei gleichen Druckdifferenzen im

Vergleich zu den NO Mikroventilen kleiner. Der Durchfluss im offenen Zustand beträgt 880 sccm bei Stickstoff und 7,7 ml/min bei Wasser für eine anliegende Druckdifferenz von 200 kPa.

Die Vorspannung der Druckfeder des NC Mikroventils kann durch eine Schraube variiert werden. Abbildung 4.39 zeigt den Durchfluss von Stickstoff (Gas) für eine anliegende Druckdifferenz zwischen 50 - 200 kPa in Abhängigkeit des Drehwinkels der Schraube im leistungslosen (0 mW) und beheizten Zustand (250 mW).

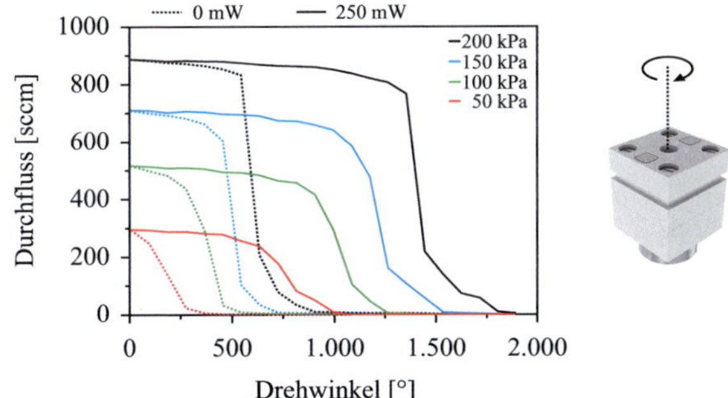

Abbildung 4.39.: Durchflusskennlinie eines NC Mikroventils für eine anliegende Druckdifferenz zwischen 50 - 200 kPa mit Stickstoff (Gas) als Prüfmedium in Abhängigkeit des Drehwinkels der Schraube zur Veränderung der Federvorspannung im leistungslosen (0 mW) und beheizten (250 mW) Zustand.

Die Druckfeder wirkt auf den Knotenpunkt (P_K) des FGL-Brückenaktors und wird in einem Kanal innerhalb des Deckels geführt. Als mechanischer Anschlag der Druckfeder dient eine Schraube, die sich mittig innerhalb des Deckels befindet. In Abhängigkeit der Position der Schraube wird die Vorspannung der Druckfeder und folglich die auf den FGL-Brückenaktor wirkende Federkraft (F_{Feder}) verändert. Bei einem Drehwinkel von 0° ist die Feder nicht vorgespannt und der Durchfluss stellt sich in Abhängigkeit der anliegenden Druckdifferenz ein. Bei einer Zunahme des Drehwinkel steigt die Federkraft durch die erhöhte Vorspannung. Ab einem druckabhängigem Drehwinkel im leistungslosen Zustand übersteigt die Federkraft (F_{Feder}) die Kraft des FGL-Brückenaktors (F_{FGL}) und das Mikroventil wird geschlossen. Durch die Veränderung des Drehwinkels kann das Mikroventil auf einen Druckbereich oder bei einem definierten Druckbereich der Durchfluss eingestellt werden.

4.5.2. Dynamische Charakterisierung

Die dynamische Charakterisierung der Mikroventile erfolgt durch eine Regelung, die in dieser Arbeit entwickelt wird. Abbildung 2.14 zeigt den schematischen Aufbau der Regelung. Die Einzelkomponenten der Regelung werden im Folgenden beschrieben:

4.5.2.1. Computer

Die Regelung wird in der technisch-wissenschaftlichen Software Matlab[19] realisiert. Neben dem Grundprogramm wird die grafische Oberfläche[20] Simulink verwendet, die ein sogenanntes “Model-Based-Design” ermöglicht. In Simulink wird die Regelung aus den verfügbaren Blocksätzen erstellt und mittels hinterlegter Kennlinien und Kennfelder auf den Eingang (Durchflusssensoren) und den Ausgang (Verstärkerschaltung) des Systems angepasst. Der Einfluss auf die Regelstrecke erfolgt über Multiplikatoren und somit einer unterschiedlichen Gewichtung der P-, I- und D-Glieder. In dieser Arbeit wird eine Echtzeitregelung[21] der Formgedächtnislegierung realisiert. Bei einer Echtzeitanwendung findet im Gegensatz zu einer asynchronen Regelung der Eingriff des Programms zu vorgegebenen Zeitpunkten statt und ist somit unabhängig von der Rechendauer des Computers. Die Echtzeitanwendung benötigt die Erstellung eines Modells und erlaubt somit keinen Eingriff auf Regelparameter während des Ablaufs des Programms.

4.5.2.2. Analog-Digital Konverter

Als Analog-Digital Konverter (ADK) wird ein Mehrkanaldatenerfassungsmodul[22] gemeinsam mit einem abgeschirmten Anschlussblock[23] verwendet. Dieses Modul ermöglicht eine Datenerfassung und -ausgabe in der Echtzeit-

[19] The MathWorks (Matlab - Verison R2010B)
[20] The MathWorks (Simulink - Version 7.6)
[21] Windows Realtime Target (Version 3.6) und Realtime Workshop (Version 7.6)
[22] National Instruments (NI PCI-6259)
[23] National Instruments (NI-SCB-68)

umgebung. Der Ausgangsstrom des Moduls ist auf 5 mA begrenzt und die maximale Spannung der analogen Ausgänge beträgt 10 V.

4.5.2.3. Verstärkerschaltung

Da der Strom zum Beheizen des FGL-Brückenaktors oberhalb des maximalen Ausgangsstroms des Analog-Digital Konverters liegt, wird dessen Ausgangssignal verstärkt. Für die gegebenen Bedingungen wird hierzu eine Verstärkerschaltung aufgebaut. Die Verstärkerschaltung besteht im wesentlichen aus einem nichtinvertierenden Operationsverstärker[24] (*OP*) und einem Transistor[25] (Metal-Oxide-Semiconductor Field-Effect Transistor – *MOSFET*). In Abbildung 4.40 ist der schematische Aufbau der Verstärkerschaltung dargestellt.

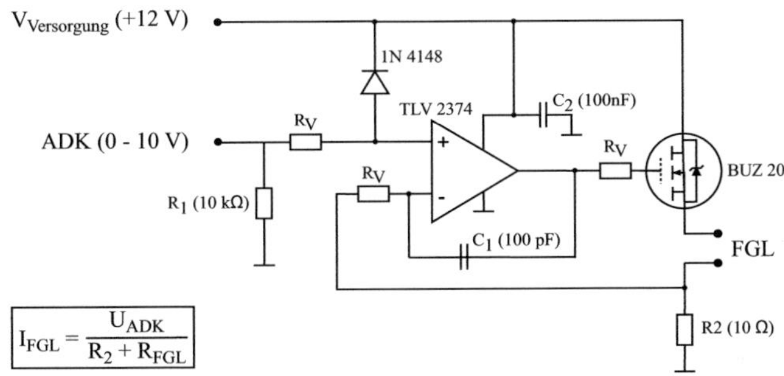

Abbildung 4.40.: Schematischer Aufbau der Verstärkerschaltung.

Über die Spannung am Eingang des OP's wird der Strom am Leistungswiderstand (*R*2) und am Brückenaktor (I_{FGL}) eingestellt. Ein Aufschwingen hochfrequenter Wechselspannungen wird durch den Kondensator (C1) unterbunden, indem die Verstärkung des OP's für hohe Frequenzen reduziert wird. Der Kondensator (*C*2) kompensiert hochfrequente Spannungswechsel und sichert somit die Versorgung des MOSFETs. Zum Schutz vor Überspannungen ist eine Diode in die Schaltung integriert. Mögliche Leckströme der Diode[26], die ein unfreiwilliges Schalten verursachen können, werden durch den zusätzlichen Widerstand (*R*1) verhindert.

[24] Texas Instruments (TLV2374)

[25] ST Microelectronics (BUZ 20 A N-Kanal)

[26] Diotec (1N 4148)

Die Schaltung wird zunächst hinsichtlich der Verstärkung und Dynamik charakterisiert. Hierzu wird ein Sollstrom über den ADK vorgegeben und der Iststrom am FGL-Brückenaktor gemessen. Die Ergebnisse zeigen einen linearen Zusammenhang zwischen beiden Strömen. Die Bestimmung der Dynamik erfolgt über eine Rechteckspannung mit einer Frequenz von 20 kHz am Eingang des OP's und Messung des resultierenden Stroms am Ausgang der Verstärkerschaltung mit einem Oszilloskop. Abbildung 4.41 zeigt die gemessene Stromstärke in Abhängigkeit der Spannung.

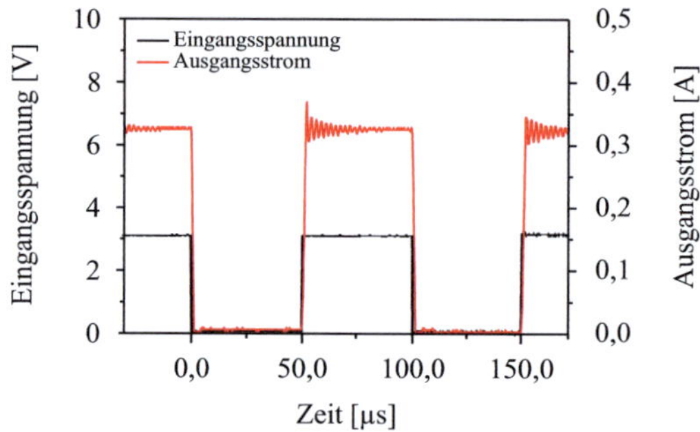

Abbildung 4.41.: Zeitabhängiges Antwortverhalten der Stromstärke am Ausgang der Verstärkerschaltung bei Vorgabe einer Spannung durch den Analog-Digital Konverter.

4.5.2.4. Durchflusssensor

Zum Aufbau der Regelung wird ein hochdynamischer Durchflusssensor gewählt (Kapitel 2.5.3.3). Neben der kurzen Reaktionszeit besitzt der Durchflusssensor auch ein analoges Ausgangssignal und kann somit über den Analog-Digital Konverter mit dem Computer und der Regelung verbunden werden. Abbildung 4.42 zeigt das analoge Ausgangssignal des Durchflusssensors in einem Bereich von 1 - 5 V für einen Durchfluss zwischen 0 - 1000 sccm. Als Prüfmedium wird Stickstoff (Gas) verwendet, da der Sensor nur mit trockenen Gasen betrieben werden kann.

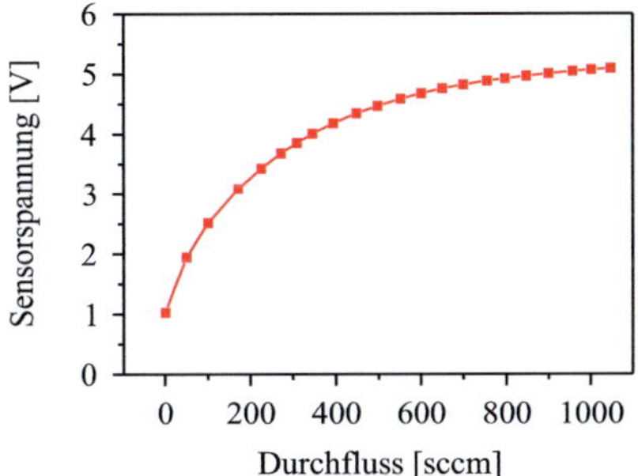

Abbildung 4.42.: Ausgangsspannung des dynamischen Durchflusssensors in Abhängigkeit des Durchflusses in einem Bereich von 0 - 1000 sccm für Stickstoff (Gas) als Prüfmedium.

4.5.2.5. Analyse der Regelstrecke

Bei der Bestimmung der Regelstrecke wird der gleiche Versuchsaufbau (Abbildung 4.11) wie zur Bestimmung des Dauerverhaltens verwendet. Die Ansteuerung erfolgt in diesem Fall durch einen Computer mit LabVIEW der über GPIB mit einer digitalen Spannungsquelle verbunden ist.

Zunächst wird das statische Antwortverhalten des FGL-Brückenaktors untersucht. Hierzu wird dieser mit einem Gewicht (7 g) ausgelenkt. Im ausgelenkten Zustand wird der FGL-Brückenaktor für 2 s mit einer elektrischen Heizleistung erwärmt und anschließend für 4,5 s leistungslos abgekühlt. Das zeitabhängige Auslenkverhalten des FGL-Brückenaktors wird simultan durch eine Hochgeschwindigkeits-Mikroskop Kamera bestimmt. In einer Versuchsreihe wird die Heizleistung variiert, um Einflüsse der elektrischen Leistung auf das Auslenkverhalten zu bestimmen. Abbildung 4.43a) zeigt das zeitabhängige Auslenkverhalten eines FGL-Brückenaktors mit 4 Aktorstegen und einer Stegbreite von 180 µm für verschiedene Heizleistungen in einem Bereich von 75 - 600 mW. Abbildung 4.43b) zeigt das Auslenkverhalten desselben FGL-Brückenaktors, der permanent mit einer elektrischen Leistung von 20 mW beheizt wird. Die permanente Heizleistung soll den FGL-Brückenaktor kontinuierlich erwärmen und somit die Temperaturdifferenz bis zur Phasenumwandlung reduzieren. Durch die Reduktion der Temperaturdifferenz soll die Totzeit und somit das dynamische Ansprechverhalten verkürzt werden.

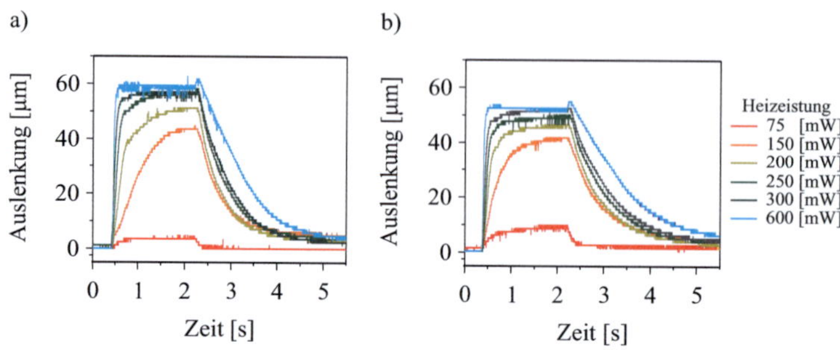

Abbildung 4.43.: a) Zeitabhängiges Auslenkverhalten eines FGL-Brückenaktors mit vier Aktorstegen und einer Stegbreite von 180 µm in Abhängigkeit der elektrischen Heizleistung (Dauer 2 s) zwischen 75 - 600 mW und b) bei zusätzlicher permanenter Heizleistung mit 20 mW.

Der FGL-Brückenaktor zeigt in beiden Fällen eine zunehmende Auslenkung, ein schnelleres Ansprechverhalten und längere Abkühlphasen bei steigender Heizleistung. Der Versuch die Totzeit durch eine permanente Heizleistung zu verkürzen, zeigte keinen Erfolg. Bei den Messungen konnte keine signifikante Verbesserung des Ansprechverhaltens beobachtet werden, jedoch eine Reduzierung der Auslenkung von etwa 10 µm. Aus diesem Grund wird bei allen weiteren Versuchen der FGL-Brückenaktor ohne thermische Vorbelastung vermessen.

Abbildung 4.44 zeigt die Betrachtung der Sprungantworten des FGL-Brückenaktors mit einem nichtlinearen Verhalten zwischen der Heizleistung und der resultierenden Auslenkung. Zur Linearisierung dieses Verhaltens wird eine Kennlinie verwendet, die den Ausgang der linearen Regelung auf die nichtlineare Regelstrecke anpasst. Die Kennlinie wird zwischen den Ausgang der Regelung und den Eingang des FGL-Brückenaktors geschaltet und ergibt bei Überlagerung mit der Auslenkung des FGL-Brückenaktors ein lineares Verhalten.

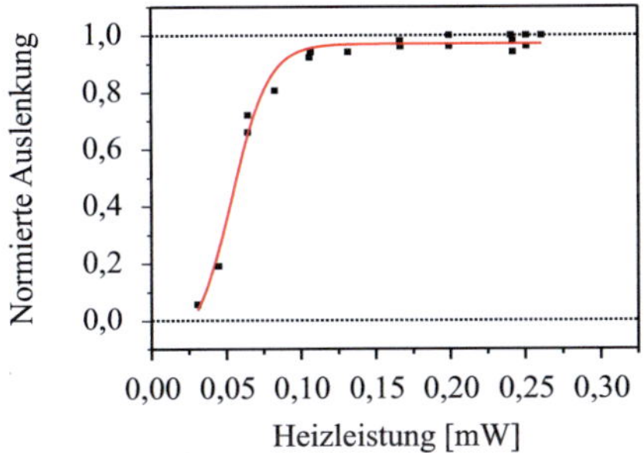

Abbildung 4.44.: Statische Kompensation am Ausgang der Regelung zu Linearisierung des nichtlinearen Verhaltens von FGL-Brückenaktoren mit vier Aktorstegen und einer Stegbreite von 180 µm.

Bei der dynamischen Betrachtung des FGL-Brückenaktors wird anhand der Sprungantworten die Totzeit (t_{Tot}) und Ansprechzeit (t_{90}) bestimmt. Die Totzeit entspricht der Zeit, die zwischen einer Änderung der Heizleistung und der ersten Aktorreaktion vergeht und die Ansprechzeit ist die Zeitspanne bis 90 % der maximalen Auslenkung des FGL-Brückenaktors erreicht sind. Die Totzeit beim Beheizen verkürzt sich mit steigender Heizleistung, liegt aber bei allen Versuchen unterhalb von 10 ms. Nach einer Heizphase von 2 s wird die Totzeit für den Abkühlvorgang bestimmt. Durch den größeren thermischen Eintrag, steigt die Totzeit beim Abkühlen mit zunehmender Heizleistung. In Abbildung 4.45a) ist die Totzeit beim Heizen und in b) die Totzeit beim Kühlen für verschiedene Heizleistungen des FGL-Brückenaktors dargestellt. Die Ansprechzeit zeigt ein ähnliches Verhalten und ist in Abbildung 4.45c) für den Heizvorgang und in d) für den Abkühlvorgang dargestellt. Die Streuung der Messwerte wird durch das optische Messverfahren mit einer Hochgeschwindigkeits-Mikroskop Kamera verursacht.

Eine Alternative zur Bestimmung des dynamischen Verhaltens der Regelstrecke stellt das Bodediagramm dar. Bei einem Bodediagramm wird die Reaktion des Systems bei einer sinusförmigen Anregung mit steigenden Frequenzen gemessen. Das Verhältnis aus Anregungsfrequenz und Reaktion des Systems ergibt zum einen die Verstärkung (Amplitudengang) und zum anderen die Verschiebung der Schwingungen (Phasengang). In einem Bode-diagramm wird der Amplitudengang und der Phasengang des Systems in Abhängigkeit der anregenden Kreisfrequenz aufgetragen. Aus der Steigung des Amplitudengangs und der entsprechenden Phasenverschiebung kann das Verhalten des Systems bestimmt werden.

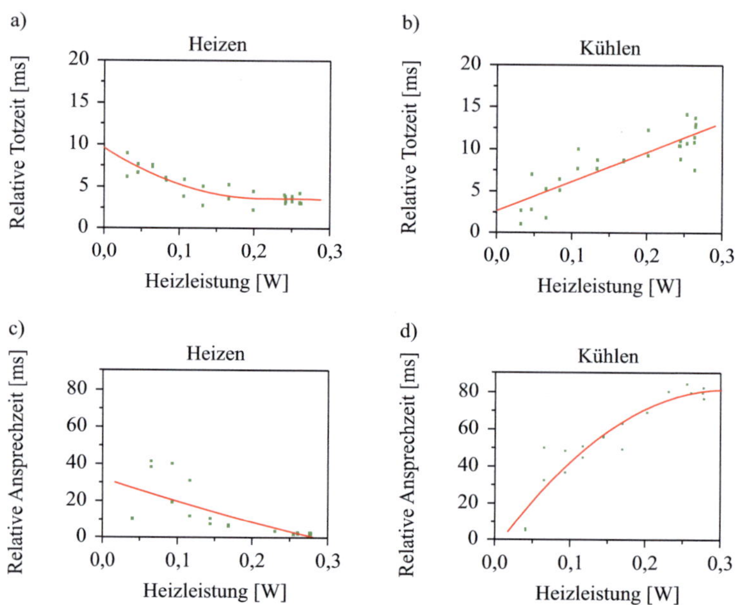

Abbildung 4.45.: Totzeit (t_{Tot}) beim a) Heizen und b) Kühlen sowie und Ansprechverhalten (t_{90}) beim c) Heizen und d) Kühlen eines FGL-Brückenaktors mit vier Aktorstegen und einer Stegbreite von 180 µm in Abhängigkeit verschiedener Heizleistungen.

Als Anregungsfrequenz wird eine sinusförmige Heizleistung mit einer Amplitude von 55 mW und 70 mW gewählt. Das Bodediagramm des FGL-Brückenaktors ist in Abbildung 4.46 dargestellt. Bei einer Anregungsamplitude von 55 mW beträgt die Steigung des Amplitudengangs etwa -0,7 dB pro Dekade und bei 70 mW etwa -0,9 dB pro Dekade. Oberhalb der Eckfrequenzen steigt die Steigung auf etwa -24,0 dB pro Dekade für 55 mW und -25,5 db pro Dekade für 70 mW.

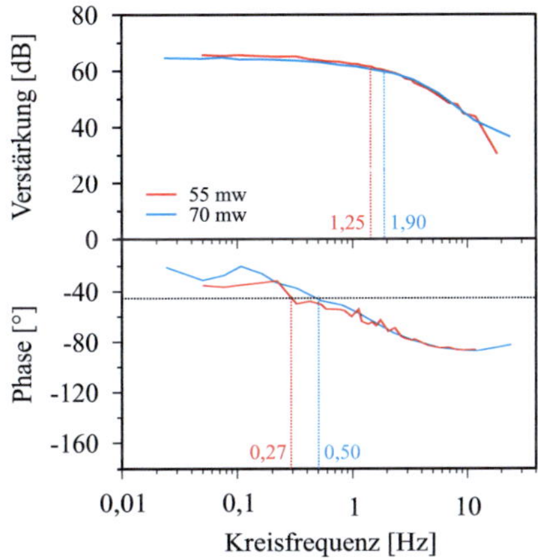

Abbildung 4.46.: Bodediagramm des FGL-Brückenaktors für eine sinusförmige Heizleistung mit einer Frequenz zwischen 0,02 – 12,5 Hz und einer Amplitude von 55 und 70 mW sowie die Eckfrequenzen beider Heizleistungen.

Dieses Verhalten deutet auf ein PT1-Glied hin, das durch eine Steigung von 0 dB pro Dekade vor der Eckfrequenz und eine Steigung von -20 dB pro Dekade nach der Eckfrequenz gekennzeichnet ist. Ein PT1-Glied weist ein proportionales Übertragungsverhalten mit einer Verzögerung erster Ordnung auf. Die Eckfrequenz liegt bei einer Heizleistung von 55 mW bei 1,25 Hz und bei einer Heizleistung von 70 mW bei 1,9 Hz. Alternativ können die Eckfrequenzen auch über die Schnittpunkte des Phasengangs und der Phasenverschiebung bei 45° bestimmt werden. Im vorliegenden Fall ergeben die Eckfrequenzen des Phasengangs Werte von 0,3 - 0,4 Hz bei einer Heizleistung von 55 mW und 0,5 Hz bei 70 mW. Sie können somit die Ergebnisse des Amplitudengangs nicht bestätigen, deuten aber ebenfalls auf ein PT1-Verhalten hin. Der FGL-Brückenaktor wird im vorliegenden Fall ohne Kühlkörper betrieben. Eine Steigerung der Eckfrequenzen zu höheren Kreisfrequenzen ist durch einen Kühlkörper möglich, da dieser als thermische Senke wirkt und den passiven Kühlprozess beschleunigt.

4.5.2.6. Bestimmung der Regelparameter

Die Regelparameter können anhand der Sprungantwort des Systems ermittelt werden. Bei diesem Verfahren wird eine Wendetangente an die Flanke der Auslenkungskurve des FGL-Brückenaktors gelegt. Abbildung 4.47 zeigt die Auslenkung eines FGL-Brückenaktors mit angenäherter Wendetangente zur Bestimmung der Regelparameter. Der FGL-Brückenaktor wird mit 10 g vorausgelenkt und mit einer elektrischen Heizleistung von 162 mW erwärmt. Die Schnittpunkte der Wendetangente mit den Grundlinien der Auslenkungskurve vor und nach dem Sprung ergeben die Verzugszeit (t_U), die Ausgleichszeit (t_G) und die Regelverstärkung (k_S). Über diese Kennwerte können die Regelparameter t_V, t_N und k_P für eine PID-Regelung über die Einstellregeln von Ziegler/Nichols [63] oder Chien/Hrones/Reswick [180] ermittelt werden (Anhang A.1).

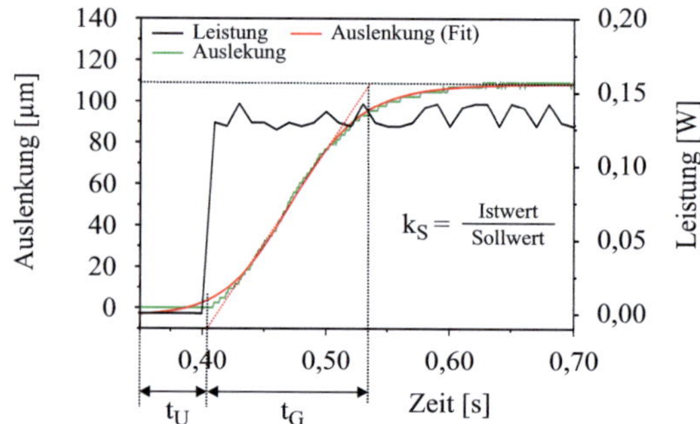

Abbildung 4.47.: Auslenkung eines FGL-Brückenaktors mit vier Aktorstegen (A_S) und einer Stegbreite von 180 µm beim Heizen mit einer elektrischen Leistung von 200 mW und Analyse der Sprungantwort mittels Wendetangentenverfahren zur Bestimmung der Verzugszeit (t_U), der Ausgleichszeit (t_G) und der Regelverstärkung (k_S).

4.5.2.7. Aufbau der Regelung

In Abbildung 4.48 ist ein Blockschaltbild der Regelung dargestellt. Am Eingang der Regelung werden die analogen Signale der Durchflusssensoren mit einer Abtastrate von 1000 Hz erfasst. Neben dem bereits beschriebenen dynamischen Sensor dient ein weiterer Durchflusssensor mit trägem Ansprechverhalten und einer hohen Genauigkeit als Referenz. Das Verhalten dieses Durchflusssensors ist schon bei der statischen Charakterisierung des Durchflusses beschrieben (Kapitel 2.5.3.2). Da dieser Durchflusssensor einen linearen Zusammenhang zwischen der Ausgangsspannung und dem Durchfluss besitzt, wird das erfasste Signal mit einer Proportionalitätskonstante (k) am Eingang der Regelung multipliziert. Der nichtlineare Zusammenhang des dynamischen Sensors, wird durch eine Kennlinie (Abbildung 4.42) in einer sogenannten "Lookup-Table" berücksichtigt.

Die Sollwertvorgabe wird mit dem Ist-Durchfluss des dynamischen Durchflusssensors verglichen und die Differenz aus beiden Signalen dem PID-Regler zugeführt. Bei der Verwendung der Echtzeitregelung wird vor dem Start der Regelung ein Modell gebildet und daher kann die Sollwertvorgabe während des Betriebes nicht verändert werden. Neben einer parallelen Anordnung der P-, I, und D-Glieder ist auch ein anderer Ansatz möglich, der üblicherweise in der Industrie verwendet wird. Bei diesem Ansatz sind das I- und D-Glied parallel geschaltet. Das additive Signal wird anschließend durch das P-Glied verstärkt. Dieser Ansatz bietet die Möglichkeit der Einbindung der Parameter, die durch das Wendetangentenverfahren ermittelt und durch die Einstellregeln (Anhang A.1) von Chien/Hrones/Reswick [180] oder Ziegler/Nichols [63] bestimmt werden.

Im Anschluss an die PID-Glieder wird das Signal durch die statische Kompensation in Bezug auf den FGL-Brückenaktor linearisiert (Abbildung 4.44). Das kompensierte Signal wird zum Schutz des FGL-Brückenaktors durch ein weiteres Element begrenzt. Durch die Begrenzung kann es zu einem Aufsummieren des I-Glieds führen. Um dies zu verhindern, wird ein Anti-Windup-Reset verwendet, der die entstehende Differenz an der Begrenzung dem I-Glied rückwirkend zuführt.

Als nächstes Element ist eine Fallunterscheidung in Reihe geschaltet. In Abhängigkeit der Differenz zwischen Soll- und Istwert wird das Heizsignal des FGL-Brückenaktors durch oder zum Kühlen auf null geschaltet. Das Signal wird ebenfalls mit einer Frequenz von 1000 Hz auf den Ausgang geschaltet, verläuft über den Analog-Digital Konverter, die Verstärkerschaltung und heizt den FGL-Brückenaktor mit elektrischem Strom. Die Heizsignale, die Signale der beiden Durchflusssensoren und deren Abweichung werden durch eine Anzeige (Scope) wiedergegeben und für einen Zeitraum von 1000 ms gespeichert.

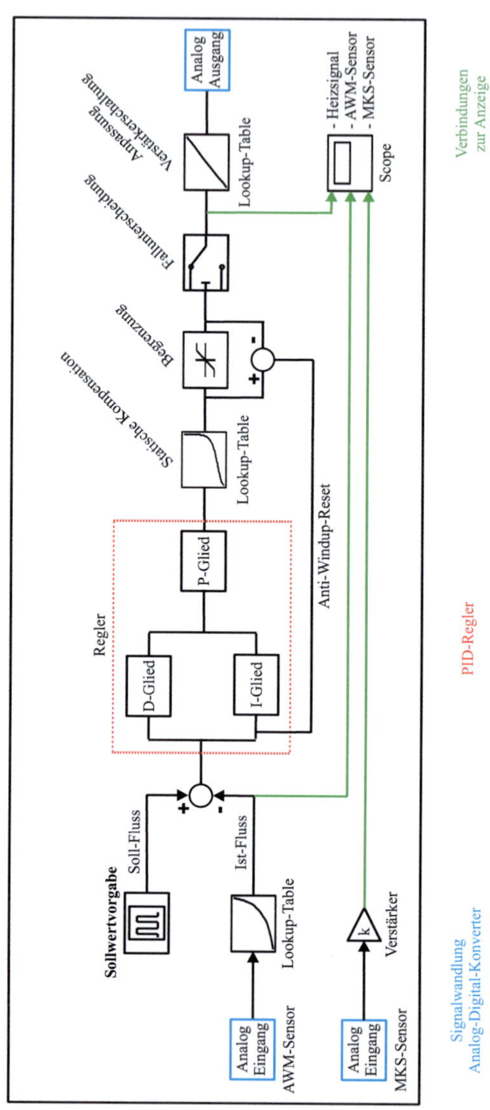

Abbildung 4.48.: Blockschaltbild der Regelung des FGL-Mikroventils.

4.5.2.8. Charakterisierung des Regelverhaltens

Die Durchflussmessung wird hinsichtlich der Dynamik und der Genauigkeit für NO und NC Mikroventile mit Stickstoff (Gas) charakterisiert. Die Genauigkeit wird über eine Abweichung zu einer konstanten Sollwertvorgabe gemessen. Zur Charakterisierung der Dynamik wird als Sollwertvorgabe eine Sinusschwingung oder eine Treppenfunktion vorgegeben und die Reaktion des Mikroventils bestimmt.

Zur Bestimmung der Genauigkeit der Regelung werden die Durchflüsse in einem Bereich von 0 - 1000 sccm mit einer Schrittweite von 100 sccm variiert. In Abbildung 4.49 ist beispielsweise das Regelergebnis für eine Sollwertvorgabe von 200 sccm in Abhängigkeit der Zeit bei einer anliegenden Druckdifferenz von 120 kPa dargestellt.

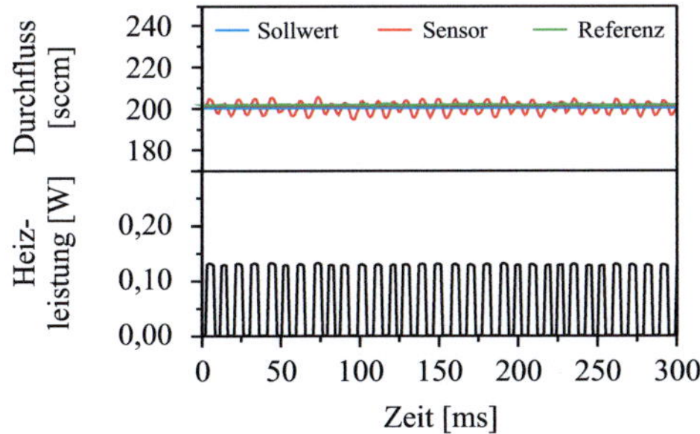

Abbildung 4.49.: Regelverlauf und elektrische Heizleistung eines NO Mikroventils bei einer Sollwertvorgabe von 200 sccm und einer anliegenden Druckdifferenz von 120 kPa für eine Dauer von 300 ms.

Im oberen Teil der Abbildung ist die Sollwertvorgabe sowie die Durchflussmessung des dynamischen Durchflusssensors und trägen Referenzsensors dargestellt. Im unteren Teil sind die die elektrischen Heizsignale aufgetragen. Die Messungen des dynamischen Durchflusssensors zeigen eine Schwingung von über 100 Hz. Bei jedem Nulldurchgang wird der Ausgang des Reglers durch die Fallunterscheidung auf das Regelsignal oder auf null geschaltet. Hierdurch entsteht ein gepulstes Heizsignal mit einer Dauer von etwa 2 ms. Diese Heizimpulse verursachen eine Oszillation des Durchflusses, der gemittelt der Sollvorgabe entspricht, wie es das Durchflusssignal des Referenzsensors zeigt. Die Höhe des Heizsignals ist durch die Begrenzung am Ausgang des Reglers vorgegeben und liegt im vorliegenden Fall bei 130 mW. Eine Änderung dieses Grenzwertes resultiert in eine Veränderung der Heizperiode, zeigt aber im betrachteten Bereich keinen Einfluss auf die Genauigkeit des Regelverhaltens. Die für diese Messung in einer Parametervariation empirisch ermittelten Regelparameter ($k_P = 0{,}02$, $t_V = 0{,}00005$ und $t_N = 0{,}1$) werden auch für alle anderen Messungen mit einer konstanten Sollwertvorgabe verwendet.

In Abbildung 4.50a) sind die Messungen für einen konstanten Durchfluss in einem Bereich von 0 - 1000 sccm mit einer Schrittweite von 100 sccm dargestellt. Für jede Schrittweite sind die Durchflussmessungen der beiden Sensoren über den Messzeitraum von 1000 ms gemittelt.

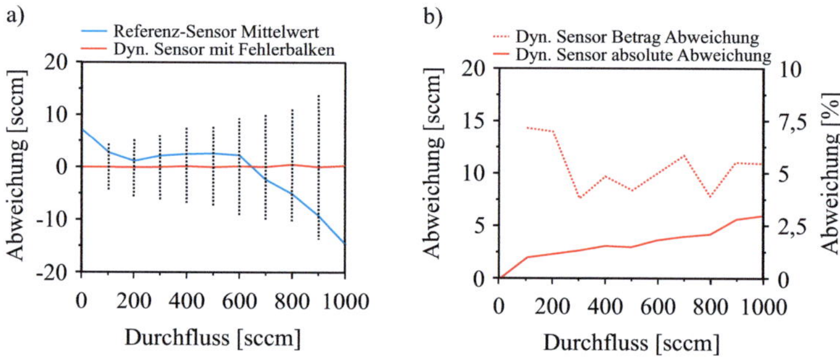

Abbildung 4.50.: Durchflussmessungen in einem Bereich von 0 - 1000 sccm mit einer Schrittweite von 100 sccm und einer anliegenden Druckdifferenz von 120 kPa. a) Gemittelte Durchflussmessungen des dynamischen Durchflusssensors und Referenzsensors für einen Messzeitraum von 1000 ms. b) Prozentuale Abweichung des Maximalwerts und absolute Abweichung des Mittelwerts der Beträge zwischen Ist- und Solldurchfluss.

Da die Durchflussmessung des dynamischen Durchflusssensors der Istwert der Regelung ist, liegt die maximale Abweichung der gemittelten Durchflusswerte innerhalb von 0,2 sccm. Die Fehlerbalken geben die doppelte Standardabweichung der Messwerte an, die mit zunehmendem Durchfluss steigt. Dies wird durch den nichtlinearen Verlauf der Spannungs-Durchflusskennlinie des dynamischen Durchflusssensors verursacht (Abbildung 4.42). Die gemittelte Abweichung des Referenzsensors liegt bei Normierung auf den Durchflussbereich unterhalb von 1,5 %.

Im Regelbetrieb alterniert das Durchflusssignal um die Sollwertvorgabe und somit liegt eine ständige Differenz zwischen Ist- und Sollwert vor. In Abbildung 4.50b) sind die prozentuale Abweichung des Maximalwerts und die absolute Abweichung des Mittelwerts der Beträge aufgetragen. Die anliegende Druckdifferenz bei diesen Messungen beträgt 120 kPa.

Abbildung 4.51 zeigt beispielsweise das Regelergebnis für ein NC Mikroventil. Die Sollwertvorgabe des Durchflusses beträgt 125 sccm bei einer anliegenden Druckdifferenz von 140 kPa. In diesem Fall wird ebenfalls der Regelaufbau aus Abbildung 4.48 verwendet. Der Unterschied ist, dass die Differenz aus Ist- und Sollwert am Eingang der Regelung invertiert wird. Die Streuung des dynamischen Durchflusssensors liegt innerhalb von 35 sccm und ist im Vergleich zur Regelung des NO Mikroventils um 25 sccm höher. Dies liegt an den größeren Stegquerschnitten des FGL-Brückenaktors und der damit verbundenen größeren thermischen Trägheit sowie der zusätzlichen Kraftkomponente durch die Druckfeder. Die Frequenz der Heizsignale beträgt etwa 20 Hz bei einer Amplitude von 290 mW und einer Länge eines Heizimpulses zwischen 10 - 20 ms.

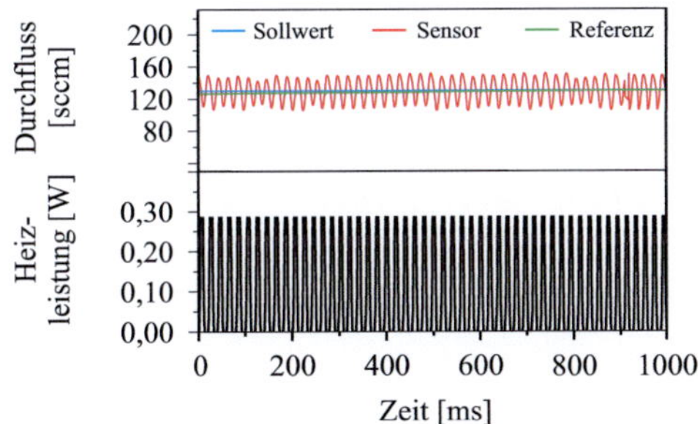

Abbildung 4.51.: Regelverlauf und elektrische Heizleistung eines NC Mikroventils bei einer Sollwertvorgabe von 125 sccm und einer anliegenden Druckdifferenz von 140 kPa für eine Dauer von 1000 ms.

Die Bestimmung der Dynamik der Regelung erfolgt durch eine Treppenfunktion. Der Sollwert wird in einem Bereich von 1000 - 200 sccm mit einer Schrittweite von 200 sccm und einer Schrittdauer von 100 ms reduziert. Anschließend wird der Sollwert mit den gleichen Parametern wieder auf den Ausgangswert gesteigert. In Abbildung 4.52 ist der resultierende Durchfluss eines NO Mikroventils für eine anliegende Druckdifferenz von 120 kPa dargestellt. Bei diesen Messungen ist die Proportionalverstärkung im Vergleich zu den konstanten Sollwertvorgaben auf $k_P = 0{,}05$ erhöht.

Bei jeder Reduzierung des Durchflusses kommt es zu Leistungsspitzen, die in diesem Fall auf 350 mW begrenzt sind. Sobald der geforderte Durchfluss erreicht ist, nehmen die Heizleistungen wieder einen pulsähnlichen Verlauf ein. Beim Abkühlen entsteht kein pulsähnlicher Verlauf der Heizleistungen, da die Sollwerte stets über den Istwerten liegen. Hierdurch kommt es bei der Fallunterscheidung zu keiner Nullschaltung des Signals. Die ermittelten Ausregelzeiten (t_{aus}) für die betrachtete Treppenfunktion betragen beim Heizen (t_H) weniger als 15 ms und beim Kühlen (t_K) weniger als 30 ms. Diese Asymmetrie ergibt sich aus der schnellen Erwärmung des FGL-Brückenaktors durch die elektrische Heizleistung und dem langsameren, passiven Kühlprozess durch Konvektion.

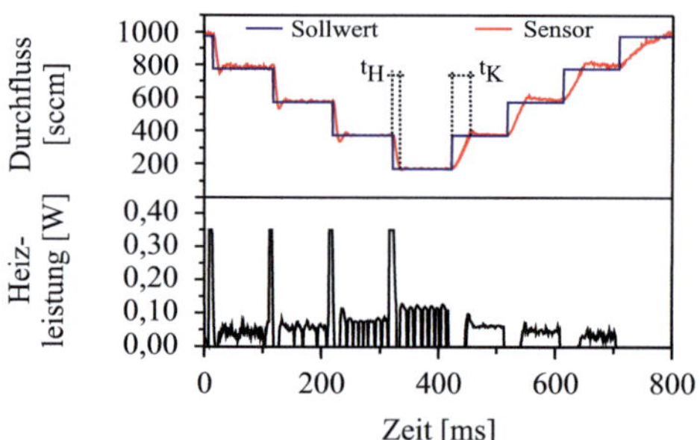

Abbildung 4.52.: Regelverlauf und elektrische Heizleistung eines NO Mikroventils bei einer Sollwertvorgabe eines Treppenverlaufs mit einer Schrittweite von 200 sccm und einer Schrittdauer von 100 ms bei einer anliegenden Druckdifferenz von 120 kPa.

Abbildung 4.53 zeigt eine sprunghafte Änderung des Sollwertes von 400 - 800 sccm und die resultierende Durchflüsse eines NO Mikroventils für verschiedene Heizleistungen. Die Höhe der Heizleistungen wird über die Begrenzung innerhalb der Regelung eingestellt. Bei der Reduzierung des Durchflusses beträgt die Einregelzeit bei 100 mW etwa 50 ms und bei 400 mW nur noch etwa 10 ms. Die Erhöhung des Durchflusses von 400 auf 800 sccm ist unabhängig von der Höhe der Begrenzung, da in diesem Fall der Brückenaktor nicht aktiv geheizt wird, sondern passiv kühlt. Die Einregelzeiten liegen in diesem Fall bei etwa 24 ms.

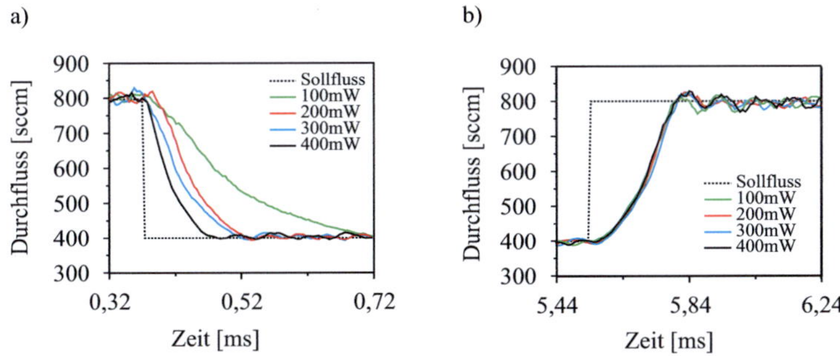

Abbildung 4.53.: Einregelzeiten (t_{ein}) des Durchflusses beim a) Heizen und b) Kühlen mit unterschiedlich begrenzten Heizleistungen bei einer sprunghaften Änderung des Sollwertes des Durchflusses zwischen 400 - 800 sccm.

Abbildung 4.54 zeigt den Regelverlauf eines NO Mikroventils bei einer Sollwertvorgabe einer Sinusschwingung mit einer Frequenz von 5 Hz und einer Amplitude zwischen 250 - 750 sccm bei einer anliegenden Druckdifferenz von 130 kPa. Die Regelparameter bei diesen Messungen sind $k_P = 0{,}005$, $t_V = 0{,}00005$ und $t_N = 0{,}05$. Abweichungen zwischen dem geregelten Durchflusssignal und dem Sollwert sind nur im Scheitelpunkt feststellbar. Die maximalen Heizleistungen der Regelung sind auf 120 mW begrenzt.

Abbildung 4.55 zeigt den Regelverlauf eines NC FGL-Mikroventils bei einer Sollwertvorgabe einer Sinusschwingung mit einer Frequenz von 5 Hz und einer Amplitude zwischen 150 - 400 sccm bei einer Druckdifferenz von 140 kPa.

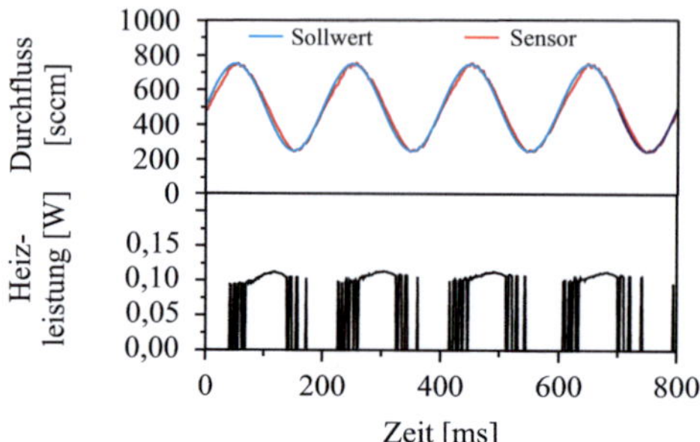

Abbildung 4.54.: Regelverlauf und elektrische Heizleistung eines NO Mikroventils bei einer Sollwertvorgabe einer Sinusschwingung mit einer Frequenz von 5 Hz und einer Amplitude zwischen 250 - 750 sccm bei einer anliegenden Druckdifferenz von 130 kPa.

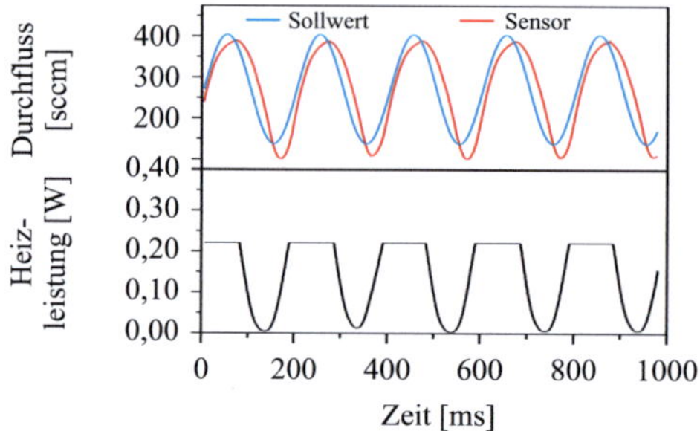

Abbildung 4.55.: Regelverlauf und elektrische Heizleistung eines NC Mikroventils bei einer Sollwertvorgabe einer Sinusschwingung mit einer Fre quenz von 5 Hz und einer Amplitude zwischen 150 - 400 sccm bei einer anliegenden Druckdifferenz von 140 kPa.

Die Regelparameter bei diesen Messungen sind k_P = 0,05, t_V = 0,00005 und t_N = 0,03. Die maximalen Heizleistungen sind bei diesen Versuchen auf 225 mW begrenzt. Der Durchfluss des NC Mikroventils kann der geforderten Sollwertvorgabe nicht folgen. Dies liegt zum einen an den größeren Querschnitten der Aktorstege und zum anderen an der zusätzlichen Federkraft dieser Ventilvariante.

Mit der Regelung können die NO und NC Mikroventile mit Stickstoff (Gas) und Wasser in einer Echtzeitumgebung geregelt werden. Bei einer konstanten Sollwertvorgabe eines Gasdurchflusses in einem Bereich von 0 - 1000 sccm, betragen die auf den Durchfluss normierten Abweichungen maximal 1,5 %. Das NO Mikroventil kann einer Sinusschwingung mit einer Amplitude zwischen 250 - 750 sccm und einer Frequenz von 5 Hz folgen. Anhand einer Treppenfunktion werden die Zeitkonstanten bestimmt, die beim Heizen minimal 10 ms und beim Kühlen 24 ms für eine Flussänderung zwischen 400 - 800 sccm, betragen. Mit der Regelung kann demnach ein druckunabhängiger Durchfluss für Stickstoff (Gas) oder Wasser ermöglicht werden. Durch die Sollvorgabe einer bestimmten Funktion ist es ebenfalls möglich bestimmte Probenvolumen zu dosieren.

4.6. Zusammenfassung

In diesem Kapitel werden die Dimensionierung, die Herstellung, die Aufbau- und Verbindungstechnik und die Funktionsweise eines NO und NC Mikroventils beschrieben. Als Aktor dient eine strukturierte Folie aus Formgedächtnislegierung, deren mechanisches und thermisches Verhalten untersucht wird. Eine Veränderung des Designs des FGL-Brückenaktors ermöglicht die Anpassung der Schaltkräfte und Schaltwege an geforderte Druck- und Durchflussbereiche. Für eine gegebene Anwendung werden die durchflussbestimmenden Ventil- und Aktorgeometrien simuliert und experimentell bestätigt. Die NO und NC Mikroventile werden erfolgreich als Demonstratoren realisiert sowie statisch und dynamisch charakterisiert. Die ermittelten Kenndaten sind in Tabelle 4.7 und 4.8 den Anforderungen sowie den Aufbau- und Verbindungstechniken der Ventilspezifikation gegenübergestellt. Die Kenndaten der Mikroventile erfüllen die geforderten Ventilspezifikationen und den Aufbau- und Verbindungstechniken in allen Punkten.

Für die Verbindungstechnik der Membran aus Polyimid mit dem Ventilgehäuse ist das viskose Kleben am besten geeignet. Die Klebeverbindung besitzt eine geringe Dicke sowie eine geringe Streuung der Klebeschicht, zeigt ein gutes Dauerverhalten und einen gemittelten Berstdruck von 710 kPa. Der Fertigungsaufwand des Klebens ist gering und kann großserientechnisch industriell umgesetzt werden. Als Verbindung des FGL-Brückenaktors mit einem Aktorträger wird das eutektische Bonden einer strukturierten FGL mit einem strukturierten Silizium-Substrat realisiert. Dies ermöglicht eine Batch-kompatible Strukturierung und mechanische Verbindung der FGL-Brückenaktoren. Alternativ können die FGL-Brückenaktoren auch durch viskoses Kleben mit dem Aktorträger verbunden werden. Neben der geringen Streubreite wirkt die Klebeschicht elektrisch isolierend, ist thermisch stabil und ist unabhängig von der Materialwahl des Aktorträgers. Die einzelnen Ventilkomponenten werden durch Laserdurchstrahlschweißen, einen UV-Kleber oder durch Schrauben verbunden. Die Schraubverbindung zeigt Vorteile, da sie keine Einschränkungen der Materialwahl fordert und eine veränderbare Vorspannung zwischen den Ventilkomponenten eingestellt werden kann.

Die statischen Durchflussmessungen zeigen Durchflüsse der NO Mikroventile von 2000 sccm sowie 12,5 ml/min und die NC Mikroventile von 880 sccm sowie 7,7 ml/min bei einer Druckdifferenz von 200 kPa für Stickstoff (Gas) und Wasser als Prüfmedium. Im geschlossenen Zustand sind nur geringe Leckagen feststellbar, die bei Stickstoff (Gas) unterhalb von 1 sccm und bei Wasser unterhalb von 10 µl/min liegen. Der Druck- und Durchflussbereich des NC Mikroventils kann durch Veränderung einer Federvorspannung mittels einer Schraube eingestellt werden.

Die dynamische Charakterisierung der Mikroventile erfolgt anhand einer Regelung. Bei der Vorgabe eines konstanten Solldurchflusses beträgt die auf den Durchfluss normierte Abweichung in einem Messbereich zwischen 0 - 1000 sccm maximal 1,5 %. Anhand einer sprunghaften Änderung des Durchflusses zwischen 400 - 800 sccm werden bei einer Treppenfunktion die Zeitkonstanten für das Heizen (t_H) mit 10 ms und beim Kühlen (t_K) mit 24 ms bestimmt. Das Mikroventil kann einer Sinusschwingung mit einer Frequenz von 5 Hz und einer Amplitude zwischen 250 - 750 sccm folgen, wobei nur in den Scheitelpunkten Abweichungen festgestellt werden können. Mit der Regelung kann das Durchflussverhalten von NO und NC FGL-Mikroventilen mit gasförmigen und flüssigen Medien eingestellt werden.

	Anforderung/Kenndaten: Monostabile Mikroventile	
	Anforderung	**Kenndaten**
Aufgabe	Schalten/Dosieren	erfüllt
Schaltverhalten	NO oder NC	beide realisiert
Medientrennung	ja	ja, durch Membran
Eignung fl./gas.	ja	verifiziert
Leistung	< 0,3 W (Halteleistung) < 0,5 W (Schaltleistung)	< 0,20 W gas < 0,55 W fl. } @ 200 kPa
Druckbereich	0 - 200 kPa	< 350 kPa
Rückdruckdichtheit	1/20 des Vordruckes	< 50 kPa
Strömungswiderstand	$\zeta < 0,8$	nicht bestimmt
Durchfluss min/max (fl.)	min. 0 - max. 5 ml/min (@ 100 kPa; Ø = 0,5 mm)	NO: 0 - 6,7 ml/min NC: 0 - 4,4 ml/min
Durchflussregelbereich	60 - 240 µl/min	nicht messbar für fl.
Dosiervolumen	5 - 20 µl/min	nicht messbar für fl.
Dosiergenauigkeit	< Regelbereich	nicht messbar für fl.
Viskositätsbereich	0,001 - 1 mPa*s	0,016 (N_2) - 1 mPa*s (H_2O)
Pulsation (fl.)	< 0,01ml	< 0,0012 ml
Schaltzeit	< 0,5 s	< 0,2 s
Spannungsversorgung	< 5 V	NO: < 0,56 V NC: < 0,62 V
Statusrückmeldung	ja	durch Durchflusssensor
Herstellbarkeit/Montage	einfach	abhängig von den Verbindungstechniken
Bauvolumen	< 10 x 10 x 10 mm³	NO: 10 x 10 x 7 mm³ NC: 10 x 10 x 11 mm³
Nenndurchmesser (Einlass/Auslass)	0,5 mm	erfüllt
Abstand: Einlass - Auslass	0,9 mm	erfüllt
Totraumvolumen	< 3 mm³	0,48 mm³ (Ventilkammer)
Lebensdauer (Aktor)	100000	in Dauerversuch bestätigt
Hysterese	gering	Δ R_P zu A_P = 4°C
Geräuschentwicklung	gering	keine
Wärmeeintrag in System	< 5°C	<< 1 °C (Simulation)
Kälte-/Wärmetoleranz	20 - 40 °C (Umgebung) 20 - 55 °C (Medium)	A_f bei 52 °C → unkritisch
Partikeltoleranz	bis 10 µm (Vorfilter)	Hub = 20 µm → unkritisch
Spülbar	ja	simulativ bestätigt

erfüllt — nicht erfüllt — teilweise erfüllt — nicht messbar

Tabelle 4.7.: Kenndaten der entwickelten, monostabilen Mikroventile gegenüber den gegebenen Anforderungen.

	Anforderung/Kenndaten: Monostabile Mikroventile	
Ventilbauart	**Anforderung**	**Kenndaten**
Aufgabe	Schalten/Dosieren	erfüllt
Medientrennung	ja	ja, durch Membran
Berstdruck	> 500 kPa	710 kPa, verklebte PI-Membran
Anzahl der Komponenten	< 10	abhängig von Ventilvariante
Komponenten	Standard oder groß-serientechnisch fertigbar	erfüllt
Zusammenbau	Komponenten selbstzentrierend	erfüllt
Montage	gering	gering
Ventilverbindung	reversibel und/oder fest	Schrauben, Kleben oder Laserdurchstrahlschweißen
Fluidik/Elektrik	räumlich getrennt	Fluidik auf Unterseite Elektrik auf Oberseite
Fluidischer Anschluss	reversibel lösbar oder materialschlüssig	Ventilstecker oder Schweißverbindung
Elektrischer Anschluss	einzeln oder parallel	Federkontakte oder elektrische Anschlussplatte
Biokompatibel mechanisch	ja	erfüllt
Biokompatibel chemisch	ja	abhängig von der Membranfixierung
Medienbeständig	Phosphor, Nitride, Tenside	nicht messbar

erfüllt — nicht erfüllt — teilweise erfüllt — nicht messbar

Tabelle 4.8.: Aufbau- und Verbindungstechniken der entwickelten, monostabilen Mikroventile gegenüber den gegebenen Anforderungen.

5. Bistabile Mikroventile

Ausgehend von dem bistabilen Magneto-Formgedächtnis Mikroventil (Kapitel 3) werden in der vorliegenden Arbeit die Einzelkomponenten dieses Mikroventils (Ventilgehäuse, antagonistischer Schalter, magnetisches Rückhaltesystem und Abstandshalter) analysiert und hinsichtlich der fluidischen Leistung optimiert. Dies beinhaltet im Detail:

1. Untersuchung der druckabhängigen Durchflüsse und fluidischen Kräfte des Ventilgehäuses.
2. Analyse der Schaltkräfte (ΔF_{FGL}) und Rückstellkräfte ($\Delta F_{Rück}$) des antagonistischen Schalters.
3. Simulation der magnetostatischen Haltekräfte des magnetischen Rückhaltesystems (ΔF_{Mag}).
4. Parameterstudie verschiedener Schichtdicken der Abstandshalter (Ah1 und Ah2) und deren Einfluss auf die schaltbaren Druckdifferenzen und resultierenden Durchflüsse.

Die Einzelkomponenten des Mikroventils werden zunächst separiert betrachtet, um anschließend deren Kopplung und Querbeeinflussungen zu identifizieren. Diese Untersuchungen und die daraus resultierenden Optimierungen führen zu einer Steigerung des schaltbaren Druckbereichs um den Faktor drei. Das bistabile 2/2-Wege Magneto-Formgedächtnis Mikroventil wird um ein weiteres Ventilgehäuse ($V2$) erweitert, das eine Schaltung von Fluiden in einem 3/2-Wege Verhalten ermöglicht.

5.1. Ventilgehäuse

5.1.1. Herstellung

Die Abformung der Ventilgehäuse erfolgt in einem beidseitigen Heißprägeprozess mittels zuvor hergestellter Formeinsätze [107]. Das Heißprägen wird als Herstellungsprozess der Prototypen gewählt, da die Werkzeuge im

Vergleich zum Spritzgießen oder Spritzprägen vergleichbar günstig und schnell herstellbar sind. Ein Materialumstieg des abzuformenden Polymers ist ebenfalls mit einem geringen Aufwand möglich. Das beidseitige Heißprägen ermöglicht des Weiteren die Herstellung von Durchgangslöchern, die bei Sitzventilen (Abbildung 4.13) als Ventileinlass und -auslass benötigt werden. In der vorliegenden Arbeit wird Polysulfon (*PSU*) als polymeres Material für das Ventilgehäuse gewählt, da es sich auf Grund seiner amorphen Eigenschaften gut abformen lässt. Die hohe Glasübergangstemperatur (T_G = 187 °C) von *PSU* ermöglicht die Verbindung mit weiteren Komponenten durch hitzeaktivierbare Klebefolien (*HaK*). *PSU* quillt bei der Verwendung von liquiden Medien wenig und hat eine gute chemische Beständigkeit gegen Lösungsmittel.

In Prägetests werden zunächst die optimalen Parameter für das verwendete Material und die verwendeten Formeinsätze bestimmt. Die Antastkraft sollte ausreichend groß gewählt werden, um einen guten thermischen Kontakt zwischen den Formeinsätzen und dem sich dazwischen befindlichen Polymermaterial zu ermöglichen. Beim Heißprägen sind die Prägetemperatur, die Prägekraft und die Prägedauer so zu wählen, dass eine vollständige Formfüllung gewährleistet und die Restschicht möglichst dünn ist, jedoch die fragilen Strukturen auf den Formeinsätzen nicht plastisch verformt werden. Die Entformtemperatur hat auf Grund der thermischen Ausdehnung einen wesentlichen Einfluss auf die Entformkräfte, jedoch durch die im Vergleich zur Erwärmung langen Kühlzeiten auch einen wesentlichen Einfluss auf die Gesamtzeit des Zyklus. Die in dieser Arbeit verwendete Heißprägeanlage[1] und die ermittelten Prägeparameter zur Herstellung der beidseitig strukturierten Ventilgehäuse aus *PSU* sind in Abbildung 5.1 dargestellt. Beim beidseitigen Heißprägen müssen die beiden Formeinsätze relativ zueinander ausgerichtet werden. Hierzu wird der Versatz der Durchgangslöcher an einem geprägten Ventilgehäuse optisch bestimmt. Dieser Versatz wird ausgeglichen, indem der untere Formeinsatz durch einen pneumatischen xy-Tisch relativ zu dem oberen Formeinsatz ausgerichtet wird. Ein Vorteil des beidseitigen Heißprägeprozess besteht darin, dass kritische Strukturen mit einem hohen Aspektverhältnis auf beide Formeinsätze verteilt werden. Bei der Abformung von Mikroventilen sind dies vor allem die nadelförmigen Strukturen zur Erzeugung der Ventileinlässe und -auslässe. Die Herstellung von Durchgangslöchern und die Reduzierung der Restschicht wird beim beidseitigen Heißprä-

[1] Jenoptik (Hex03)

gen erreicht, in dem die beiden Formeinsätze eine unterschiedliche Härte besitzen und der härtere während des Prägens in den weicheren Gegenpart eindringt.

a)

Heißprägeanlage: Hex03

b)

Antastkraft	500 N
Prägetemperatur	210 °C
Prägekraft	18.000 N
Prägedauer	120 s
Entformtemperatur	70 °C

Abbildung 5.1.: a) Heißprägeanlage zum Abformen und b) ermittelte Parameter zum beidseitigen Heißprägen der Ventilgehäuse aus Polysulfon.

Aktuell werden vier Ventilgehäuse parallel in einer Prägung abgeformt. Nach der Herstellung werden die Ventilgehäuse optisch kontrolliert. Ein wichtiges Kriterium sind die Rundheit und Unversehrtheit der inneren Kante des Ventilsitzes. Dies garantiert einen gleichmäßigen Kontakt der Dichtelemente und ermöglicht somit die Reduzierung von Leckagen. Die Außenmaße der vereinzelten Ventilgehäuse betragen 11 x 6 mm² und die Höhe liegt je nach Restschichtdicke der Abformung in einem Bereich von $1{,}2 \pm 0{,}2$ mm. Das abgeformte Sitzventil besitzt einen Durchmesser des Einlasses (d_{Ein}) und Auslasses (d_{Aus}) von 0,4 mm innerhalb einer ovalen Ventilkammer mit einer Tiefe von 0,2 mm.

Zur Trennung der Fluidik und Aktorik werden die vereinzelten Ventilgehäuse mit einer Membran abgedichtet. Die Membran aus Polyimid (PI) mit einer Stärke von 12 µm wird über eine hitzeaktivierbare Klebefolie (*HaK*) mit dem Ventilgehäuse verbunden (siehe Kapitel 4.3.3). Beide Komponenten werden zuvor mit einem Laser auf die Größe der Ventilgehäuse und Ventilkammer geschnitten. Die Verwendung der HaK ermöglicht definierte Klebeflächen, die durch Hitze und Druck aktiviert werden. Die Komponenten werden hierzu in einen Klemmrahmen eingelegt, in dem sie sich selbstjustiert ausrichten [108]. In Abbildung 5.2 sind die Einzelteile und der Klemmrahmen im offenen Zustand dargestellt. Zur Aktivierung der Klebeschicht wird der Klemmrahmen durch Schrauben verschlossen und auf einer Hotplate auf etwa 100 °C erwärmt. Im Anschluss wird ein weichmagnetischer Anschlag

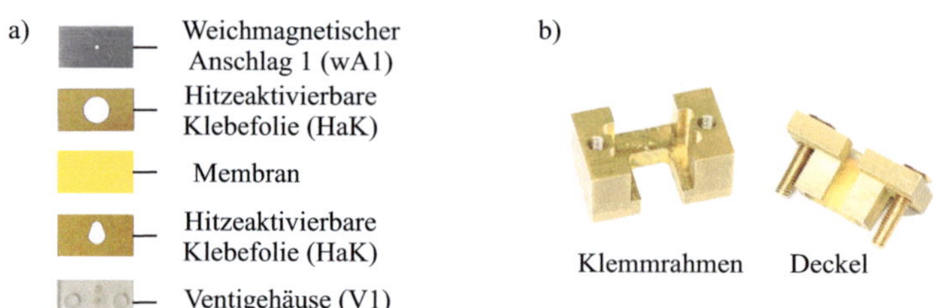

Abbildung 5.2.: a) Einzelkomponenten zum Aufbau der fluidischen Einheit und b) Klemmrahmen zum Stapeln und zur Justierung der Bauteile.

mit dem Ventilgehäuse verbunden. Für diesen Fertigungsschritt wird ebenfalls eine hitzeaktivierbare Klebefolie, der Klemmrahmen und der bereits erwähnte Temperschritt verwendet.

5.1.2. Fluidische Charakterisierung

Wichtige Kriterien des abgedichteten Ventilgehäuses in der späteren Anwendung sind die druckabhängigen Durchflusskennlinien für Stickstoff (Gas) und Wasser. Abbildung 5.3a) zeigt das Foto des abgedichteten Ventilgehäuses mit weichmagnetischem Anschlag auf der Oberseite. Die fluidische Kontaktierung ist über Dosiernadeln realisiert, die im Einlass- und Auslasskanal verpresst und verklebt sind. Zur Bestimmung des Durchflusses wird zwischen dem Ventileinlass und -auslass eine Druckdifferenz im Bereich von 0 - 300 kPa angelegt und in Schritten von 10 kPa erhöht. Die Messung des resultierenden Durchflusses erfolgt durch Durchflusssensoren, die seriell zu dem Ventilauslass geschaltet sind. Bei der Messung von Gas werden zwei parallel geschaltete Durchflusssensoren[2] (Kapitel 2.5.3.2) und bei liquiden Medien der Durchflusssensor aus Kapitel 4.2.2.2 verwendet. Abbildung 5.3b) zeigt die beiden druckabhängigen Durchflusskennlinien für die Prüfmedien in einem Druckbereich von 0 - 300 kPa. Der maximale Durchfluss bei einer Druckdifferenz von 300 kPa beträgt 2400 sccm für Stickstoff und 26 ml/min für Wasser.

[2]MKS (258CY)

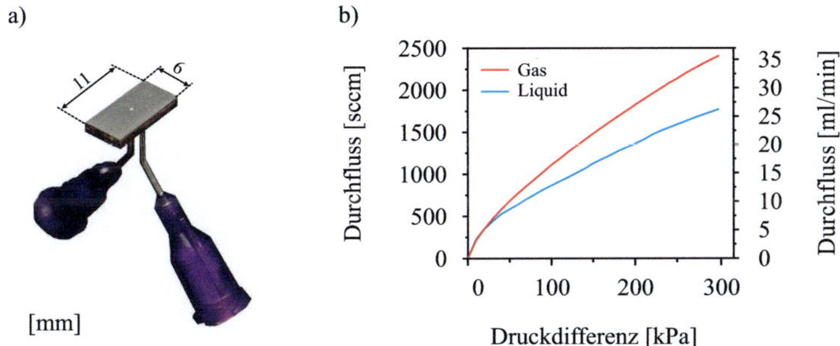

Abbildung 5.3.: a) Fluidische Einheit mit polymerem Ventilgehäuse ($V1$), Membran und weichmagnetischem Anschlag ($wA1$). b) Druckabhängige Durchflusskennlinie der fluidischen Einheit im Bereich von 0 - 300 kPa für Stickstoff (Gas) und Wasser als Prüfmedium.

5.1.3. Bestimmung der fluidischen Kräfte

Bei einer Druckdifferenz zwischen dem Ventileinlass und -auslass des Mikroventils wird die Membran gedehnt. Diese Dehnung wird auf den Ventilstößel übertragen, der sich hierdurch innerhalb einer Führung des weichmagnetischen Anschlags in axialer Richtung vom Ventilsitz entfernt. Abbildung 5.4 zeigt einen schematischen Querschnitt des sphärischen Ventilstößels, des weichmagnetischen Anschlags, der Membran und des Ventilgehäuses bei einer Druckdifferenz von Δp = 0 und Δp > 0 kPa.

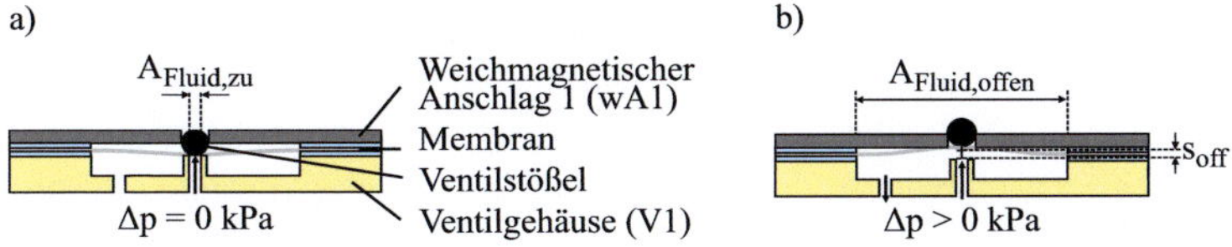

Abbildung 5.4.: Wirkflächen des Drucks im geschlossenen ($A_{Fluid,zu}$) und offenen ($A_{Fluid,offen}$) Zustand des Mikroventils mit dem durchströmten Ringspalt (s_{off}) bei einer Druckdifferenz von Δp = 0 und Δp > 0 kPa zwischen dem Ein- und Auslass.

Abbildung 5.5 zeigt eine vergrößerte Aufnahme des Ventilstößels in dem Durchgangsloch des weichmagnetischen Anschlags für eine anliegende Druckdifferenz von 0 und 100 kPa.

a) 0 kPa

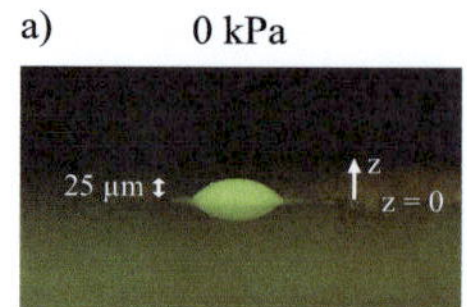

b) 100 kPa

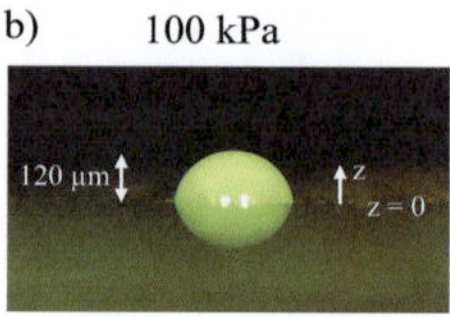

Abbildung 5.5.: Bewegung des sphärischen Ventilstößels in z-Richtung innerhalb des weichmagnetischen Anschlags bei einer Druckdifferenz von 0 und 100 kPa.

Bei einer Druckdifferenz von 0 kPa (Abbildung 5.5a) befindet sich der oberste Punkt des sphärischen Ventilstößels ungefähr 25 µm oberhalb des weichmagnetischen Anschlags. Dieser Versatz ist durch die mechanische Eigenspannung der Membran verursacht und ermöglicht das Verpressen des sphärischen Ventilstößels auf dem Ventilsitz und eine Reduzierung der Leckage. Bei einer Druckdifferenz von 100 kPa wird der sphärische Ventilstößel durch die fluidische Kraft (F_{Fluid}) des Mediums etwa 120 µm vom Ventilsitz wegbewegt (Abbildung 5.5b). Die Aufnahmen und die Bestimmung der Verschiebung erfolgen durch eine Hochgeschwindigkeits-Mikroskop Kamera[3] und der beiliegenden Software. In der späteren Anwendung ist die Verschiebung des sphärischen Ventilstößels durch den antagonistischen Schalter und dessen Hub auf 100 µm begrenzt. Diese Begrenzung hat nur einen minimalen Einfluss auf den maximalen Durchfluss und kann vernachlässigt werden [43].

Eine Druckdifferenz zwischen Ventileinlass und -auslass verursacht eine fluidische Kraft (F_{Fluid}), die auf die Membran wirkt und auf den Ventilstößel übertragen wird. Die fluidische Kraft ergibt sich aus dem anliegenden Totaldruck (p_{tot}) sowie der Wirkfläche (A_{Fluid}) und berechnet sich mit Gleichung 5.1.

$$F_{Fluid} = p_{tot} \cdot A_{Fluid} \cdot k_{Kor} \tag{5.1}$$

Der Parameter k_{Kor} ist ein Korrekturfaktor der den Druckabfall des beschleunigten Fluids nach dem Ventilsitz berücksichtigt. Der anliegende To-

[3] Keyence (VW-6000)

taldruck setzt sich aus einem statischen (p_{sta}) und einem dynamischen (p_{dyn}) Anteil zusammen, die sich in Abhängigkeit der vorliegenden Strömungsgeschwindigkeit verändern (Gleichung 2.10). Im Mikroventil werden die vorliegenden Druckverhältnisse bzw. Kraftverhältnisse nur für die beiden stabilen Grenzfälle des offenen und geschlossenen Zustandes betrachtet, die in Abbildung 5.4 dargestellt sind.

Geschlossener Zustand

Im geschlossenen Ventilzustand (Abbildung 5.4a) wirkt der anliegende Totaldruck auf die Membranfläche ($A_{Fluid,zu}$) oberhalb des Ventileinlasses (d_{Ein}). In diesem Fall ist die Strömungsgeschwindigkeit $v = 0$ und der Totaldruck entspricht dem statischen Anteil.

$$A_{Fluid,zu} = \pi \cdot \frac{d_{Ein}^2}{4} \tag{5.2}$$

Bei einem Durchmesser (d_{Ein}) des Ventileinlasses von 0,4 mm ergibt sich somit eine Fläche von 0,126 mm². Da im geschlossenen Zustand kein Druckabfall durch ein beschleunigtes Medium verursacht wird, hat der Korrekturfaktor k_{Kor} keinen Einfluss und kann als eins angenommen werden. Aus den Gleichungen 5.1 und 5.2 ergibt sich im geschlossenen Zustand die resultierende Kraft ($F_{Fluid,zu}$) in Abhängigkeit der anliegenden Druckdifferenz durch Gleichung 5.3.

$$F_{Fluid,zu} = 0,126\,mN\,(\frac{\Delta p}{kPa}) \tag{5.3}$$

Offener Zustand

Im offenen Zustand kann sich der Ventilstößel in axialer Richtung innerhalb des weichmagnetischen Anschlags vom Ventilsitz entfernen. Durch eine geometrische Beziehung und unter Berücksichtigung einer Membrandicke von 12 µm ergibt sich in der Ventilanwendung ein Öffnungsspalt s_{off} von 73 µm zwischen dem Ventilsitz und der Membran. Hiermit kann der durchströmte Ringspalt A_{Ring} oberhalb des Ventilsitzes durch Gleichung 5.4 berechnet werden.

$$A_{Ring} = \pi \cdot d_{Ein} \cdot s_{off} \tag{5.4}$$

Im offenen Zustand beträgt die ringförmige Strömungsfläche 0,092 mm². Auf Grund des Venturi-Effektes steigt in der ringförmigen Strömungsfläche die kinetische Energie, da diese im Vergleich zum Ventileinlass eine

Verengung darstellt. Da der dynamische Druckanteil von der Strömungsgeschwindigkeit und somit von der anliegenden Druckdifferenz abhängig ist, verändert sich das Verhältnis von statischem zu dynamischem Druck von 9:1 bei 100 kPa auf 2:1 bei 300 kPa. Bei der Berechnung der fluidischen Kraft im offenen Zustand wird der Korrekturfaktor (k_{Kor}) mit 0,25 angenommen, der für dieselbe Fluidikeinheit empirisch ermittelt wurde [107]. Mit diesem Korrekturfaktor und einer Membranfläche im offenen Zustand von $A_{Fluid,offen} = 3,14 mm^2$ ergibt sich folgender linearer Zusammenhang zwischen der anliegenden Druckdifferenz und der resultierenden fluidischen Kraft ($F_{Fluid,offen}$).

$$F_{Fluid,offen} = 0,785\, mN\, (\frac{\Delta p}{kPa}) \tag{5.5}$$

In Abbildung 5.6a) ist ein schematisches Querschnittsbild des Versuchsaufbaus zur Bestimmung der fluidischen Kraft im geschlossenen Zustand dargestellt.

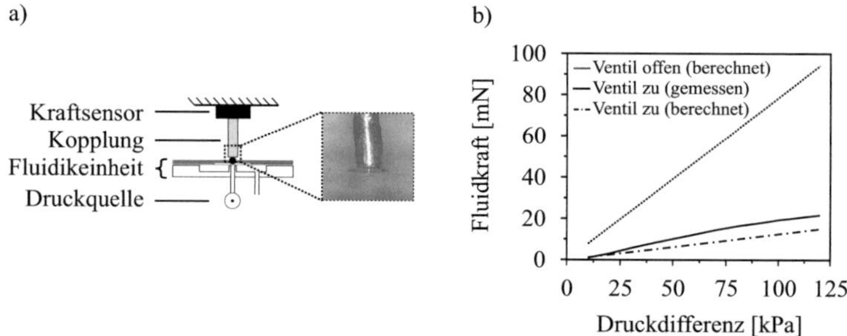

Abbildung 5.6.: a) Schematische Querschnittsskizze des Versuchsaufbaus zur Bestimmung der fluidischen Kraft und vergrößerte Aufnahme des Kopplungselements auf dem sphärischen Ventilstößel. b) Berechnete und gemessene fluidische Kraft (F_{Fluid}) im offenen und geschlossenen Zustand.

Die fluidische Einheit wird durch einen x-y-z Tisch in einem Elastometer unterhalb einer Kraftmessdose positioniert. Das Messverfahren des Elastometers beruht auf der Kraftmessung mittels elektrodynamischer Kompensation und erlaubt die Messung von Zugkräften bis maximal 100 mN und

Druckkräften bis maximal 20 mN mit einer Auflösung von 1 µN. Die mechanische Kopplung zwischen der Kraftmessdose und dem sphärischen Ventilstößel ist durch einen metallischen Zylinderstab mit einem Durchmesser von 500 µm realisiert. Im rechten Teil der Abbildung 5.6a) ist ein Foto des Zylinderstabs auf dem sphärischen Ventilstößel dargestellt. In dieser Konfiguration wird der Kraftsensor kalibriert und anschließend eine Druckdifferenz zwischen dem Ventileinlass und -auslass kontinuierlich gesteigert. Die resultierende fluidische Kraft wird simultan mit dem Elastometer gemessen. Abbildung 5.6b) zeigt die experimentell und nach Gleichung 5.3 und 5.5 berechnete fluidische Kraft für eine anliegende Druckdifferenz zwischen 0 - 125 kPa.

5.2. Antagonistischer Schalter

5.2.1. Funktionsweise und Dimensionierung

Die Erzeugung entgegengesetzter Bewegungen kann bei der Verwendung einer FGL auf verschiedene Weisen realisiert werden.

- Eine Möglichkeit ist der Einsatz einer FGL mit Zweiweg-Effekt (Kapitel 2.1.1), bei der sich in Abhängigkeit der vorliegenden Temperatur zwei zuvor eingeprägte Geometrien einstellen. Diese beiden Geometrien müssen dem Material in einer thermomechanischen Werkstoffbehandlung "antrainiert" werden. Im Vergleich zum Einweg-Effekt sind die auftretenden Kräfte und Dehnungen bei der Phasenumwandlung deutlich geringer. Materialien mit diesen Eigenschaften eignen sich daher nicht für aktorische Anwendungen [20].
- Eine andere Möglichkeit ist die Verwendung von zwei Aktorelementen mit Einweg-Effekt, die in entgegengesetzter Richtung wirken. Zur Erzeugung mechanischer Arbeit müssen die Aktoren in der Niedertemperaturphase durch eine Kraft verformt und anschließend über die materialspezifische Umwandlungstemperatur erwärmt werden.

Der antagonistische Schalter ermöglicht eine bidirektionale Bewegung durch gegeneinander vorgespannte FGL-Brückenaktoren. Abbildung 5.7a) zeigt den antagonistischen Schalter mit einem hartmagnetischen Zylinder (*hZ*) zwischen beiden FGL-Brückenaktoren (B1 und B2) im Querschnitt und Abbildung 5.7b) die beiden Schaltzustände. Wird der untere FGL-Brückenaktor (*B*1) bis in die austenitische Phase erhitzt, verursachen die entstehenden FGL-Kräfte eine Verschiebung des Mittelpunktes des hartmagnetischen Zylinders nach oben (Zustand 1). Die maximale Verschiebung ergibt sich aus dem Kräftegleichgewicht zwischen der FGL-Kraft (F_{FGL}) des beheizten FGL-Brückenaktors und der rückstellenden Kraft ($F_{Rück}$) des FGL-Brückenaktors im kalten Zustand. Zum Schalten in die entgegengesetzte Richtung wird der FGL-Brückenaktor ($B2$) erhitzt, während sich der FGL-Brückenaktor ($B1$) in der martensitischen Phase befindet (Zustand 2). Beide Schaltzustände können nur gehalten werden, solange sich einer der beiden FGL-Brückenaktoren in der austenitischen Phase befindet. Befinden sich beide FGL-Brückenaktoren im kalten Zustand, relaxiert das System und die Verschiebung geht nahezu in die Ausgangsposition zurück.

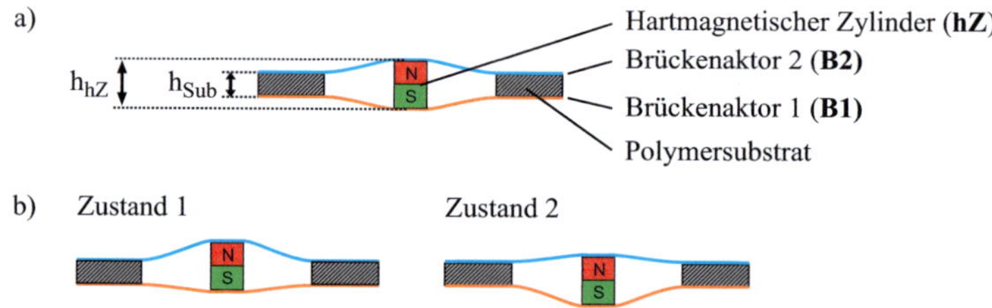

Abbildung 5.7.: a) Schematischer Querschnitt und b) Schaltzustände des antagonistischen Schalters beim separierten Heizen des entsprechenden FGL-Brückenaktors (B1 oder B2).

Beide FGL-Brückenaktoren sind auf einem gemeinsamen Polymersubstrat fixiert und mittig durch den hartmagnetischen Zylinder (hZ) gegeneinander vorausgelenkt. Die Vorauslenkung (d_{Vor}) ergibt sich aus der Höhendifferenz zwischen dem hartmagnetischen Zylinder (h_{hZ}) und dem gemeinsamen Polymersubstrat (h_{Sub}) nach Gleichung 5.6. Die Vorauslenkung hat einen direkten Einfluss auf die maximal erreichbaren Schaltkräfte (ΔF_{FGL}), die minimal benötigte Kraft ($\Delta F_{Rück}$) zum Halten der FGL-Brückenaktoren in einer ausgelenkten Position und den Hub (h) des antagonistischen Schalters [108, 181].

$$d_{Vor} = h_{hZ} - h_{Sub} \tag{5.6}$$

Der hartmagnetische Zylinder (hZ) zur Erzeugung der Vorauslenkung ist ein kommerziell erhältliches Zukaufteil mit einer Bauteilhöhe von 1000 µm ±10 µm. Demzufolge können verschiedene Vorauslenkungen (d_{Vor}) über die Höhe des Substrats (h_{Sub}) eingestellt werden. Die Höhe des Polymersubstrats (PMMA) wird bei den Prototypen durch spanenden Materialabtrag erzielt. Zur Gewährleistung des Dauerverhaltens ist die maximale Vorauslenkung des antagonistischen Schalters durch die materialspezifische Dehngrenze der FGL-Brückenaktoren in der R-Phase begrenzt. Aus den trigonometrischen Beziehungen (Kapitel 4.2.1.2) kann die Dehngrenze in Abhängigkeit der Brückenlänge (l_B) berechnet werden. Für die verwendete Brückenlänge (l_B) von 3800 µm ergibt sich eine maximal erlaubte Dehngrenze von 250 µm. Als Vorauslenkung (d_{Vor}) werden 400 µm gewählt, um die FGL-Brückenaktoren im Schaltzustand nicht über diese Dehngrenze zu belasten.

5.2.2. Bestimmung der Schaltkräfte

Abbildung 5.8 zeigt das gemessene Kraft-Weg Verhalten von zwei gekoppelten FGL-Brückenaktoren ($B1$ und $B2$) in der R- und A-Phase mit einer Vorauslenkung (d_{Vor}) von 400 µm. Nach der Montage besitzen beide Brückenaktoren eine identische Dehnung und der Mittelpunkt des antagonistischen Schalters befindet sich bei x = 0. Die maximale Auslenkung (x_{A1} oder x_{A2}) ist erreicht, wenn sich beide Brückenaktoren in unterschiedlichen Phasenzuständen befinden. In diesen Punkten liegt ein Gleichgewicht zwischen der Formgedächtniskraft (F_{FGL}) des beheizten und der mechanischen Rückstellkraft ($F_{Rück}$) des FGL-Brückenaktors im kalten Zustand vor. Die resultierende Kraft in den Positionen $A1$ oder $A2$ ergibt sich aus der Differenz der Kräfte beider Brückenaktoren in den entsprechenden Phasenzuständen ($F_{FGL} - F_{Rück}$). Für eine Vorauslenkung (d_{Vor}) von 400 µm beträgt die maximale Schaltkraft (ΔF_{FGL}) des antagonistischen Schalters 286 mN. Die minimal benötigte Kraft zum Halten der Positionen ($A1$ und $A2$) im leistungslosen Zustand beträgt $\Delta F_{Rück}$ = 57 mN. Der Hub (h) der Schalteinheit beträgt 100 µm und ergibt sich aus der Summe der beiden Auslenkungen der FGL-Brückenaktoren ($h = \mid x_{A1} \mid + \mid x_{A2} \mid$).

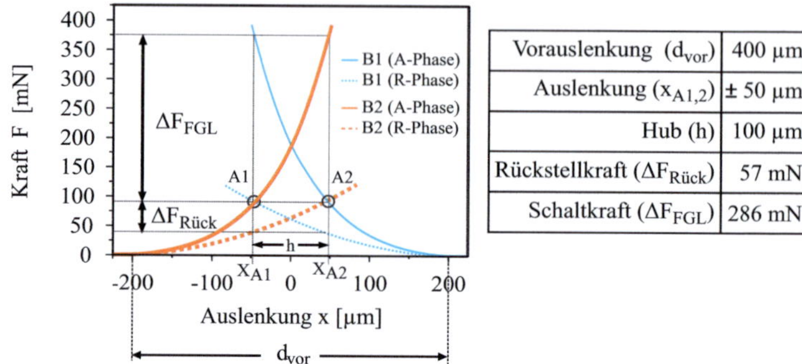

Vorauslenkung (d_{vor})	400 µm
Auslenkung ($x_{A1,2}$)	± 50 µm
Hub (h)	100 µm
Rückstellkraft ($\Delta F_{Rück}$)	57 mN
Schaltkraft (ΔF_{FGL})	286 mN

Abbildung 5.8.: Kraft-Weg Verhalten gekoppelter FGL-Brückenaktoren ($B1$ und $B2$) bei einer Vorauslenkung (d_{Vor}) von 400 µm. Die Kräftegleichgewichte und Auslenkungen der FGL-Brückenaktoren in den unterschiedlichen Phasenzuständen sind durch $A1$ und $A2$ gekennzeichnet. $\Delta F_{Rück}$ bezeichnet die Rückstellkraft des antagonistischen Schalters im leistungslosen Zustand. ΔF_{FGL} beschreibt die maximale Formgedächtniskraft beim selektiven Beheizen von B1 oder B2.

5.2.3. Herstellung und Zusammenbau

Der antagonistische Schalter besteht aus zwei FGL-Brückenaktoren, dem hartmagnetischem Zylinder (hZ) und dem gemeinsamen Polymersubstrat. Um die Brückenaktoren stressfrei auf diesem Substrat zu fixieren, werden diese zunächst getrennt mit einer metallischen Haltestruktur verbunden. In Abbildung 5.9 ist die Herstellung des antagonistischen Schalters innerhalb des Klemmrahmens (Kapitel 5.1.1) schematisch dargestellt.

Der erste FGL-Brückenaktor wird mit der metallischen Haltestruktur auf der Unterseite in den Klemmrahmen eingelegt und die Kontaktplatten (K_P) (Abbildung 4.2) mit einem UV-härtenden Kleber benetzt (1). Das Polymersubstrat wird in den Klemmrahmen eingelegt und mit UV-Licht durchstrahlt, sodass der Kleber zwischen dem FGL-Brückenaktor und dem Polymersubstrat vernetzt (2). Anschließend wird der hartmagnetische Zylinder mit dem Knotenpunkt (P_K) des FGL-Brückenaktors verbunden und mittels eines Klebepunktes fixiert (3). Im letzten Schritt wird der zweite FGL-Brückenaktor in gestürzter Ausrichtung in den Klemmrahmen eingelegt und ebenfalls mit dem Polymersubstrat durch UV-Kleber verbunden (4,5). Bei dieser Herstellung des antagonistischen Schalters werden die maximal erlaubten Dehngrenzen nicht überschritten, da jeder der beiden FGL-Brückenaktoren nur um die halbe Vorauslenkung (d_{Vor}) gedehnt wird.

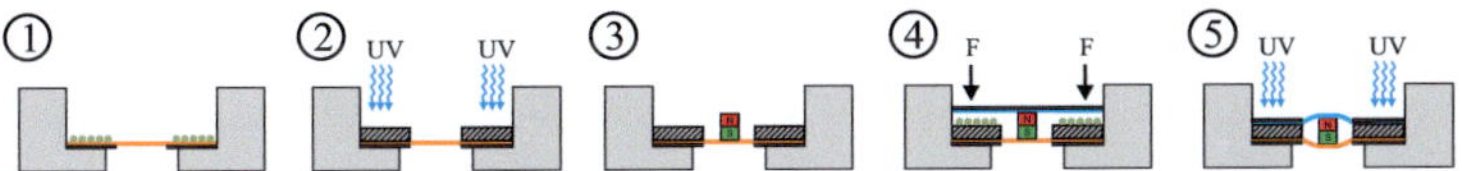

Abbildung 5.9.: Schematische Darstellung der Herstellung des antagonistischen Schalters.

Abbildung 5.10 zeigt einen antagonistischen Schalter, der nach der oben beschriebenen Methode hergestellt ist. In der Abbildung sind die beiden Brückenaktoren (B1 und B2), das gemeinsame Polymersubstrat, der hartmagnetische Zylinder (*hZ*) und Kontaktfahnen zur elektrischen Kontaktierung dargestellt. Diese und zwei weitere Methoden zur Herstellung des antagonistischen Schalters werden in der Dissertation von J. Barth [43] detailliert beschrieben.

Abbildung 5.10.: Antagonistischer Schalter mit den beiden FGL-Brückenaktoren (B1 und B2), dem Polymersubstrat, dem hartmagnetischen Zylinder (*hZ*) und den Kontaktfahnen zur elektrischen Kontaktierung.

5.3. Magnetisches Rückhaltesystem

Zum Halten der stabilen Positionen des antagonistischen Schalters im leistungslosen Zustand wird ein magnetisches Rückhaltesystem verwendet. Das magnetische Rückhaltesystem besteht aus dem hartmagnetischen Zylinder (*hZ*), der sich zwischen zwei weichmagnetischen Anschlägen axial bewegt.

Bei der Dimensionierung des magnetischen Rückhaltesystems muss berücksichtigt werden, dass der hartmagnetische Zylinder gleichzeitig zur Erzeugung der Vorauslenkung (d_{Vor}) des antagonistischen Schalters dient. Durch die Höhe des hartmagnetischen Zylinders von 1000 µm und dem maximalen Hub (h) des antagonistischen Schalters von 100 µm ergibt sich ein Abstand der beiden weichmagnetischen Anschläge von 1100 µm. Abbildung 5.11 zeigt eine schematische Skizze des magnetischen Rückhaltesystems. In Zustand 1 befindet sich der hartmagnetische Zylinder (hZ) an dem weichmagnetischen Anschlag 1 ($wA1$) und im Zustand 2 an dem weichmagnetischen Anschlag 2 ($wA2$).

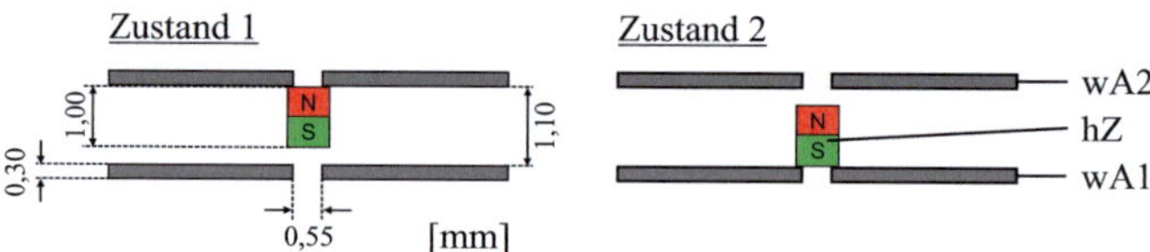

Abbildung 5.11.: Schematischer Querschnitt des magnetischen Rückhaltesystems und die geometrischen Grenzen, die durch den antagonistischen Schalter vorgegeben sind.

Als Material für den weichmagnetischen Anschlag wird der Automatenstahl 9S20K gewählt, der eine gute mechanische Bearbeitbarkeit und günstige magnetische Eigenschaften besitzt. Die in AGM-Messungen (Alternating Gradient Magnetometer) bestimmte spezifische Sättigungsfeldstärke beträgt $H_S = 235,32 \frac{Am^2}{kg}$ und die spezifische Remanenzmagnetisierung $B_R = 28,98 Am^2/kg$ [43]. Der hartmagnetische Zylinder (hZ) besteht aus NdFeB und besitzt eine Energiedichte von $2 \cdot 10^5 J/m^3$, eine intrinsische Koerzitivfeldstärke von $1140 kA/m^3$ und eine Remanenzflussdichte von 1,3 Tesla. Bei der Höhe (h_{hZ}) von 1000 µm und der gewählten Materialkombination gehen die magnetostatischen Haltekräfte zwischen diesen Elementen ab einer Dicke des weichmagnetischen Anschlags ($wA1/2$) von 190 µm in Sättigung [43]. Da die magnetostatischen Haltekräfte des Rückhaltesystems maximal werden sollen, stellt diese Schichtdicke eine Untergrenze dar, die auch aus fertigungstechnischer Sicht nicht unterschritten werden sollte. Die lateralen Abmessungen des weichmagnetischen Anschlags sind ausreichend groß und stellen somit keine Sättigungsgrenze dar.

Zum Übertragen der mechanischen Kräfte des magnetischen Rückhaltesystems auf den polymeren Ventilsitz wird ein sphärischer Stößel verwendet. Durch den Schichtaufbau des Mikroventils wird dieser in einem Durchgangsloch des weichmagnetischen Anschlags geführt. Der Durchmesser des Durchgangsloches ergibt sich durch den Durchmesser des sphärischen Ventilstößels. Der Durchmesser des sphärischen Ventilstößels (d_{Kugel}) muss größer als der Durchmesser des Ventileinlasses (d_{Ein}) sein, sollte aber so gering wie möglich gewählt werden, um ein möglichst kleines Durchgangsloch und eine große Kontaktfläche für den hartmagnetischen Zylinder (hZ) zu ermöglichen. Auf Grund dieser Forderungen wird ein Ventilstößel mit einem Durchmesser von 500 µm verwendet. Zur Führung des keramischen Ventilstößels [176] wird ein Durchgangsloch in dem weichmagnetischen Anschlag mit einem Durchmesser von 550 µm gefertigt.

Die Berechnung der Eindringtiefe des sphärischen Ventilstößels (T_{Kugel}) in den Ventileinlass mit dem Durchmesser (d_{Nenn}) berechnet sich aus den Gleichungen 4.8 und 4.9. Für die Fluidikeinheit des bistabilen Mikroventils ergibt sich eine Eindringtiefe von 80 µm. Aus der Differenz des Durchmessers des Ventilstößels (d_{Kugel}) und der Eindringtiefe (T_{Kugel}) ergibt sich ein Abstand zwischen dem obersten Punkt des Ventilstößels und dem Ventilsitz von 420 µm. Zum Schließen des Mikroventils muss dieser Punkt mit der Oberkante des weichmagnetischen Anschlags ($wA1$) abschließen. Abbildung 5.12 zeigt einen schematischen Querschnitt der Fluidikeinheit im offenen und geschlossenen Zustand. Im geschlossenen Zustand liegt der hartmagnetische Zylinder (hZ) an der Oberkante des weichmagnetischen Anschlags ($wA1$) auf.

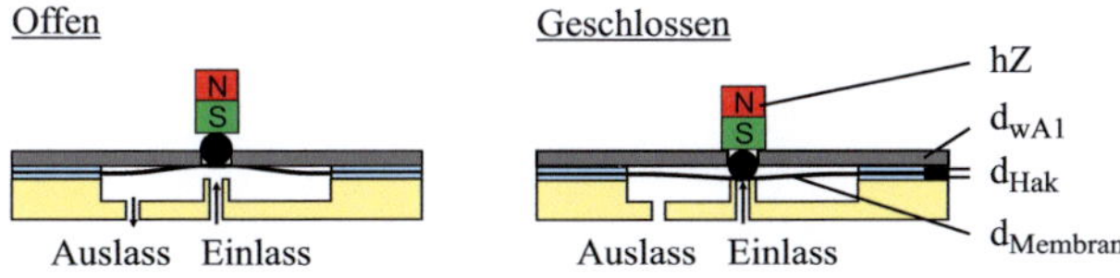

Abbildung 5.12.: Schematischer Querschnitt der Fluidikeinheit und des hartmagnetischen Zylinders (hZ) im geöffneten und geschlossenem Zustand.

Bei der Herstellung der Fluidikeinheit (Kapitel 5.1) wird eine hitzeaktivierbare Klebefolie zur Befestigung der Membran und eine zweite zur Fixierung des weichmagnetischen Anschlags verwendet. Die hitzeaktivierbaren Klebefolien besitzen im ausgebackenen Zustand eine Dicke (d_{HaK}) von 50±10 µm und die Membran aus Polyimid (PI) hat eine Stärke (d_{Mem}) von 12 µm. Die Dicke des weichmagnetischen Anschlags (d_{wA}) kann durch Gleichung 5.7 berechnet werden und ergibt für den vorliegenden Fall 308 µm. Bei der Herstellung des Mikroventils wird eine Dicke des weichmagnetischen Anschlags von 300 µm gewählt, um eine Vorspannung des sphärischen Ventilstößels auf dem Ventilsitz zu ermöglichen.

$$d_{wA} = (d_{Kugel} - T_{Kugel}) - 2 \cdot d_{HaK} - d_{Mem} \tag{5.7}$$

Zur Bestimmung der magnetostatischen Haltekräfte zwischen dem weichmagnetischen Anschlag und dem hartmagnetischen Zylinder wird zunächst ein System mit nur einem weichmagnetischen Anschlag betrachtet. In Abbildung 5.13 sind FEM-Simulationen[4] der magnetostatischen Haltekraft (F_{Mag}) in Abhängigkeit des Abstandes (x) zwischen einem weichmagnetischen Anschlag und hartmagnetischen Zylindern mit zwei unterschiedlichen Durchmessern dargestellt. Bei einem minimal simulierten Abstand von 1 µm betragen die magnetostatischen Haltekräfte 215 mN für einen Durchmesser von 0,75 mm und 445 mN für einen Durchmesser von 1,00 mm.

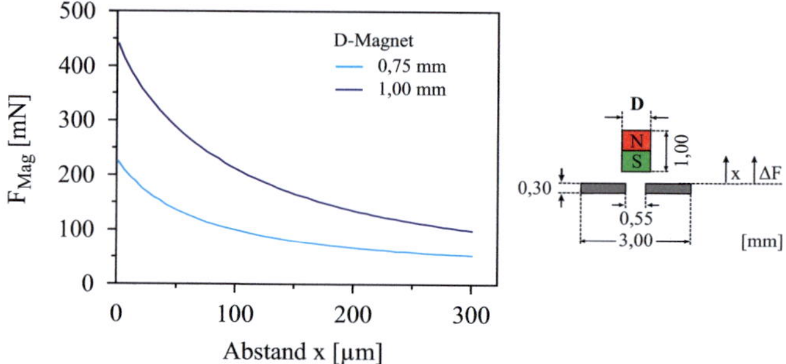

Abbildung 5.13.: Magnetostatische Haltekraft (F_{Mag}) in Abhängigkeit des Abstandes (x) zwischen einem weichmagnetischen Anschlag und dem hartmagnetischen Zylinder (hZ) für zwei unterschiedliche Durchmesser sowie schematisches Querschnittsbild mit den Bauteilgeometrien.

[4]Finite Element Method Magnetics (FEMM)

Mit solch einem System können nur monostabile Zustände realisiert werden. Um zwei stabile Zustände zu realisieren, wird daher ein weiterer weichmagnetischer Anschlag benötigt. In Abbildung 5.14 ist solch ein System dargestellt, bei dem sich ein hartmagnetischer Zylinder zwischen zwei weichmagnetischen Anschlägen befindet.

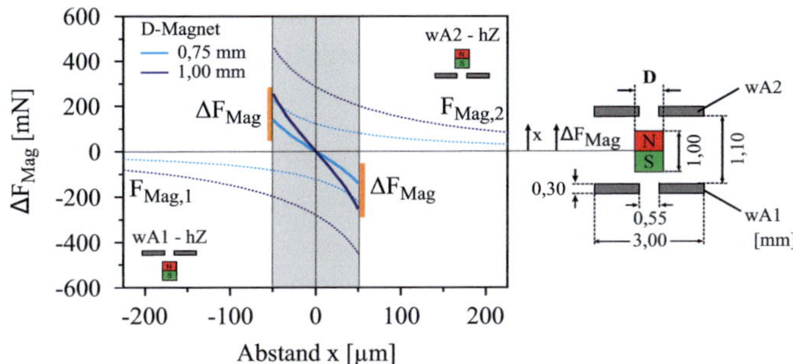

Abbildung 5.14.: Simulierte magnetische Haltekraft ($F_{Mag,1}$ und $F_{Mag,2}$) zwischen einem hartmagnetischen Zylinder und einem weichmagnetischen Anschlag (gestrichelte Linie). Berechnete resultierende magnetische Haltekraft (ΔF_{Mag}) für einen hartmagnetischen Zylinder zwischen den beiden weichmagnetischen Anschlägen 1 und 2, in einem Bereich von ± 50 µm (durchgezogene Linie). Die Durchmesser der hartmagnetischen Zylinder betragen 0,75 mm und 1,00 mm.

Die gestrichelten Linien stellen die magnetostatischen Haltekräfte bei Annäherung des hartmagnetischen Zylinders mit einem Durchmesser von 0,75 und 1,00 mm an jeweils einen weichmagnetischen Anschlag dar. Diese können nur bei einem großen Abstand der weichmagnetischen Anschläge betrachtet werden, wenn sich die magnetischen Felder nicht gegenseitig beeinflussen. Für den vorliegenden Fall überschneiden sich die beiden Magnetfelder, da die Abstände zwischen den weichmagnetischen Anschlägen oberhalb und unterhalb des hartmagnetischen Zylinders jeweils nur 50 µm betragen. Der Bereich der Bewegungsfreiheit des hartmagnetischen Zylinders von ±50 µm ist durch den grauen Bereich dargestellt. In der neutralen Position (x = 0) heben sich die Kräfte ($F_{Mag,1}$ = $F_{Mag,2}$) der magnetischen

Felder gegenseitig auf. Befindet sich der hartmagnetische Zylinder an einem der beiden weichmagnetischen Anschläge, überwiegen die entsprechenden magnetostatischen Kräfte. Die auf den hartmagnetischen Zylinder wirkende resultierende magnetostatische Kraft (ΔF_{Mag}) ergibt sich aus der Differenz der beiden magnetostatischen Teilkräfte ($F_{Mag,1}$ und $F_{Mag,2}$). Die resultierenden Kräftedifferenzen für eine Verschiebung des hartmagnetischen Zylinders von $\pm 50\,\mu m$ sind für beide Magnetdurchmesser durch die durchgezogenen Linien dargestellt. An den weichmagnetischen Anschlägen (Grenzen des grauen Bereichs) beträgt die resultierende magnetostatische Haltekraft 140 mN und 255 mN für einen Durchmesser des hartmagnetischen Zylinders von 0,75 mm und 1,00 mm.

Die resultierende magnetostatische Haltekraft (ΔF_{Mag}) an den weichmagnetischen Anschlägen kann somit über den Durchmesser des hartmagnetischen Zylinders verändert werden. Diese Veränderung kann nicht kontinuierlich durchgeführt werden, da die verwendeten hartmagnetischen Zylinder an die Kräftebedingungen ($\Delta F_{Rück}$ und ΔF_{FGL}) des antagonistischen Schalters angepasst werden müssen und nur in einer bestimmten Abstufung zu Verfügung stehen. Die resultierende magnetostatische Haltekraft in den Endpunkten muss größer sein als die Rückstellkräfte ($\Delta F_{Rück}$) des antagonistischen Schalters. Hierdurch wird der antagonistischen Schalter im leistungslosen Zustand in der ausgelenkten Position gehalten. Die magnetostatischen Haltekräfte dürfen aber die maximalen Schaltkräfte (ΔF_{FGL}) des antagonistischen Schalters nicht übersteigen, da sonst der Schaltvorgang unterbunden wird. Die Kräftebedingung des magnetischen Rückhaltesystems in Bezug auf den antagonistischen Schalter ist durch Gleichung 5.8 gegeben.

$$\Delta F_{Rück} < \Delta F_{Mag} < \Delta F_{FGL} \tag{5.8}$$

Für die verwendeten FGL-Brückenaktoren und die gewählte Vorauslenkung von $400\,\mu m$ sind die Kraftgrenzen des antagonistischen Schalters in Abbildung 5.14 orangefarben markiert. Die beiden hartmagnetischen Zylinder mit einem Durchmesser von 0,75 mm und 1,00 mm erfüllen diese Forderungen. In der weiteren Arbeit wird der hartmagnetische Zylinder mit einem Durchmesser von 1,00 mm verwendet, da er eine größere resultierende magnetostatische Haltekraft besitzt.

5.4. Abstandsabhängigkeit funktionaler Strukturen

Der Abstand zwischen dem antagonistischen Schalter und dem magnetischen Rückhaltesystem ist ein wichtiger Parameter bei der fluidischen Dimensionierung des Mikroventils. Der modulare Aufbau des bistabilen Magneto-Formgedächtnis Mikroventils ermöglicht diesen Abstand durch Abstandshalter (Ah1 und Ah2) zu verändern. Hierdurch können der Hub (h) und die Kräfte (ΔF_{FGL} und $\Delta F_{Rück}$) des antagonistischen Schalters, sowie die magnetostatischen Haltekräfte (ΔF_{Mag}) zwischen dem antagonistischen Schalter und dem magnetischen Rückhaltesystem eingestellt werden. In Abbildung 5.14 ist die resultierende magnetostatische Kraft (ΔF_{Mag}) in einem Bereich von $\pm$ 50 µm dargestellt. Eine Verkleinerung des Bereichs führt zu einer Reduzierung und eine Vergrößerung zu einer Steigerung von ΔF_{Mag}. Bei einem zu großen Abstand kann der antagonistische Schalter die weichmagnetischen Anschläge durch den begrenzten Hub (h) nicht mehr erreichen. Die Bedingung aus Gleichung 5.8 und der maximale Hub (h) des antagonistischen Schalters müssen daher bei der Veränderung dieses Bereichs berücksichtigt werden.

Abbildung 5.15 zeigt die resultierende magnetostatische Haltekraft (ΔF_{Mag}), die Kräfte des antagonistischen Schalters (ΔF_{FGL} und $\Delta F_{Rück}$) für d_{vor} = 400 µm und die resultierende Haltekraft (ΔF_{Halt}) in einem Bereich von $\pm$50 µm.

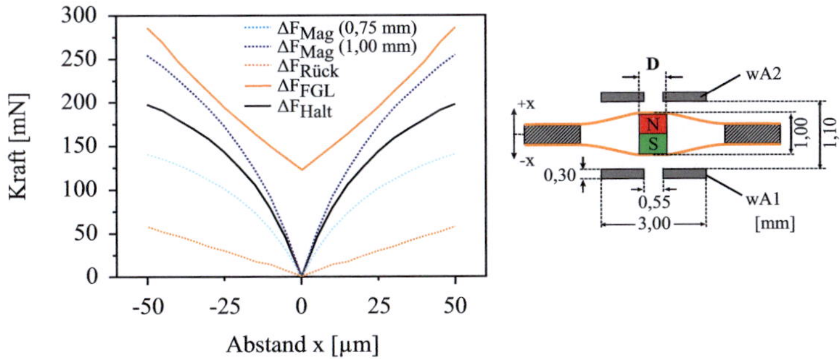

Abbildung 5.15.: Resultierende magnetostatische Haltekraft (ΔF_{Mag}) und Kräfte des antagonistischen Schalters (ΔF_{FGL} und $\Delta F_{Rück}$) in Abhängigkeit des Abstandes zwischen den weichmagnetischen Anschlägen in einem Bereich $\pm$50 µm.

Die Bedingung aus Gleichung 5.8 ist für beide Durchmesser des hartmagnetischen Zylinders erfüllt. Die resultierende magnetostatische Haltekraft hält die FGL-Brückenaktoren im leistungslosen Zustand, kann aber beim Beheizen des entsprechenden Brückenaktors überwunden werden. Dies ist an der Lage von ΔF_{Mag} zwischen den beiden Kraftkurven des antagonistischen Schalters (ΔF_{FGL} und $\Delta F_{Rück}$) zu erkennen. Die resultierende Haltekraft (ΔF_{Halt}) (schwarze Volllinie) ist die abstandsabhängige Differenz aus der resultierenden magnetischen Haltekraft (ΔF_{Mag}) des hartmagnetischen Zylinders mit einem Durchmesser von 1,00 mm abzüglich der Rückstellkraft ($\Delta F_{Rück}$) des antagonistischen Schalters. Durch die Symmetrie des Systems kompensieren sich die entsprechenden Kräfte in der mittleren Position (x = 0). In dem dargestellten Bereich von ± 50 µm steigt die resultierende Haltekraft (ΔF_{Halt}) bis zu einem Maximum von 200 mN. Eine möglichst große Haltekraft ist erwünscht, um in der Ventilanwendung eine möglichst große Druckdifferenz schalten zu können (Kapitel 5.1.3).

5.5. Bistabiles 3/2-Wege Mikroventil

5.5.1. Aufbau und Funktionsweise

Das bistabile 2/2-Wege Magneto-Formgedächtnis Mikroventil (Kapitel 3.2.2.2) wird zu einem bistabilen 3/2-Wege Magneto-Formgedächtnis Mikroventil weiterentwickelt. Hierbei wird das Mikroventil um ein zweites Ventilgehäuse (V2) erweitert und bietet daher die Möglichkeit durch Kurzschluss des Ventileinlasses und -auslasses ein fluidisches 3/2-Wege Verhalten zu ermöglichen. In Abbildung 5.16 ist ein schematischer Querschnitt des bistabilen 3/2-Wege Magneto-Formgedächtnis Mikroventils in beiden möglichen Schaltstellungen dargestellt. In Zustand 1 befindet sich der antagonistische Schalter in der oberen Position und wird durch die resultierende magnetostatische Haltekraft (ΔF_{Halt}) zwischen dem weichmagnetischen Anschlag 2 (wA2) und dem hartmagnetischen Zylinder (hZ) gehalten. Die resultierende Haltekraft (ΔF_{Halt}) wird über den sphärischen Ventilstößel 2 auf den Einlass 2 übertragen. In dieser Position ist das Ventilgehäuse 1 ($V1$) geöffnet und ein Medium kann bei anliegender Druckdifferenz zwischen Einlass 1 und Auslass 1 fließen. In Zustand 2 befindet sich der antagonistische Schalter in der unteren Position. Die resultierende magnetostatische Haltekraft (ΔF_{Halt}) verschließt Einlass 1 durch den sphärischen Ventilstößel ($sV1$). In diesem Zustand kann ein Medium durch das Ventilgehäuse 2 ($V2$) fließen. Um von Zustand 1 in Zustand 2 zu schalten, muss die resultierende magnetostatische Kraft zwischen dem hartmagnetischen Zylinder und weichmagnetischem Anschlag 2 (wA2) überwunden werden. Hierzu wird der FGL-Brückenaktor 2 des antagonistischen Schalters durch einen elektrischen Heizstrom über dessen Umwandlungstemperatur erhitzt. Sobald die Schaltkraft des antagonistischen Schalters (F_{FGL}) die resultierende magnetostatische Kraft (ΔF_{Mag}) übersteigt, wird der Schaltvorgang ausgelöst. Der Schaltvorgang von Zustand 2 in Zustand 1 erfolgt dementsprechend durch Heizen des FGL-Brückenaktors 1.

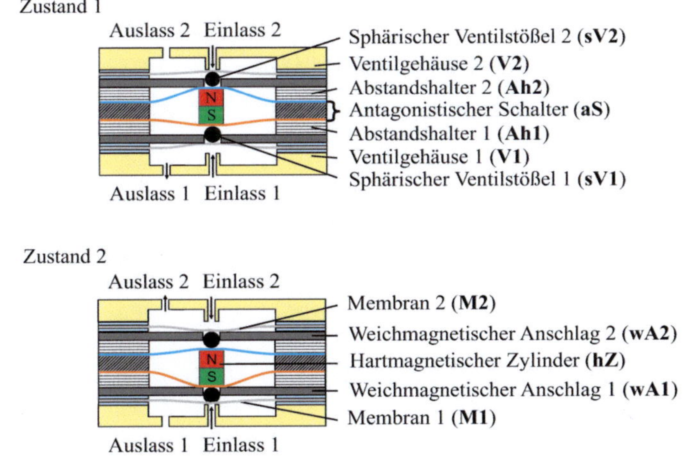

Abbildung 5.16.: Schematischer Querschnitt des bistabilen 3/2-Wege Magneto-Formgedächtnis Mikroventils in beiden Schaltzuständen. In Zustand 1 ist das Ventilgehäuse 1 und in Zustand 2 ist das Ventilgehäuse 2 geöffnet und ein Medium kann bei einer anliegenden Druckdifferenz zwischen den jeweiligen Ein- und Auslässen fließen.

5.5.2. Betriebsarten

Das bistabile 3/2-Wege Magneto-Formgedächtnis Mikroventil kann in der dargestellten Form auf drei unterschiedliche Arten betrieben werden [182]. Im ersten Fall (a) sind die beiden Einlässe an dieselbe Druckquelle angeschlossen und leiten dasselbe Medium, das entweder in Auslass 1 oder Auslass 2 getrennt wird. Im zweiten Fall (b) sind die beiden Einlässe an unterschiedlichen Druckquellen mit unterschiedlichen Medien angeschlossen, die in einem gemeinsamen Auslass gemischt werden können. Alternativ (c) kann das Mikroventil auch als 2 x 2/2-Wege Mikroventil mit getrennten fluidischen Kreisläufen genutzt werden, die beide denselben antagonistischen Schalter verwenden. Abbildung 5.17 zeigt die drei Betriebsarten in jeweils beiden Schaltstellungen (1 und 2).

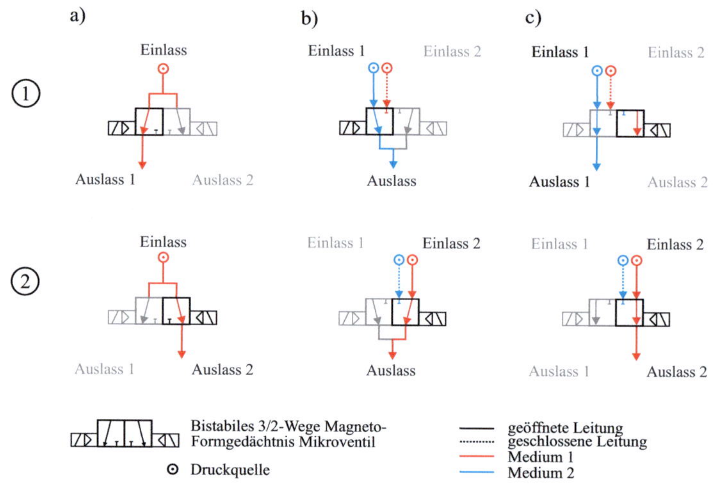

Abbildung 5.17.: Betriebsarten, fluidische Kontaktierungen und Schaltstellungen des 3/2-Wege Magneto-Formgedächtnis Mikroventils: a) Eine gemeinsame Druckquelle und Trennung des Mediums in separate Ausgänge. b) Zwei Druckquellen und Medien, die in einem gemeinsamen Ausgang gemischt werden. c) Zwei Druckquellen und Medien, die in getrennten Kreisläufen geführt werden.

In der vorliegenden Arbeit wird nur Möglichkeit a) verwendet, da das Mikroventil hinsichtlich der fluidischen Eigenschaften untersucht werden soll und bei dieser Betriebsart die Durchflüsse in beiden Auslässen separat betrachtet werden können. Ein weiterer Vorteil dieser Betriebsart ergibt sich durch die identische Druckdifferenz, die an beiden Einlässen anliegt und eine Kompensation der fluidischen Kräfte bewirkt.

5.5.3. Zusammenbau

Das bistabile 3/2-Wege Magneto-Formgedächtnis Mikroventil besteht aus zwei fluidischen Einheiten, die sich oberhalb und unterhalb des antagonistischen Schalters befinden. Der Abstand zwischen dem antagonistischen Schalter und den fluidischen Einheiten wird über Abstandshalter definiert. Die Komponenten werden innerhalb des Klemmrahmens (Abbildung 5.2) geschichtet und verschraubt. In dieser Konfiguration werden die fluidischen Eigenschaften getestet und die Schichtdicken gegebenenfalls angepasst. Dieser iterative Prozess wird solange durchgeführt bis die gewünschten Druck- und Durchflusseigenschaften des bistabilen Mikroventils erfüllt sind.

Im Anschluss an die Anpassung werden die Einzelkomponenten der Mikroventile im Klemmrahmen verbunden. Zwischen den Einzelkomponenten befinden sich hitzeaktivierbare Klebefolien, die hierzu in einem Temperschritt ausgehärtet werden. Abbildung 5.18 zeigt ein bistabiles 3/2-Wege Magneto-Formgedächtnis Mikroventil nach abgeschlossenen Tests im verbundenen Zustand.

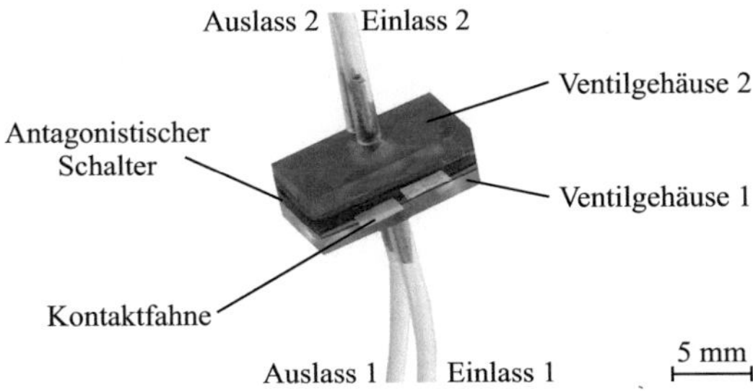

Abbildung 5.18.: Foto des bistabilen 3/2-Wege Magneto-Formgedächtnis Mikroventils mit den beiden Ventilgehäusen (1 und 2) und dem antagonistischen Schalter. Die fluidischen Kontaktierungen befinden sich auf der Ober- und Unterseite des Mikroventils und die elektrische Kontaktierung ist durch Kontaktfahnen realisiert.

5.6. Charakterisierung der fluidischen und elektrischen Eigenschaften

Abbildung 5.19 zeigt schematisch den Messaufbau zur Charakterisierung der fluidischen Eigenschaften und zur Bestimmung der elektrischen Heizsignale des bistabilen Mikroventils. Die Mikroventile werden mit Stickstoff (Gas) und Wasser als Prüfmedium charakterisiert. Die blauen Linien im unteren Teil des Bildes kennzeichnen den fluidischen Kreislauf. Ausgehend von einem Stickstoffanschluss kann der Druck über einen zwischengeschalteten Druckregler eingestellt und an einem Manometer abgelesen werden. Vor dem Mikroventil befindet sich ein pneumatischer Kondensator, der im Vergleich zum restlichen System ein großes Volumen besitzt und im Schaltmoment und während der Messung einen konstanten Druck gewährleistet. Bei der Untersuchung liquider Medien wird der Gasdruck über einen Membrandruckbehälter auf ein flüssiges Medium übertragen. Der Membrandruckbehälter wird zwischen den pneumatischen Kondensator und das Mikroventil geschaltet. Im Auslass des Ventils befinden sich zur Bestimmung des Durchflusses von Gas folgende zwei Durchflusssensoren: Ein Durchflusssensor von Honeywell zur dynamischen Charakterisierung, dessen analoge Ausgangswerte durch ein 2-Kanal-Speicher-Oszilloskop gespeichert werden und ein Durchflusssensor der Firma MKS zur statischen Charakterisierung. Diese Durchflusssensoren werden ebenfalls zur Charakterisierung der monostabilen Mikroventile verwendet und deren Eigenschaften sind bereits in den Kapiteln 2.5.3.2 und 2.5.3.3 beschrieben. Bei der dynamischen Charakterisierung flüssiger Medien wird ein Sensor der Firma Sensirion[5] mit einem maximalen Durchflussbereich von 4 ml/min und einer Reaktionszeit von 30 ms sowie ein Durchflusssensor des Kooperationspartners Bürkert[6] mit einem Messbereich bis 25 ml/min und trägem Ansprechverhalten verwendet. Diese Sensoren werden über entsprechende Schnittstellen an einem Computer mit der Software LabVIEW ausgelesen. Mit dieser Software werden ebenfalls elektrische Heizimpulse zum Schalten der FGL-Brückenaktoren erzeugt, die im Anschluss an einen Analog-Digital Konverter verstärkt werden (Kapitel 2.5.3.3). Die Größe der elektrischen Heizströme wird indirekt über die abfallende Spannung an einem Messwiderstand (1 Ω) mit dem Oszilloskop gemessen und gespeichert. Zum separierten Ansteuern der Brückenaktoren (B1

[5] Sensirion (ASL1630)

[6] Bürkert (LFM: 8709)

und B2) befindet sich noch ein Wahlschalter zwischen dem Messwiderstand und dem Mikroventil. Bei den folgenden Messungen zur Charakterisierung der fluidischen Eigenschaften kann der Messaufbau im Einzelnen abweichen. Diese Abweichungen werden in den jeweiligen Kapiteln erwähnt.

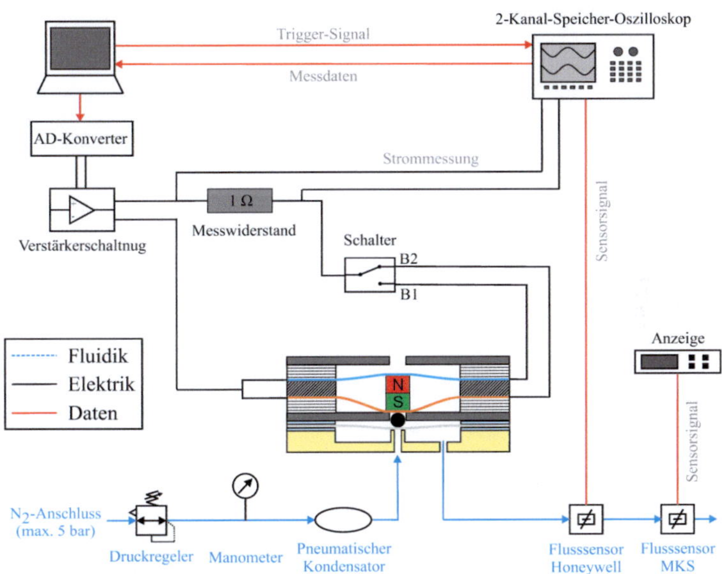

Abbildung 5.19.: Schema des Messaufbaus zur simultanen Bestimmung des Durchflusses und der elektrischen Heizsignale der Brückenaktoren (B1 und B2) des bistabilen Mikroventils.

5.6.1. Bistabiles 2/2-Wege Mikroventil

Nach den Optimierungen der Einzelkomponenten wird das bistabile 2/2-Wege Mikroventil an geforderte fluidische Leistungen angepasst. Abbildung 5.20 zeigt den Ablaufplan der Optimierungen und die Anpassung des geforderten Druck- und Durchflussbereichs durch eine Veränderung der Schichtdicken der Abstandhalter (Ah1 und Ah2).

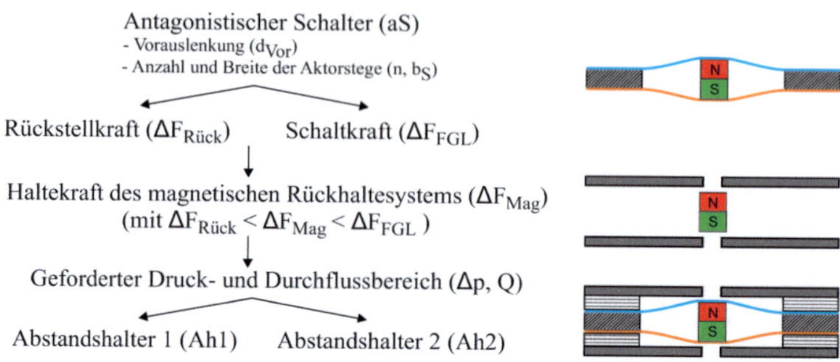

Abbildung 5.20.: Ablaufplan zur Steigerung des Druck- und Durchflussbereichs.

5.6.1.1. Schichtdickenabhängigkeit

Die resultierende magnetostatische Haltekraft (ΔF_{Halt}) zwischen dem hartmagnetischen Zylinder und den weichmagnetischen Anschlägen zeigt ein symmetrisches abstandsabhängiges Verhalten (Abbildung 5.15). Dies gilt aber nur für den Fall, dass die anliegende Druckdifferenz zwischen dem Ventil-einlass und -auslass null ist. Im 2/2-Wege Mikroventil verschiebt sich dieses Kraftverhältnis durch die zusätzliche fluidische Kraft (Kapitel 5.1.3). Die fluidische Kraft verschiebt das symmetrische abstandsabhängige Verhalten der resultierenden magnetostatischen Haltekraft (ΔF_{Halt}). Die Größe der fluidischen Kraft ist abhängig vom Ventilzustand (offen oder geschlossen) und der anliegenden Druckdifferenz (Gleichung 5.3 und 5.5). In dem modularen Schichtaufbau des Mikroventils kann dies kompensiert werden, indem die Abstände zwischen dem hartmagnetischen Zylinder und den weichmagnetischen Anschlägen durch Abstandshalter angepasst werden [43].

Zur Untersuchung dieses Zusammenhangs wird eine detaillierte Parameterstudie durchgeführt. Hierzu werden die fluidischen Eigenschaften des Mikroventils in Abhängigkeit der Schichtdicken der Abstandshalter (Ah1 und Ah2) für unterschiedliche Druckdifferenzen bestimmt. Die fluidische Einheit, der antagonistische Schalter, der weichmagnetische Anschlag 2 und die sich dazwischen befindlichen Abstandshalter werden für diese Untersuchungen in dem Klemmrahmen (Abbildung 5.2b) gestapelt. Die Abstandshalter bestehen aus unmagnetischem Stahl und haben eine Stärke zwischen 10 - 150 µm mit einer Schrittweite von 5 µm. Im Klemmrahmen wird die Charakterisierung der elektrischen Heizströme und fluidischen Eigenschaften in

Abhängigkeit der Schichtdicken der Abstandshalter durchgeführt. In Abbildung 5.21 ist ein schematischer Querschnitt des Mikroventils im Klemmrahmen und die zu erwartende Schichtdickenabhängigkeit des Durchflusses dargestellt.

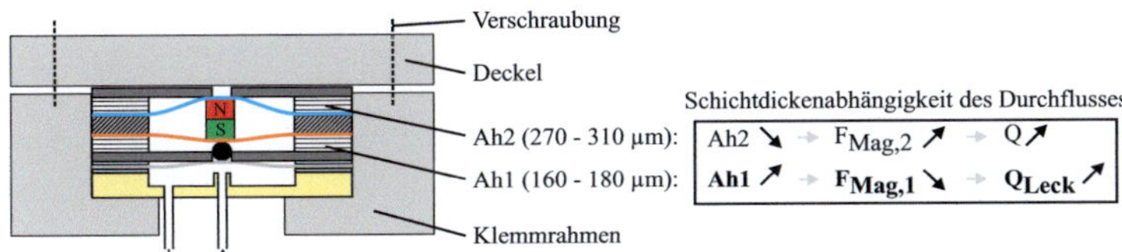

Abbildung 5.21.: Schematischer Querschnitt des Mikroventils im Klemmrahmen zur Bestimmung des Druck- und Durchflussbereichs in Abhängigkeit der Schichtdicken der Abstandshalter Ah1 und Ah2.

Abbildung 5.22 zeigt den Durchfluss in Abhängigkeit verschiedener Schichtdicken der Abstandshalter (Ah1 und Ah2) in einem Druckbereich von 20 - 80 kPa. Die Schichtdicke bezeichnet den Abstand zwischen dem Polymersubstrat des antagonistischen Schalters und den weichmagnetischen Anschlägen. Diese Messungen werden mit einem antagonistischen Schalter mit einem Durchmesser des hartmagnetischen Zylinders von 0,75 mm und einer Vorauslenkung (d_{vor}) von 300 µm durchgeführt.

Der maximale Hub (h) des antagonistischen Schalters ist bei dieser Vorauslenkung ± 30 µm und dementsprechend liegt der Schaltbereich zwischen 150 - 180 µm in Bezug zum Polymersubstrat. Dies ergibt sich aus der halben Vorauslenkung und dem Hub (h) des antagonistischen Schalters. Die beiden FGL-Brückenaktoren werden mit einem identischen Heizsignal von 500 mW für eine Dauer von 200 ms geheizt [43] und der Durchfluss mit dem Durchflusssensor von MKS bestimmt. In den modularen Aufbau wird der Abstandshalter 1 (Ah1) zwischen den weichmagnetischen Anschlag 1 und den antagonistischen Schalter in den Klemmrahmen eingelegt. Bei einer variierenden Schichtdicke des Abstandshalters 2 (Ah2) wird der Durchfluss bei verschiedenen anliegenden Druckdifferenzen im offenen (Q) und geschlossenen (Q_{Leck}) Zustand bestimmt.

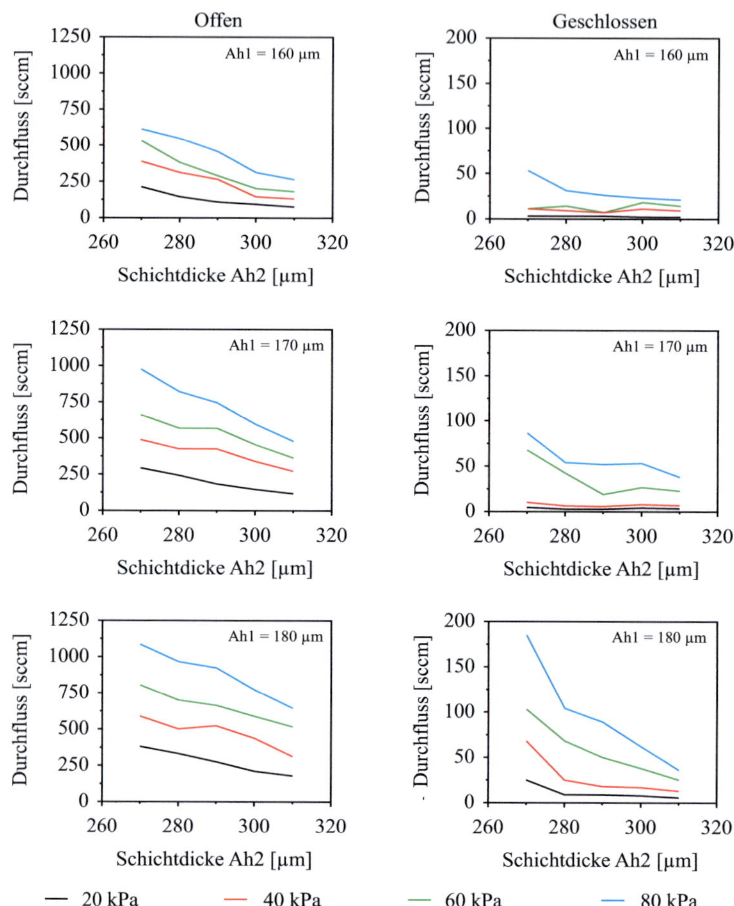

Abbildung 5.22.: Resultierender Durchfluss in Abhängigkeit der Schichtdicke des Abstandshalters Ah1 (160 - 180 µm) und des Abstandshalters Ah2 (270 - 310 µm) im offenen und geschlossenen Ventilzustand bei einer anliegenden Druckdifferenz zwischen 20 - 80 kPa für Stickstoff (Gas) als Prüfmedium.

Eine Zunahme der Schichtdicke des Abstandshalters 2 führt bei einer gewählten Schichtdicke des Abstandshalters 1 zu einer Reduzierung des Durchflusses, da sich die magnetostatische Haltekraft zwischen dem weichmagnetischen Anschlag 2 und dem hartmagnetischen Zylinder verringern. Dieses Verhalten ist im offenen und geschlossenen Zustand zu beobachten und kann in den jeweiligen Zeilen der Abbildung 5.22 abgelesen werden. Bei einer Zunahme der Schichtdicke des Abstandshalters 1 steigt der Durchfluss im offenen Zustand (linke Spalte) und die Leckage im geschlossenen Zustand (rechte Spalte), da sich die magnetostatische Haltekraft zwischen dem weichmagnetischen Anschlag 1 und dem hartmagnetischen Zylinder verringert. Aus diesen Messkurven ist zu entnehmen, dass die Schichtdicke des Abstandshalters 1 einen größeren Einfluss auf das Durchflussverhalten des Mikroventils im geschlossenen Zustand besitzt. Diese Schichtdicke sollte daher bei der Auslegung zuerst definiert werden, um die Leckage im gewünschten Druckbereich zu minimieren. Anschließend kann über die Schichtdicke des Abstandshalters 2 ein gewünschter Durchfluss im offenen Mikroventilzustand an geforderte Spezifikationen angepasst werden. Im Anhang befindet sich eine identische Parameterstudie mit Wasser als Prüfmedium (Anhang A.9).

Der optimierte antagonistische Schalter hat einen Hub (h) von ± 50 µm bei einer Vorauslenkung (d_{Vor}) von 400 µm und einen hartmagnetischen Zylinder mit einem Durchmesser von 1,00 mm. Aus der halben Vorauslenkung und dem Hub liegt der Schaltbereich für diese Konfiguration bei einer Druckdifferenz von 0 kPa zwischen 200 - 250 µm. Abbildung 5.23 zeigt die Durchflüsse im offenen und geschlossenen Zustand für eine Druckdifferenz zwischen 0 - 200 kPa bei einer Variation des Abstandshalters 1 zwischen 240 - 280 µm und einer konstanten Schichtdicke des Abstandshalter 2 von 320 µm. Bei einer festen Druckdifferenz führt eine Vergrößerung der Schichtdicke des Abstandshalters 1 (Ah1) zu einer Steigerung und eine Verkleinerung zu einer Reduzierung des Durchflusses im offenen und geschlossen Zustand. Dementsprechend kann das Mikroventil über die Schichtdicke an eine Druckdifferenz angepasst werden.

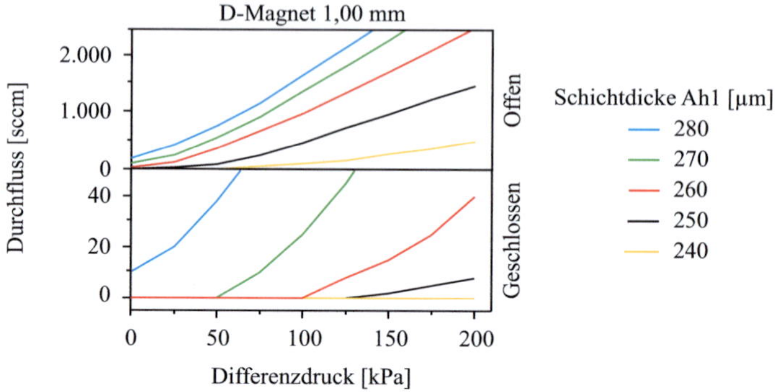

Abbildung 5.23.: Durchfluss der optimierten Geometrien in Abhängigkeit der Schichtdicke des Abstandshalters 1 (Ah1) bei einer konstanten Schichtdicke des Abstandshalter 2 (Ah2) von 320 µm für eine anliegende Druckdifferenz im Bereich von 0 - 200 kPa.

5.6.1.2. Fluidische Charakterisierung

Mit den optimierten Geometrien und den Ergebnissen der Parameterstudie des schichtdickenabhängigen Durchflusses werden die bistabilen Mikroventile fluidisch charakterisiert. Bei dieser Charakterisierung wird der bereits vorgestellte Messaufbau verwendet (Abbildung 5.19). Das Mikroventil befindet sich zum Zeitpunkt t = 0 s im offenen Zustand und wird durch ein elektrisches Heizsignal (P2) des Brückenaktors 2 zum Zeitpunkt t = 0,1 s geschlossen und zum Zeitpunk t = 0,8 s durch Heizen des Brückenaktors 1 mit dem Heizsignal (P1) wieder geöffnet. Die Heizleistung der Brückenaktoren beträgt 500 mW für eine Dauer von 200 ms. In Abbildung 5.24 sind die zeitabhängigen Durchflusskennlinien des bistabilen 2/2-Wege Mikroventils für eine Druckdifferenz zwischen 100 - 300 kPa dargestellt.

Die Schichtdicke des Abstandshalter 1 (Ah1) beträgt 255 µm und die Schichtdicke des Ah 2 wird an die anliegenden Druckdifferenzen angepasst. Der Durchfluss im offenen Zustand zeigt eine lineare Abhängigkeit von der anliegenden Druckdifferenz. Da die fluidische Kraft mit zunehmender Druckdifferenz größer wird (Gleichung 5.3 und 5.5), steigen die Schließzeiten ($t_{90,zu}$) und Totzeiten ($t_{tot,zu}$) des Mikroventils.

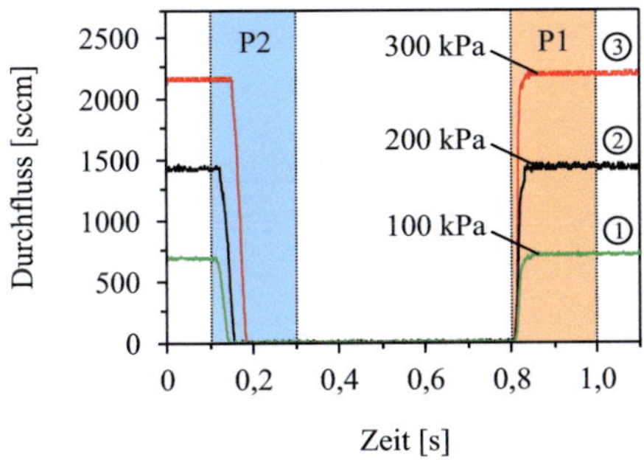

Abbildung 5.24.: Zeitabhängige Durchflusskennlinie eines 2/2-Wege Mikroventils bei einer anliegenden Druckdifferenz zwischen 100 - 300 kPa für Stickstoff (Gas) als Prüfmedium. Die Heizimpulse der FGL-Brückenaktoren (P1 und P2) zum Öffnen bzw. Schließen sind farblich unterlegt.

In Tabelle 5.1 sind die Schichtdicken der entsprechenden Druckdifferenzen, die resultierenden Durchflüsse und Zeitkonstanten des bistabilen 2/2-Wege Magneto-Formgedächtnis Mikroventils zusammengestellt.

		Δp [kPa]	Q [sccm]	Q_{Leck} [sccm]	Ah1 [µm]	Ah2 [µm]	$T_{90,zu}$ [ms]	$T_{90,auf}$ [ms]	$T_{tot,zu}$ [ms]	$T_{tot,auf}$ [ms]
Ventil	①	100	700	< 1	255	320	43	32	16	5
	②	200	1400	<1	255	350	57	28	27	10
	③	300	2150	<1	255	380	85	24	54	7

Tabelle 5.1.: Durchfluss im offenen (Q) und geschlossenen (Q_{Leck}) Zustand in Abhängigkeit der Abstandshalter (Ah1 und Ah2) bei anliegender Druckdifferenz (Δp) mit den entsprechenden Zeitkonstanten zum Öffnen und Schließen.

Das bistabile Mikroventil wird ebenfalls mit Wasser charakterisiert. Der Messaufbau zur Bestimmung des Durchflusses unterscheidet sich vom bereits vorgestellten Messaufbau auf folgende Weise. Der Gasdruck des Stickstoffs wird in einem zwischengeschalteten Membrandruckbehälter auf das flüssige Medium übertragen und der Durchfluss mit einem Liquid Flow Meter (LFM) der Firma Bürkert[7] bestimmt. Das Messsignal des Sensors wird

[7]Bürkert (LFM: 8709)

ebenfalls über den AD-Konverter und die Software LabVIEW auf dem Computer ausgelesen. Bei diesen Messungen wird das bistabile Mikroventil ausgehend vom offenen Zustand zum Zeitpunkt t = 10 s geschlossen und zum Zeitpunkt t = 25 s wieder geöffnet. In Abbildung 5.25 sind die zeitabhängigen Durchflusskennlinien für eine anliegende Druckdifferenz von 50 und 100 kPa dargestellt. Der resultierende Durchfluss für eine anliegende Druckdifferenz von 50 kPa beträgt 7,3 ml/min und 11,7 ml/min für eine Druckdifferenz von 100 kPa.

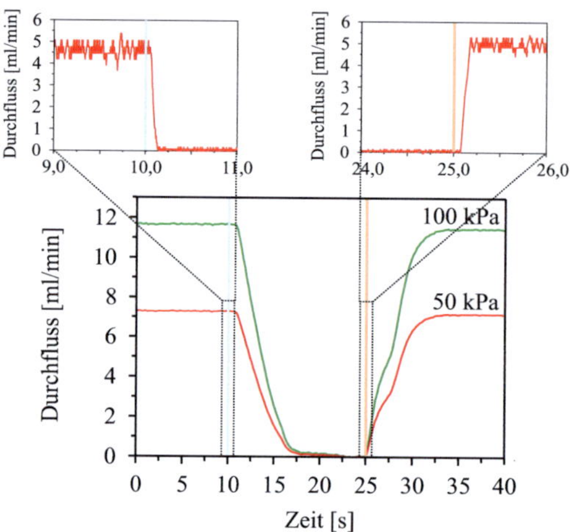

Abbildung 5.25.: Zeitabhängige Durchflusskennlinie eines 2/2-Wege Mikroventils bei einer Druckdifferenz von 50 und 100 kPa für Wasser als Prüfmedium. Die Heizimpulse der FGL-Brückenaktoren zum Schließen (t = 10 s) und Öffnen (t = 25 s) sind durch senkrechte Linien markiert. Die Detailaufnahmen zeigen die Messungen mit dem Durchflusssensor der Firma Sensirion an diesen Schaltpunkten.

Die langsamen Öffnungs- und Schließzeiten des Mikroventils ergeben sich aus der Trägheit des LFM's. Um genauere Schaltzeiten zu bestimmen, wird der Durchfluss simultan mit einem dynamischen Durchflusssensor der Firma Sensirion[8] gemessen. Mit diesem Sensor können Durchflüsse bis maximal

[8]Sensirion (ASL 1600)

4 ml/min mit einer Genauigkeit bis 100 nl/min und einer Ansprechzeit von 30 ms gemessen werden. Die Messungen zeigen Ansprechzeiten des Mikroventils beim Öffnen und Schließen von weniger als 100 ms bei einer Druckdifferenz von 50 kPa (Detailaufnahmen in Abbildung 5.25). Die Schichtdicke (Ah1) beträgt bei beiden Messungen 250 µm und die Schichtdicke von Ah2 ist 330 und 370 µm für eine Druckdifferenz von 50 und 100 kPa.

Abbildung 5.26 zeigt den Durchfluss von Wasser bei einer anliegenden Druckdifferenz von 50 und 100 kPa in Abhängigkeit der Schaltleistung beim Öffnen und Schließen. Die Heizdauer der FGL-Brückenaktoren beträgt 200 ms und die Heizleistung wird stufenweise erhöht, bis ein vollständiges Öffnen oder Schließen in Abhängigkeit der anliegenden Druckdifferenz erfolgt. Die Heizleistungen beim Öffnen liegen in einem Bereich von 400 - 500 mW und sind im Vergleich zum Schließen geringer. Beim Schließen arbeitet der antagonistische Schalter zusätzlich gegen die fluidische Kraft und benötigt eine höhere Schließleistung, die mit zunehmender Druckdifferenz steigt. Die Schichtdicken der Abstandshalter entsprechen den in Abbildung 5.25 verwendeten und der Durchmesser des hartmagnetischen Zylinders ist 1,00 mm.

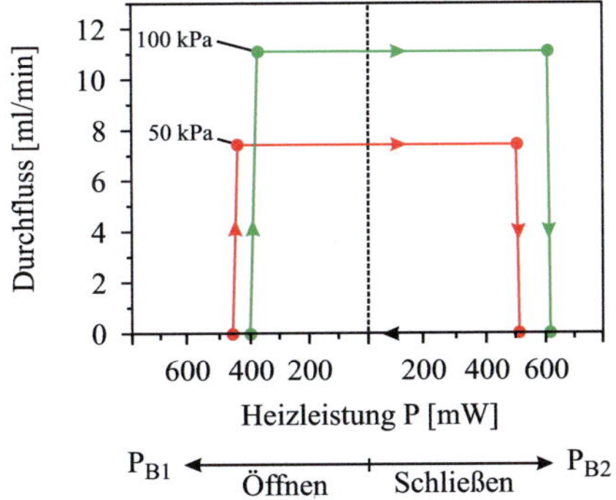

Abbildung 5.26.: Kritische Heizleistung zum Öffnen und Schließen des Mikroventils und resultierender Durchfluss bei einer Druckdifferenz von 50 und 100 kPa für Wasser als Prüfmedium.

5.6.2. Bistabiles 3/2-Wege Mikroventil

Das bistabile 3/2-Wege Mikroventil wird bei den Messungen nur im Modus a) betrieben (Abbildung 5.17). In dieser Konfiguration liegt eine identische Druckquelle an den Einlässen an und die Durchflüsse werden in beiden Auslässen getrennt, durch unterschiedliche Durchflusssensoren quantifiziert. Der fluidische Kreislauf des Messaufbaus wird demzufolge um einen weiteren Fluidkanal und Durchflusssensor erweitert. Zur Bestimmung des Durchflusses von Gas werden die Sensoren von MKS und Honeywell und bei Wasser von Bürkert und Sensirion verwendet.

Abbildung 5.27 zeigt den Durchfluss von Stickstoff (Gas) in beiden Auslässen bei einer Druckdifferenz von 100 und 200 kPa. Zu Beginn der Messung ist der Auslass 1 geöffnet und Auslass 2 verschlossen. Zum Zeitpunkt t = 0,1 s wird der antagonistische Schalter durch Heizen des FGL-Brückenaktors B2 mit einer Dauer von 200 ms und einer Heizleistung von 500 mW (unterer Teil der Abbildung 5.16) in Zustand 2 geschaltet. Hierdurch verschließt sich Auslass 1 und Auslass 2 wird geöffnet. Zum Zeitpunkt t = 0,8 s wird der FGL-Brückenaktor 1 beheizt und der antagonistische Schalter geht zurück in Zustand 1. Hierdurch stellt sich der Ausgangszustand wieder her, bei dem Auslass 1 geöffnet und Auslass 2 geschlossen ist. Die Zeitkonstanten zum Schalten zwischen den Zuständen liegen deutlich unterhalb von 100 ms und sind innerhalb eines Druckbereichs konstant. Der Durchfluss bei einer Druckdifferenz von 100 kPa beträgt 700 sccm mit einer maximalen Abweichung von 7 % zwischen beiden Auslässen. Der Durchfluss bei einer Druckdifferenz von 200 kPa beträgt 1250 sccm mit einer maximalen Abweichung von 10 % zwischen den Auslässen. Die geringe Abweichung des Durchflusses zwischen beiden Auslässen zeigt eine hohe Genauigkeit des symmetrischen Ventilaufbaus. Die Toleranzen der kritischen Abstände zwischen dem antagonistischen Schalter und dem weichmagnetischen Anschlag liegen bei einem Mikrometer. Durch den identischen anliegenden Druck an beiden Einlässen und der daraus resultierenden Kompensation der fluidischen Kräfte, sind die Schichtdicken beider Abstandshalter (Ah 1 und Ah 2) bei diesen Versuchen jeweils 245 μm. Das Mikroventil besitzt ein schnelles und exaktes Schaltverhalten zwischen beiden Auslässen in einem 3/2-Wege Verhalten, verbunden mit einer hohen schaltbaren Druckdifferenz und großen Durchflüssen.

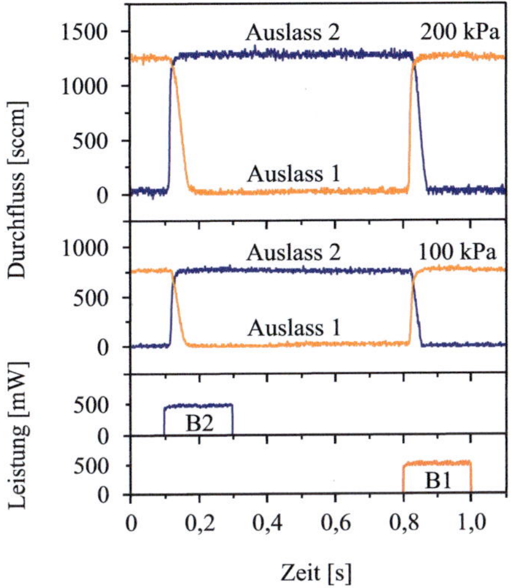

Abbildung 5.27.: Zeitabhängige Durchflusskennlinien des bistabilen 3/2-Wege Mikroventils im Auslass 1 und 2 bei einer anliegenden Druckdifferenz von 100 und 200 kPa für Stickstoff (Gas) als Prüfmedium. Die Heizsignale der FGL-Brückenaktoren (B1 und B2) zum Schalten des antagonistischen Schalters sind im unteren Teil der Abbildung dargestellt.

Mit den Schichtdicken der Abstandshalter von 245 µm wird das bistabile Mikroventil mit deionisiertem Wasser als Medium charakterisiert. Das Mikroventil wird für einen Zeitraum von 1800 s untersucht, um eventuelle Veränderungen des Durchflussverhaltens zu detektieren. Abbildung 5.28 zeigt die zeitabhängigen Durchflusskennlinien beider Auslässe für eine anliegende Druckdifferenz von 50 und 100 kPa. Nach jeweils 300 s wird der entsprechende FGL-Brückenaktor des antagonistischen Schalters mit einem elektrischen Heizsignal (500 mW und 200 ms) beheizt, um zwischen Auslass 1 und Auslass 2 zu schalten. Der Durchfluss des Mikroventils beträgt 11,2 ml/min bei einer anliegenden Druckdifferenz von 100 kPa mit einer maximalen Abweichung von 1 ml/min. Für beide Druckdifferenzen kann keine Veränderung des Durchflussverhaltens im offenen Zustand festgestellt werden. Die Leckage im geschlossenem Zustand ist in beiden Auslässen < 10 µl/min.

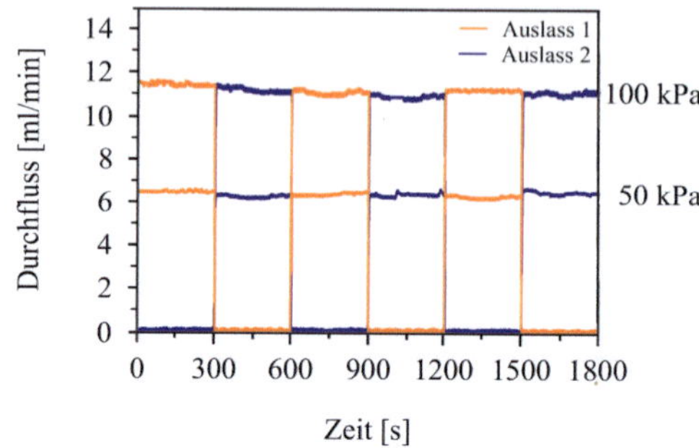

Abbildung 5.28.: Zeitabhängige Durchflusskennlinie des bistabilen 3/2-Wege Mikroventils im Auslass 1 und 2 bei einer anliegenden Druckdifferenz von 50 und 100 kPa für eine Dauer von 1800 s mit Wasser als Prüfmedium. Nach jeweils 300 s wird durch Heizen des entsprechenden FGL-Brückenaktors zwischen den Auslässen geschaltet.

5.7. Zusammenfassung

5.7.1. Vergleich mit dem Stand der Technik

Die bisher von anderen Forschungsgruppen entwickelten sowie die kommerziell von der Lee-Company vertriebenen bistabilen Mikroventile werden mit dem in dieser Arbeit vorgestellten Konzept in Tabelle 5.2 verglichen. Wird die fluidische Leistung, also das Produkt aus schaltbarer Druckdifferenz und dem resultierenden Durchfluss als Vergleichswert herangezogen, zeigt das Mikroventil sowohl bei gasförmigen als auch bei flüssigen Medien Bestwerte. Wird die fluidische Leistung auf die Baugröße bezogen, belegt das bistabile Magneto FGL-Mikroventil ebenfalls die Spitzenposition, da das Mikroventil von Huesgen et al. ein zusätzliches Peltierelement benötigt. Die Antwortzeiten und die benötigten Heizleistungen zeigen durchschnittliche Werte, sind aber unter Berücksichtigung des thermischen Aktorprinzips als gut einzuschätzen.

5.7.2. Gegenüberstellung mit den Anforderungslisten

Die Kenndaten des bistabilen Mikroventils werden wie in Kapitel 4.2.1.1 mit den Anforderungen in Tabelle 5.3 gegenübergestellt. In den meisten Punkten können die Kenndaten den Anforderungen entsprechen. Die Vorgaben des Bauvolumens und der Nenndurchmesser des Ein- und Auslasses sowie deren Abstand werden nicht erfüllt. Dies erklärt sich, da ein vorhandener Formeinsatz zum Heißprägen der Ventilgehäuse genutzt wird, der eine andere Anschlussgeometrie besitzt. Das tatsächlich notwendige Bauvolumen der Mikroventile beträgt 6 x 6 x 4 mm^3 und sollte in einem neuen Formeinsatz, ebenfalls wie die fluidischen Anschlussgeometrien berücksichtigt werden. Die Betrachtung der Lebensdauer wird nicht durchgeführt, da die Vorteile von bistabilen Mikroventilen in Einsatzgebieten mit niedrigen Schaltzyklen liegen. Die Mikroventile befinden sich zum Zeitpunkt der Arbeit noch in einer Testphase, in der die Abhängigkeit geometrischer Beziehungen auf das Schaltverhalten untersucht wird. Aus diesem Grund liegt der Fokus des Designs auf einer möglichst großen Variabilität zur Bestimmung dieser Parameter. Durch die nun vorhandene Kenntnis, sollte die Fertigung der Mikroventile in Richtung industrieller Umsetzung untersucht werden.

Tabelle 5.4 zeigt eine Gegenüberstellung der geforderten und realisierten Aufbau- und Verbindungstechniken. Wie bereits beschrieben befindet sich das bistabile Mikroventil zum Zeitpunkt der Arbeit noch in einer Testphase und dementsprechend liegen die Anzahl an Komponenten und der Montageaufwand oberhalb der Forderungen. Wird die entwickelte Aufbau- und Verbindungstechnik sowie die fluidische und elektrische Kontaktierung des monostabilen auf dieses Mikroventil übertragen, würde das bistabile Mikroventil alle Punkte erfüllen.

Funktionsprinzip + Quelle	Medium [G/W] Δp_{max} [kPa]	Durchfluss [sccm] @ Δp [kPa]	Leckage [µl/min]	Antwortzeit [ms]	Baugröße [cm³]	Heizleistung, -spannung, -strom	Hub/Kraft/Winkel	Fluidische Leistung [ml/s]	Leistungsdichte [ml/(s*cm³)]	Bemerkung
EM + P/Me [Bintoro]	W 1,5	0,05 @ 1,5	< 0,8	10	0,001	1,2-1,6 W	30 µm 2 mN	**0,001**	12,50	CMOS kompatibel
D + Pa [Yang]	W 40	0,025 @ 10	1	4000-8000	0,810	0,5-1,0 W	/	**0,016**	0,02	keine Medientrennung
EM + P [Capanu]	W 7	0,05 @ 7	/	5,3 (öff) 38 (zu)	0,162	0,47 W	/	**0,047**	0,29	
EM + P/F [Böhm]	W 10	0,684 @ 10	0,1	/	1,029	500 mA	>2000 mN	**0,113**	0,11	Ventilgehäuse + 3D-Spule
EM + P/M [Shinozawa]	W 10	0,9 @ 10	20	/	0,125	200 mA	0,13-0,17 mN	**0,150**	1,20	
TP + M [Huesgen]	W 20	4 @ 20	< 1	80 (zu) 400 (öff)	0,018	7,00 W	25 µm	**1,333**	73,88	zusätzliches Peltierelement
Diese Arbeit	W 100	11,3 @ 100	< 1	< 85	0,264	0,60 W	100 µm	**18,833**	71,33	2/2- und 3/2-Wege Verhalten
TP + M/ES [Potkay]	G 0,7	8 @ 0,7	2,2	1100	0,116	0,57 W	38 µm	**0,09**	0,77	überlagerte Aktorprinzipien
ES + ES/P [Byunghoon]	G 145	23 @ 145	5,6	0,05	> 3	140 V	/	**55,5**	< 18,3	externe Druckquelle
TP + M [Goll]	G 400	15 @ 400	60	/	0,02	/	120 µm	**100**	5000	
EM + Me [Luharaku]	G 40	500 @ 40	30	< 10	0,025	< 10 W	20°	**333,3**	13333	rotatorische Bewegung
FGL + P [Barth]	G 100	900 @ 100	< 6	< 60	0,2	0,55 W	60 µm 102 mN	**1500**	7500	
TP + P [Yang]	G 200	1360 @ 200	0	18-30	7,37	32,0 W	630 µm 820 mN	**4533**	615	3/2-Wege Verhalten
F + P [Lee]	G 310	6000 @ 70	<1	< 10	0,97	0,005W	/	**6894**	7107	3/2-Wege kommerziell
Diese Arbeit	G 300	2200 @ 300	1	< 85	0,264	0,60 W	100 µm	**11000**	41666	2/2- und 3/2-Wege Verhalten

Tabelle 5.2.: Vergleich zwischen dem Stand der Technik und dem in dieser Arbeit entwickelten, bistabilen Mikroventil. In der ersten Spalte bezeichnet die erste Abkürzung das Schaltprinzip und die zweite die Realisierung der stabilen Zustände. Die Abkürzungen bedeuten: EM = Elektromagnetisch, ES = Elektrostatisch, P = Permanentmagnet, M = Membran, F = Feder, FGL = Formgedächtnislegierung, Me = Mechanisch, Pa = Paraffin und D = Druckdifferenz. Im oberen Teil sind Mikroventile für liquide Medien und im unteren Teil für gasförmige Medien.

	Anforderung/Kenndaten: Bistabile Mikroventile	
	Anforderung	**Kenndaten**
Aufgabe	Schalten	erfüllt
Schaltverhalten	NO oder NC	systembedingt
Medientrennung	ja	ja, durch Membran
Eignung fl./gas.	ja	verifiziert
Leistung	< 0,3 W (Halteleistung) < 0,5 W (Schaltleistung)	< 0,5 W gas
Druckbereich	0 - 200 kPa	0 - 300 kPa
Rückdruckdichtheit	1/20 des Vordruckes	< 50 kPa
Strömungswiderstand	$\zeta < 0{,}8$	nicht bestimmt
Durchfluss min/max (fl.)	min. 5 ml/min (@ 100 kPa; Ø = 0,5 mm)	11,2 ml/min
Durchflussregelbereich	60 - 240 µl/min	nicht regelbar
Dosiervolumen	5 - 20 µl/min	druckabhängig
Dosiergenauigkeit	< Regelbereich	druckabhängig
Viskositätsbereich	0,001 - 1 mPa*s	0,016 (N_2) - 1 mPa*s (H_2O)
Pulsation	< 0,01ml	< 0,0012 ml
Schaltzeit	< 0,5 s	< 0,2 s
Spannungsversorgung	< 5 V	1 V
Statusrückmeldung	ja	nur über Durchfluss
Herstellbarkeit/Montage	einfach	aufwändig
Bauvolumen	< 10 x 10 x 10 mm³	11 x 6 x 4 mm³
Nenndurchmesser (Einlass/Auslass)	0,5 mm	0,4
Abstand: Einlass - Auslass	0,9 mm	erfüllt
Totraumvolumen	< 3 mm³	0,48 mm³ (Ventilkammer)
Lebensdauer (Aktor)	100000	nicht getestet
Hysterese	gering	ΔR_P zu A_P = 4 °C
Geräuschentwicklung	gering	keine
Wärmeeintrag in System	< 5 °C	<< 1 °C (Simulation)
Kälte-/Wärmetoleranz	20 - 40 °C (Umgebung) 20 - 55 °C (Medium)	A_f bei 52 °C → unkritisch
Partikeltoleranz	bis 10 µm (Vorfilter)	Hub = 20 µm → unkritisch
Spülbar	ja	simulativ bestätigt

erfüllt   nicht erfüllt   teilweise erfüllt   nicht messbar

Tabelle 5.3.: Kenndaten der entwickelten, bistabilen Mikroventile gegenüber den gegebenen Anforderungen.

	Anforderung/Kenndaten: Bistabile Mikroventile	
Ventilbauart	**Anforderung**	**Kenndaten**
Aufgabe	Schalten	erfüllt
Medientrennung	ja	ja, durch Membran
Berstdruck	> 500 kPa	1620 kPa, verklebte PI-Membran
Anzahl der Komponenten	< 10	> 10
Komponenten	Standard oder groß-serientechnisch fertigbar	noch nicht, Laboraufbau
Zusammenbau	Komponenten selbstzentrierend	erfüllt
Montage	gering	aufwändig
Ventilverbindung	reversibel und/oder fest	In Halterahmen verspannt oder verklebt
Fluidik/Elektrik	räumlich getrennt	Fluidik auf Unterseite Elektrik seitlich
Fluidischer Anschluss	reversibel lösbar oder materialschlüssig	verklebte Dosiernadeln
Elektrischer Anschluss	einzeln oder parallel	Gelötete Kontaktierung
Biokompatibel mechanisch	ja	erfüllt
Biokompatibel chemisch	ja	abhängig von der Membranfixierung
Medienbeständig	Phosphor, Nitride, Tenside	nicht messbar

erfüllt — nicht erfüllt — teilweise erfüllt — nicht messbar

Tabelle 5.4.: Aufbau- und Verbindungstechniken der entwickelten, bistabilen Mikroventile gegenüber den gegebenen Anforderungen.

6. Systemintegration

Im Kapitel Systemintegration wird eine reversible fluidische Kontaktierung der FGL-Mikroventile mit einer fluidischen Schaltplatte und eine neuartige fluidische Schlauchverbindung beschrieben. Die fluidische Schaltplatte wird in einer parallelen Arbeit entwickelt [168] und besteht aus zwei Polymerplatten mit einer Stärke von jeweils 2,5 mm und lateralen Abmessungen von 40 x 40 mm^2, die durch Laserdurchstrahlschweißen miteinander verbunden sind. Abbildung 6.1a) zeigt die beiden polymeren Platten vor der Verbindung und b) die fertig verschweißte fluidische Schaltplatte. In einer der Platten befinden sich mikrogefräste Kanäle zur Leitung von Medien, die an bestimmten Stellen unterbrochen sind. An diesen Unterbrechungen befinden sich Durchgangslöcher in der zweiten Platte, die mit dem Ein- und Auslass der Mikroventile in einer Flucht liegen. Hierdurch wird der Medienstrom durch die Mikroventile geleitet und kann entsprechend der Schaltstellung beeinflusst werden.

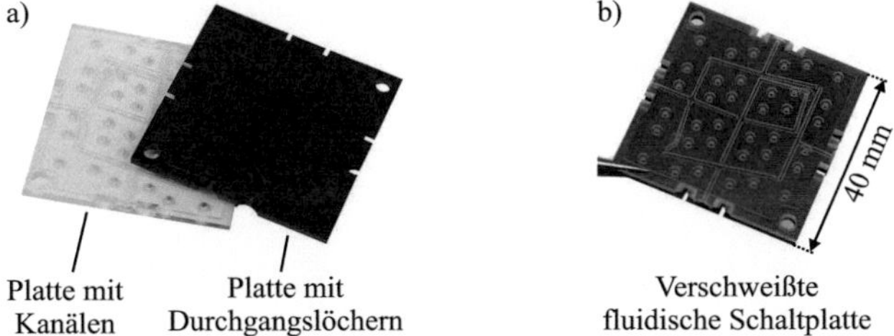

Abbildung 6.1.: a) Spanend bearbeitete Polymerplatten mit mikrogefrästen Kanälen beziehungsweise gebohrten Durchgangslöchern und b) verschweißte fluidische Schaltplatte [168].

Die elektrische Kontaktierung der FGL-Mikroventile auf der fluidischen Schaltplatte erfolgt über eine elektrische Anschlussplatte, die in einer gemeinsamen Arbeit entwickelt wird [183].

6.1. Fluidische Kontaktierung

6.1.1. Reversible Ventilverbindung

Im Rahmen dieser Arbeit wird eine magnetische Steckverbindung entwickelt, die es ermöglicht die Mikroventile reversibel in einem Plug-and-Play Konzept durch magnetostatische Kräfte mit der fluidischen Schaltplatte zu verbinden [184]. Die magnetostatischen Haltekräfte wirken zwischen einem Ringmagnet und einer weichmagnetischen Platte. Der Ringmagnet umschließt den zylindrischen Teil des Ventilgehäuses (Abbildung 4.14) und wird durch eine Pressverbindung und zusätzlichem Kleber fixiert. Durch das zylindrische Teil des Ventilgehäuses verlaufen der Ein- und Auslass des Mikroventils, die mit den ensprechenden Anschlüssen auf der fluidischen Schaltplatte in einer Flucht liegen. Die weichmagnetische Platte wird durch Schraubverbindungen auf der fluidischen Schaltplatte fixiert. Zur Abdichtung des sogenannten "Ventilsteckers" wird eine lasergeschnittene Membran mit Durchgangslöchern zwischen der fluidischen Schaltplatte und dem zylindrischen Teil des Ventilgehäuses verpresst. Der zylindrische Teil des Ventilgehäuses wird weiterhin als Fluidikteil bezeichnet. Die Dimensionierung des Ventilsteckers erfolgt unter folgenden Randbedingungen:

- Die gewählten Schnittstellen der Mikroventile besitzen einen Durchmesser des Ventileinlasses und -auslasses von 0,5 mm bei einem Mittelpunktsabstand von 0,9 mm (Tabelle 1.1). Gemeinsam mit einer fertigungsbedingten minimalen Materialstärke von 0,5 mm bei der Bearbeitung von Polymeren ergibt sich somit ein kleinster Durchmesser des zylindrischen Fluidikteils von 3,3 mm.

- Das Rastermaß der Mikroventile auf der fluidischen Schaltplatte grenzt die maximalen lateralen Abmessungen der weichmagnetischen Platte auf 10 x 10 mm^2 ein und entspricht somit den Außenabmessungen der Mikroventile.

- Die Höhe des Mikroventils soll möglichst gering sein, da in der späteren Anwendung weitere funktionserfüllende Elemente auf die Ventilebene aufgebracht werden.

- Die Verbindung soll bis zu einer Druckdifferenz von 200 kPa keine Leckage aufweisen.

Die oben genannten Forderungen schränken die Auswahl auf zwei kommerziell erhältliche hartmagnetische Ringe ein [178]. Diese unterscheiden sich in ihren geometrischen Abmessungen. Die Außendurchmesser (d_a) betragen 9 und 8 mm, die Innendurchmesser (d_i) 5 und 4 mm und die Höhe (h) 4 und 3 mm für den größeren beziehungsweise kleineren Ringmagneten. Das Grundmaterial beider Ringmagnete ist NdFeB (N35) mit einer axialen Polung. Die magnetostatischen Haltekräfte der Ringmagnete werden durch FEM-Simulationen mit der Software FEMM [185] bestimmt. Die weichmagnetische Platte besteht aus nichtrostendem ferritischen Stahl[1] mit den lateralen Abmessungen 10 x 10 mm^2 und wird für die Simulation als unendlich dick angenommen. Der relative Unterschied der maximalen magnetostatischen Haltekräfte zwischen den Ringmagneten und einer weichmagnetischen Platte bei einem Abstand von 1 μm beträgt 19 %. Auf Grund der kompakteren Außenabmessungen, der geringeren Gesamthöhe und besseren Integrierbarkeit in das Ventilgehäuse, wird der kleinere Ringmagnet für die fluidische Steckverbindung gewählt.

Zur Maximierung der magnetostatischen Haltekräfte bei einer möglichst einfachen Fertigung, werden Simulationen verschiedener Geometrien der weichmagnetischen Platte durchgeführt. Durch die oben erwähnten Randbedingungen beschränkt sich die Designvariation auf den Durchmesser des Durchgangsloches zur Aufnahme des Fluidikteils in der weichmagnetischen Schicht und deren Stärke. Abbildung 6.2a) zeigt die resultierende magnetostatische Haltekraft für den gewählten Ringmagnet bei unterschiedlichen Schichtdicken der weichmagnetischen Platte zwischen 0 - 3 mm. In Abbildung 6.2b) ist eine schematische Darstellung der geometrischen Parameter für die Simulation dargestellt.

Die magnetostatischen Haltekräfte steigen bei einer Zunahme der Schichtdicke der weichmagnetischen Platte bis zu 1,0 mm quasilinear und laufen dann asymptotisch gegen einen Grenzwert von etwa 9,0 N. Aus diesem Grund wird die Schichtdicke für das gewählte Material auf einen Millimeter gelegt, da eine weitere Dickenzunahme nur eine geringe Steigerung der Haltekraft bewirkt. Diese Stärke ist ebenfalls ausreichend, um die nötigen Gewinde zur Fixierung der weichmagnetischen Platte auf der fluidischen Schaltplatte zu schneiden.

[1] Werkstoffnummer: 1.4105 (X4CrMoS18 / X6CrMoS17)

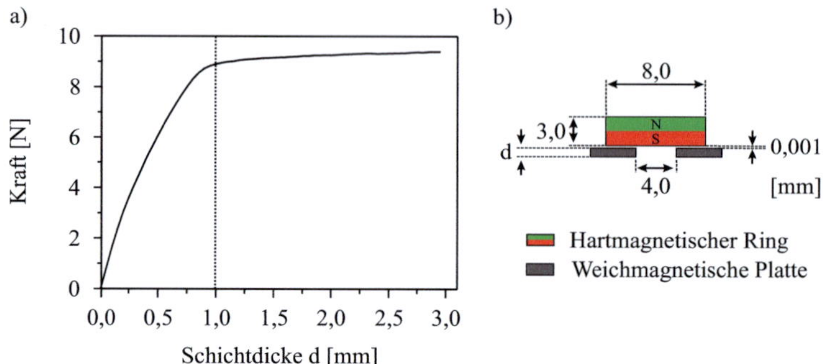

Abbildung 6.2.: a) Magnetostatische Haltekraft des Ventilsteckers in Abhängigkeit der Schichtdicke (d) der weichmagnetischen Platte und b) schematische Darstellung der geometrischen Parameter für die Simulation.

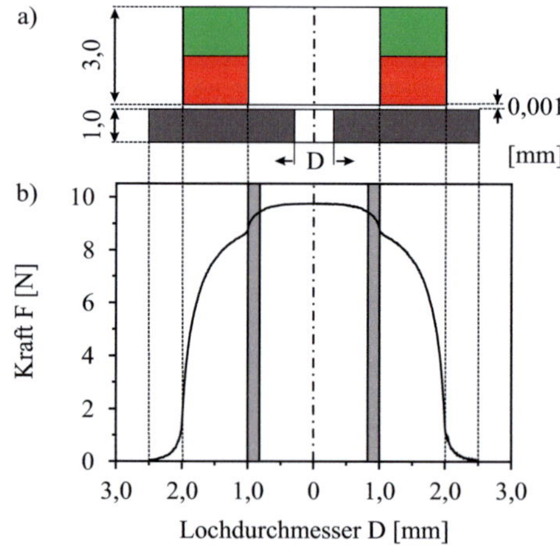

Abbildung 6.3.: a) Schematische Darstellung der geometrischen Parameter für die Simulation und b) magnetostatische Haltekraft der fluidischen Verbindung in Abhängigkeit des Lochdurchmessers (D) der weichmagnetischen Platte.

Als weiterer Optimierungsparameter wird der Lochdurchmesser in der weichmagnetischen Platte zur Aufnahme des Fluidikteils simuliert. In Abbildung 6.3 sind die magnetostatischen Haltekräfte bei einer Variation des Durchgangsloches in einem Bereich zwischen 0 - 10 mm dargestellt. Der Kurvenverlauf zeigt eine geringe Abnahme der magnetischen Haltekräfte bei einer Zunahme des Lochdurchmessers. Sobald der Lochdurchmesser der weichmagnetischen Platte die Größe des Innenradius des hartmagnetischen Ringes übersteigt, kommt es zu einem starken Abfall der magnetostatischen Kräfte.

Aus fertigungstechnischen Gründen kann der Durchmesser des Fluidikteils zwischen 3,3 - 4,0 mm betragen. Die untere Grenze ist durch den Abstand und Durchmesser der beiden Fluidkanäle innerhalb des Fluidikteils und der minimalen Wandung von 0,5 mm gegeben. Die obere Grenze ist durch den Innenradius des Ringmagneten gegeben, der in der späteren Anwendung über den zylindrischen Fluidteil bis zu einem Anschlag geschoben wird. Dieser Bereich ist in Abbildung 6.3 durch die grauen Flächen markiert. Innerhalb dieser Grenzen reduzieren sich die magnetostatischen Haltkräfte um 7 %. Aus diesem Grund wird der Durchmesser auf 4,0 mm festgelegt, damit der Fluidikteil ohne Absatz hergestellt werden kann und somit die Fertigung vereinfacht wird.

Zwischen dem gewählten hartmagnetischen Ring aus NdFeB (d_a = 8 mm, d_i = 4 mm und h = 3 mm) und der durch Simulationen gefundenen optimalen Geometrie der weichmagnetischen Platte (Kantenlänge = 10 x 10 mm^2, Dicke = 1 mm, Ø-Durchgangsloch = 4 mm) werden die magnetostatischen Haltekräfte bestimmt. Abbildung 6.4a) zeigt die gemessenen (gestrichelt) und simulierten (Volllinie) magnetostatischen Haltekräfte des Ventilsteckers. In Abbildung 6.4b) ist eine schematische Zeichnung der geometrischen Parameter und ein Foto der zur Messung verwendeten Bauteile dargestellt. Die Messungen werden an einer Zugprüfmaschine[2] durchgeführt. Für die Versuche ist eine Messdose mit einer Maximalkraft von 100 N und einer Genauigkeit von 0,5 % eingebaut. Der Ventilstecker wird dabei aus dem offenen Zustand mit einer Verfahrgeschwindigkeit von 10 µm/min geschlossen und anschließend wieder geöffnet. Die maximalen magnetostatischen Haltekräfte werden aus den Simulationsergebnissen bestimmt und betragen etwa 9 N.

[2]Instron (Typ 4505)

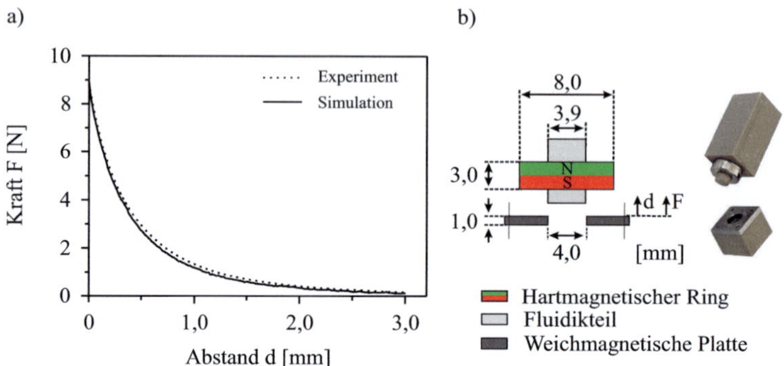

Abbildung 6.4.: a) Gemessene und simulierte Kraft-Weg Kennlinie und b) schematischer Querschnitt und Foto des Ventilsteckers.

Abbildung 6.5a) zeigt die fluidische Schaltplatte mit einem montierten NO Mikroventil und einem NC Mikroventil sowie vier Dummyventilen. In Abbildung 6.5b) ist die fluidische Schaltplatte mit drei NC Mikroventilen und sechs Dummyventilen dargestellt, die jeweils durch den Ventilstecker angeschlossen sind.

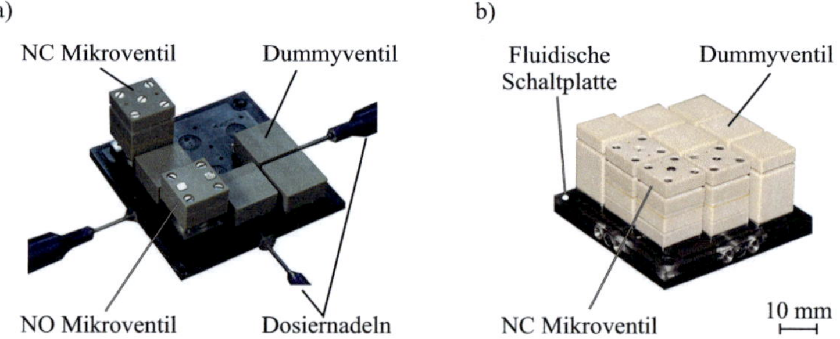

Abbildung 6.5.: a) Fluidische Schaltplatte mit einem NO und NC Mikroventil sowie vier Dummyventilen und b) mit drei NC Mikroventilen und sechs Dummyventilen.

Die fluidische Schaltplatte wird in verschiedenen Versionen realisiert, die sich in der Anzahl der Schaltwege, der fluidischen Komplexität, der Anzahl an Ebenen und an Steckplätzen für Mikroventile unterscheiden [168]. Die für diese Arbeit verwendete Schaltplatte ermöglicht die Verbindung von neun

Mikroventilen über den magnetischen Ventilstecker auf vordefinierten Steckplätzen. Der magnetische Ventilstecker ermöglicht den flexiblen Austausch und die Kombination unterschiedlicher Ventilvarianten auf der fluidischen Schaltplatte.

Um die Leckage des Ventilsteckers zu testen, werden die Mikroventile auf der fluidischen Schaltplatte angeschlossen. Bei verschlossenem Ausgang wird der Druck am Eingang der Schaltplatte kontinuierlich gesteigert. Der Ventilstecker zeigt bis zu einer Druckdifferenz von 350 kPa keine Leckage.

6.1.2. Materialschlüssige Verbindung

Alternativ zu der reversiblen Integration durch den Ventilstecker wird in dieser Arbeit noch ein zweites Verfahren realisiert. Bei diesem Verfahren befinden sich der Ventilsitz und die Ventilkammer in der fluidischen Schaltplatte. Der Aktorträger (*AT*) wird mit dem fixierten FGL-Brückenaktor und dem sphärischen Ventilstößel auf der Schaltplatte innerhalb des Ventildeckels verschweißt. Der Ventildeckel besitzt eine Aussparung für diese Bauteile und wird wie in Kapitel 4.3.4 über eine Randstruktur verschweißt. Dies ermöglicht einen flachen und kompakten Aufbau mit einer Gesamthöhe der Mikroventile von 1,2 mm. In Abbildung 6.6 sind drei verschweißte Mikroventile auf der fluidischen Schaltplatte dargestellt.

Abbildung 6.6.: Verschweißte NO Mikroventile auf der fluidischen Schaltplatte.

6.1.3. Fluidische Schlauchverbindung

In dieser Arbeit wird ein Verbindungskonzept zur fluidischen Kontaktierung von Schlauchverbindungen entwickelt [186]. Die Schlauchverbindungen bestehen aus zwei hartmagnetischen Ringen[3] unterschiedlicher Größe. Der In-

[3]NdFeB (N35)

nendurchmesser des größeren Ringmagneten ist minimal größer als der Außendurchmesser des kleineren, so dass dieser sich axial innerhalb des größeren bewegen kann. Abbildung 6.7 zeigt die resultierende magnetostatische Kraft zwischen den Ringmagneten in Abhängigkeit einer axialen Verschiebung. Ausgehend von dem Ausgangszustand (x = 0) und somit keiner Verschiebung, entsteht ein Maximum von 1,36 N für einen Abstand von 1,42 mm. In das Durchgangsloch des kleineren Magneten wird ein Schlauch mit einem Außendurchmesser von 0,95 mm fixiert, der bündig mit dem Magneten abschließt. Zur Aufnahme des gleichen Schlauches innerhalb des größeren Ringmagneten dient ein polymerer Verbindungskörper. Dieser Verbindungskörper sorgt gleichzeitig für einen axialen Versatz von 1,42 mm zwischen beiden Ringmagneten, so dass die maximale magnetostatische Haltekraft von 1,36 N wirkt. Auf der Stirnfläche des polymeren Verbindungskörpers befindet sich eine laserstrukturierte Membran als Dichtung [174].

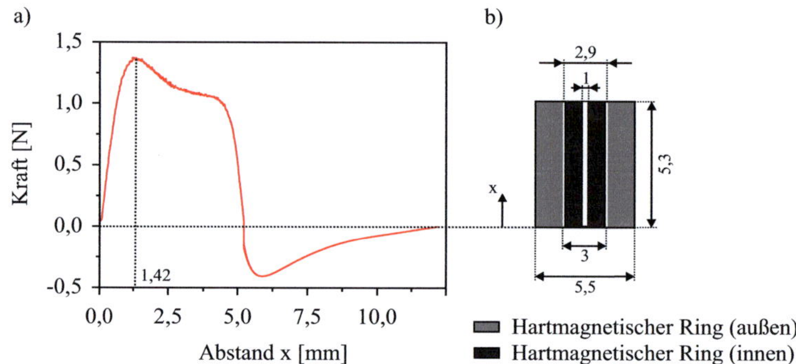

Abbildung 6.7.: a) Gemessene magnetostatische Kraft zwischen zwei hartmagnetischen Ringen unterschiedlicher Größe in Abhängigkeit der axialen Verschiebung (x). b) Schematische Darstellung der Geometrien der hartmagnetischen Ringe.

Abbildung 6.8a) zeigt die fluidische Schlauchverbindung im offenen und geschlossenen Zustand als a) schematischen Querschnitt und b) Foto der realisierten Bauteile.

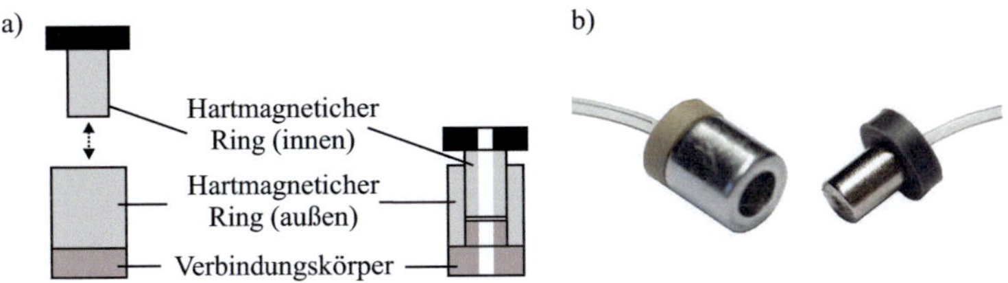

Abbildung 6.8.: a) Schematischer Querschnitt der fluidischen Schlauchverbindung im offenen und geschlossenen Zustand und b) Foto der realisierten Bauteile.

Abbildung 6.9 zeigt druckabhängige Durchflussmessungen der fluidischen Schlauchverbindung. Die fluidische Schlauchverbindung hat einen Durchfluss von 1077 sccm für Stickstoff (Gas) und 13,3 ml/min für Wasser bei einer anliegenden Druckdifferenz von 300 kPa. Der Innendurchmesser des Schlauches beträgt in diesem Fall 300 µm. Bis zu einer Druckdifferenz von 1410 kPa konnte keine Leckage festgestellt werden. Der Berstdruck der Verbindung konnte nicht bestimmt werden, da ab einem Druck von 4200 kPa die fluidischen Anschlüsse versagen.

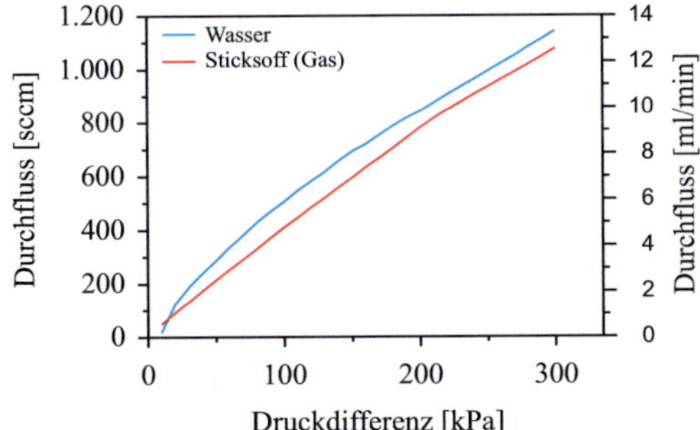

Abbildung 6.9.: Durchflussmessungen der fluidischen Schlauchverbindung für Stickstoff (Gas) und Wasser als Prüfmedium bei einer Druckdifferenz zwischen 0 - 300 kPa und einem Innendurchmesser des Schlauches von 300 µm.

6.2. Elektrische Kontaktierung

Zur gemeinsamen elektrischen Ansteuerung der Mikroventile wird eine elektrische Anschlussplatte entwickelt [183]. Die elektrische Anschlussplatte mit Außenabmessungen von 40 x 40 mm^2 wird oberhalb der Ventilebene positioniert und besteht aus zwei Platinen, auf denen die elektrischen Bauelemente montiert sind. Die elektrische Kontaktierung der Mikroventile erfolgt über Federkontakte innerhalb des Ventildeckels und Kontaktflächen auf der Unterseite der unteren Platine.

Über eine rechnergestützte Software[4] können die Schalt- und Leistungszustände der Mikroventile grafisch visualisiert gesteuert werden. Die Steuerung erfolgt durch Pulsweitenmodulation der Steuerströme in 10 Leistungsstufen. Die Kommunikation zwischen dem Rechner und einem Mikrocontroller[5] innerhalb der elektrischen Anschlussplatte erfolgt über eine RS232-Schnittstelle. Der Mikrocontroller erzeugt in einer Programmschleife das pulsweitenmodulierte Signal mit einer Frequenz von 40 Hz zur Ansteuerung der Mikroventile. Über die Steuersignale werden Transistoren (MOSFET's) geschaltet und somit die Mikroventile mit elektrischer Leistung versorgt. Um eine Statusrückmeldung zu erhalten, wird der momentane Strom jedes FGL-Mikroventils anhand des Spannungsabfalls an einem Messwiderstand ermittelt. Zur Bestimmung des mittleren Stroms wird der aktuelle Strom mit dem Tastverhältnis multipliziert. Ein Schaltplan der elektrischen Ansteuerung befindet sich im Anhang (Anhang A.8).

Die elektrische Anschlussplatte ermöglicht die parallele Ansteuerung mehrerer Mikroventile auf der fluidischen Schaltplatte und die gleichzeitige Ansteuerung verschiedener Ventilvarianten über unterschiedliche pulsweitenmodulierte Signale. In Abbildung 6.10 ist der Aufbau aus fluidischer Schaltplatte, den FGL-Mikroventilen und der elektrischen Anschlussplatte dargestellt.

[4] Profilab4

[5] ATmega88

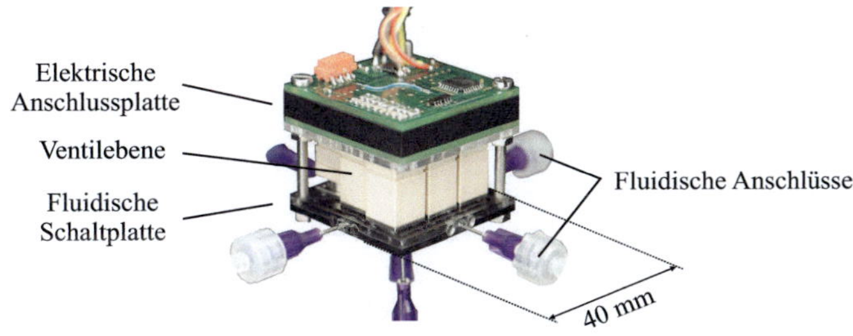

Abbildung 6.10.: NC Mikroventile durch den Ventilstecker auf der Schaltplatte fluidisch kontaktiert und durch die Anschlussplatte elektrisch angesteuert.

6.3. Systemcharakterisierung

Die Mikroventile werden zur Charakterisierung durch den Ventilstecker mit der fluidischen Schaltplatte kontaktiert und über die elektrische Anschlussplatte angesteuert. Die Messungen werden an einem Prüfstand durchgeführt (Anhang A.2), der im Rahmen dieser Arbeit entwickelt wird [187]. Abbildung 6.11 zeigt den druckabhängigen Durchfluss für deionisiertes Wasser. In Abhängigkeit der Ansteuerung der Mikroventile und somit der Leitung des Mediums, fließt das Wasser durch ein, zwei oder drei Mikroventil(e).

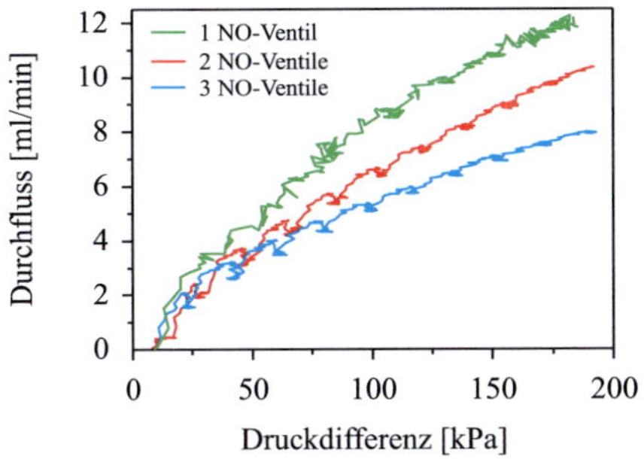

Abbildung 6.11.: Druckabhängiges Durchflussverhalten der fluidischen Schaltplatte in Abhängigkeit der Anzahl durchströmter NO Mikroventile mit Wasser als Prüfmedium.

Durch die fluidische Reihenschaltung steigt mit zunehmender Anzahl der Mikroventile der fluidische Widerstand (Gleichung 2.8) und dementsprechend nimmt der Durchfluss bei gleichbleibender Druckdifferenz ab. Unabhängig von der Anzahl der Mikroventile beginnt das flüssige Medium ab einer minimalen Druckdifferenz von etwa 20 kPa zu fließen. Dieser Offset wird durch den fluidischen Widerstand der Kanäle und der Kontaktierungen verursacht. Das Rauschen des Durchflusses entsteht durch die automatisierte Messung an dem Mikroventilprüfstand (Anhang A.2). Bei diesen Messungen wird die anliegende Druckdifferenz in einem einstellbaren Bereich mit einer wählbaren Schrittweite verändert und der Durchfluss simultan gemessen. An den Umschaltpunkten der Druckbereiche kommt es zu Durchflussschwankungen, die den Verlauf des Messsignals erklären.

Abbildung 6.12 zeigt den Durchfluss von deionisiertem Wasser durch ein NC Mikroventil in Abhängigkeit der anliegenden Druckdifferenz und der elektrischen Heizleistung. Im leistungslosen Zustand (graue Kurve) liegt der Durchfluss bis zu einer Druckdifferenz von 200 kPa unterhalb von 0,1 ml/min. Diese Messung erfolgt mit einem dynamischen Sensor[6] mit einem maximalen Durchflussbereich von 1,4 ml/min im Auslass des Mikroventils. Der minimale Öffnungsdruck liegt ebenfalls bei etwa 20 kPa und bestätigt die Annahme des fluidischen Widerstands der fluidischen Schaltplatte und der Kontaktierungen.

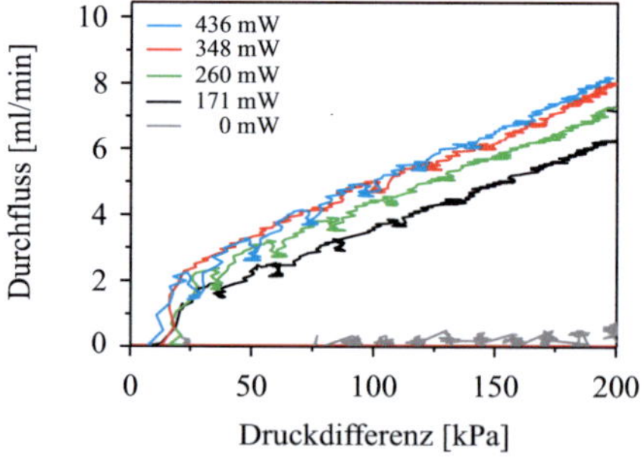

Abbildung 6.12.: Durchflussverhalten der fluidischen Schaltplatte in Abhängigkeit der Druckdifferenz und der Heizleistung eines NC Mikroventils mit Wasser als Prüfmedium.

[6]Sensirion (ASL1430)

Der Durchfluss steigt mit zunehmender Heizleistung bis zu einem Grenzwert von 350 mW. Ab dieser Heizleistung ist das Mikroventil vollständig geöffnet und bei einer Druckdifferenz von 200 kPa beträgt der Durchfluss von Wasser etwa 8 ml/min.

6.4. Zusammenfassung

Tabelle 6.1 zeigt eine Zusammenfassung der Kenndaten der Schlauchverbindung, des Ventilsteckers und des Gesamtsystems. Die fluidische Kontaktierung der Mikroventile wird durch einen reversiblen magnetischen Ventilstecker realisiert, der bis zu einer Druckdifferenz von 350 kPa keine Leckage zeigt. Alternativ können die Mikroventile direkt auf der fluidischen Schaltplatte verschweißt werden und ermöglichen somit eine kompakte Integration mit einer geringen Bauteilhöhe. Die elektrische Kontaktierung der NO und NC Mikroventile erfolgt über Federkontakte zu einer elektrischen Anschlussplatte, die eine parallele Ansteuerung der Mikroventile ermöglicht. Weiterhin wird eine neuartige, reversible Verbindung von Schläuchen mit kompakten Abmessungen vorgestellt und charakterisiert.

	Schlauch-verbindung	Ventilstecker	Gesamtsystem mit NO/NC und Elektrik
Abmessungen [mm³]	Ø5,5 x 8,2	10 x 10 x 4	40 x 40 x 22 (NO) 40 x 40 x 36 (NC)
Durchfluss (Gas) [sccm] @ 200 kPa	790	Abhängig von Ventilvariante	/
Durchfluss (Wasser) [ml/min] @ 200 kPa	9,8	Abhängig von Ventilvariante	7 (NO x3) 8 (NC x1)
Fluiddicht [kPa]	< 1410	< 350	< 350
Berstdruck [kPa]	> 4200	< 710	< 710
Heizleistung [mW]	/	/	0 - 600 (NO x3) 0 - 430 (NC x1)
Eigenschaften/ Besonderheiten	Rotations-symmetrisch	Reversible Fluidverbindung	Frei konfigurierbar

Tabelle 6.1.: Kenndaten der Schlauchverbindung, des Ventilsteckers und des Gesamtsystems.

7. Zusammenfassung und Ausblick

7.1. Zusammenfassung

Ziel dieser Arbeit ist die Entwicklung von monostabilen Mikroventilen, die auf industrietauglichem Wege hergestellt werden können. Eine normal geöffnete (NO) und normal geschlossene (NC) Ventilvariante mit einer strukturierten Folie aus Formgedächtnislegierung (FGL) als Aktorelement werden realisiert, die entweder alleinstehend oder in einem fluidischen System die Schaltung und Regulierung von flüssigen oder gasförmigen Medien ermöglichen. Aufbauend auf einem Prototypen wird das Arbeitsvermögen eines bistabilen FGL-Mikroventils hinsichtlich des Druck- und Durchflussbereichs gesteigert. Darüber hinaus wird ein 3/2-Wege Verhalten realisiert. Die einzelnen Entwicklungen der Mikroventile werden im Folgenden aufgelistet und bewertet:

Monostabile FGL-Mikroventile

Die verwendeten polymeren Ventilkomponenten werden auf Grund der geringen Stückzahlen spanend hergestellt. Die Auslegung dieser Komponenten ermöglicht aber eine großserientechnische und somit günstige Herstellung durch Spritzgießen. Zueinander kompatible Schichten in einem modularen Baukastenprinzip mit lateralen Abmessungen von 10 x 10 mm^2 reduzieren weiterhin die Anzahl der benötigten Bauteile. Alle weiteren Komponenten können kommerziell erworben werden und sind in großen Stückzahlen kostengünstig erhältlich.

Charakterisierung der Ventilkomponenten

- **FGL-Brückenaktor:** Das mechanische Verhalten der FGL-Brückenaktoren wird numerisch abgeschätzt und experimentell an zwei unterschiedlichen Geometrien verifiziert. Die Umwandlungstemperaturen der FGL-Folie werden bestimmt und die dafür nötigen Heizleistungen beider Geometrien gemessen. Das Dauerverhalten der FGL-Brückenaktoren wird ebenfalls untersucht, um eine Ermüdung des Materials ausschließen zu können.

- **Ventilgehäuse:** Das Durchflussverhalten des Ventilgehäuses wird in Abhängigkeit der anliegenden Druckdifferenz und des mechanischen Verhaltens des FGL-Brückenaktors simuliert und anhand der Ergebnisse dimensioniert. Die druckabhängigen Durchflusskennlinien werden an Prototypen des Ventilgehäuses experimentell verifiziert und zeigen im Vergleich zu den Simulationen eine Abweichung von unter 10 %.

Aufbau- und Verbindungstechnik

- **Membranfixierung:** Zur Verbindung der Membran mit dem polymeren Ventilgehäuse werden Verbindungstechniken untersucht und bewertet. Für den Einsatz im FGL-Mikroventil ist das viskose Kleben am besten geeignet, da die Verbindung materialunabhängig ist, die Schichtdicke des Klebers wenig streut, der Berstdruck oberhalb der maximal schaltbaren Druckdifferenz der Mikroventile liegt und der Fertigungsaufwand gering ist.

- **Aktorfixierung:** Bei der Fixierung des FGL-Brückenaktors mit dem Aktorträger zeigt das viskose Kleben ebenfalls Vorteile. Neben der geringen Streuung der Schichtdicke ist die Klebeverbindung bis oberhalb der maximalen Temperatur des FGL-Brückenaktors stabil. Als Alternative wird das eutektische Bonden als Verbindungstechnologie zwischen einem strukturierten FGL-Brückenaktor und Silizium-Substrat über eine Goldschicht realisiert. In Kombination mit der vorgestellten Strukturierungstechnologie der FGL-Brückenaktoren ermöglicht das eutektische Bonden eine zusätzliche mechanische Verbindung in einem parallelen Prozess.

- **Ventilaufbau:** Die Verbindung der einzelnen Ventilkomponenten wird durch eine reversible Schraubenverbindung, eine materialschlüssige Verbindung durch Laserschweißen und eine Klebeverbindung realisiert. Die Schraubenverbindung zeigt Vorteile, da sie in die modulare Schichtbauweise der Mikroventile integriert werden kann, materialunabhängig ist und eine Nachjustierung der Vorspannung der einzelnen Ventilkomponenten ermöglicht.

Anschlusskonzepte

Zur fluidischen Verbindung werden eine neuartige Schlauchverbindung und eine reversible Ventilverbindung sowie eine parallele elektrische Kontaktierung von Mikroventilen realisiert.

- **Schlauchverbindung**: Im Rahmen dieser Arbeit wird ein fluidisches Anschlusskonzept zur Verbindung von Schläuchen entwickelt und als Gebrauchsmuster angemeldet [186]. Die rotationssymmetrische Verbindung besteht aus zwei hartmagnetischen Ringen und konzentrisch liegenden Schläuchen, die stirnflächig gegeneinander gepresst werden. Die Schlauchverbindung besitzt geringe Abmessungen, ermöglicht eine leckagefreie Verbindung und der Durchfluss kann bei einer Druckdifferenz über den Innendurchmesser des Schlauches eingestellt werden.

- **Fluidische Ventilverbindung:** In dieser Arbeit wird eine reversible, fluiddichte Verbindung zwischen den Mikroventilen und einer fluidischen Schaltplatte entwickelt. Der als Gebrauchsmuster angemeldete Ventilstecker [184] besteht aus einem im Mikroventil integrierten hartmagnetischem Ring, einer auf die fluidische Schaltplatte verschraubten weichmagnetischen Platte und einer laserstrukturierten, elastischen Membran zur Abdichtung zwischen den Komponenten. Die Komponenten werden durch Simulationen hinsichtlich maximaler magnetostatischer Kräfte, unter Berücksichtigung geringer Baugrößen und einer einfachen Fertigung, optimiert. Dieses Verbindungskonzept erlaubt unterschiedliche Ventilvarianten mit mikrofluidischen Systemen reversibel auf definierten Steckplätzen zu verbinden. Alternativ können die Komponenten der Mikroventile auch direkt auf der fluidischen Schaltplatte verschweißt werden. Dies setzt die Strukturierung des Ventilsitzes und der Ventilkammer innerhalb der fluidischen Schaltplatte voraus. Die Vorteile dieser Verbindung sind eine geringe Bauteilhöhe der Mikroventile von 1,2 mm und eine Reduzierung der benötigten Ventilkomponenten.

- **Elektrische Anschlussplatte**: Die Ansteuerung der Mikroventile erfolgt über eine entwickelte, elektrische Anschlussplatte. Diese besteht aus zwei Platinen, einem dazwischen liegenden Mikrocontroller und Transistoren für die jeweiligen Mikroventile. Die elektrische Anschlussplatte ist oberhalb der Mikroventile montiert und über Federkontakte mit den Mikroventilen verbunden. Eine rechnergestützte Benutzeroberfläche ermöglicht einzelne oder mehrere Mikroventile durch ein pulsweitenmoduliertes, elektrisches Heizsignal in diskreten Stufen anzusteuern.

Systemintegration

Auf der fluidischen Schaltplatte werden Mikroventile auf vorgesehenen Steckplätzen durch den Ventilstecker angeschlossen und gemeinsam durch die elektrische Anschlussplatte kontaktiert. Bei entsprechender Schaltung der Mikroventile können gasförmige oder flüssige Medien in vier laterale und zwei vertikale Ausgänge geleitet werden. Der Durchfluss des Systems kann durch eine Veränderung der pulsweitenmodulierten Heizsignale gesteuert werden.

Fluidische Charakterisierung

In Tabelle 7.1 sind die statischen und dynamischen Eigenschaften der NO und NC Mikroventile zusammengefasst.

- **Statisch:** Die entwickelten NO und NC Mikroventile werden hinsichtlich ihres statischen Verhaltens charakterisiert. Für verschiedene Druckdifferenzen wird der FGL-Brückenaktor schrittweise mit elektrischem Heizstrom erwärmt und der resultierende Durchfluss simultan gemessen. Beide Ventilvarianten zeigen große Durchflüsse im offenen und keine Leckage im geschlossenen Zustand für Druckdifferenzen bis 200 kPa mit Stickstoff (Gas) und Wasser als Prüfmedium (Tabelle 7.1). Bei unveränderter Stärke der FGL-Folie, ähnlichen Zeitkonstanten der Schaltvorgänge und gleichbleibenden Ventilkomponenten kann die fluidische Leistung der Mikroventile durch den FGL-Brückenaktor verändert werden. Eine Variation der Geometrie der Aktorstege ermöglicht den schaltbaren Druckbereich zwischen 0 und 500 kPa und den Durchflussbereich zwischen 0 und 5000 sccm für Gas und 0 - 25 ml/min für Wasser zu verändern. Zusätzlich kann im Falle des NC Mikroventils der Druckbereich oder bei einer definierten Druckdifferenz der Durchfluss durch die Veränderung der Federvorspannung einer Druckfeder mit einer Schraube eingestellt werden.

		Monostabile Mikroventile	
		Normal geöffnet (NO)	Normal geschlossen (NC)
	Kräfte [mN]	151 (FGL)	293 (FGL)
	Abmessungen [mm^3]	10 x 10 x 7	10 x 10 x 11
Statisch	Durchfluss (Gas) [sccm] @ 200 kPa	2000	880
Statisch	Durchfluss (Wasser) [ml/min] @ 200 kPa	12,5	8,0
Statisch	Heizleistung [mW]	80	225
Dynamisch	Durchfluss (Gas) [sccm] @ 200 kPa	Regelbar: 0 - 1000	Regelbar: 0 - 880
Dynamisch	Durchfluss (Wasser) [ml/min] @ 200 kPa	Regelbar: 0 - 12,5	Regelbar: 0 - 8,0
Dynamisch	Zeitkonstanten [ms]	10 (heizen), 24 (kühlen)	20 (heizen), 50 (kühlen)
	Leckage [sccm] Leckage [µl/min]	< 1 < 10	< 1 < 10
	Berstdruck [kPa]	< 710	< 710
	Eigenschaften/ Besonderheiten	/	Druck- und Durchfluss durch Schraube einstellbar

Tabelle 7.1.: Zusammenfassung wichtiger statischer und dynamischer Eigenschaften der NO und NC Mikroventile.

- **Dynamisch:** Die dynamische Charakterisierung erfolgt durch eine entwickelte Regelung. Zunächst wird das nichtlineare Verhalten des FGL-Brückenaktors ermittelt und innerhalb der softwarebasierten PID-Echtzeitregelung berücksichtigt. Die Abtast- und Ausgabefrequenz erfolgt durch einen dynamischen Durchflusssensor beziehungsweise eine entworfene Verstärkerschaltung über einen Analog-Digital Konverter. Die Genauigkeit der Regelung wird anhand der Abweichung zwischen einem Sollwert und einem Referenzsensor bestimmt. In dem betrachteten Durchflussbereich des gasförmigen Mediums zwischen 0 - 1000 sccm beträgt die Abweichung maximal 1,5 %. Die Dynamik der Regelung wird anhand einer Treppenfunktion als Sollwert und der Reaktion des Mikroventils bestimmt. Die gemessenen Ausregelzeiten bei einer Sollwertänderung von 400 sccm liegen unterhalb von 10 ms beim Heizen und 24 ms beim Kühlen. Das Mikroventil kann einer Sinusschwingung mit einer Frequenz von 5 Hz und einer Amplitude zwischen 250 - 750 sccm folgen, wobei nur in den Scheitelpunkten Abweichungen festgestellt werden können. Es wird gezeigt, dass sowohl gasförmige als auch flüssige Medien mit dem NO und NC Mikroventil geregelt werden können. Die Regelung ermöglicht neben einem druckunabhängigen Durchfluss auch die Dosierung von Probenvolumina.

Ein Vergleich mit den geforderten Spezifikationen (Tabelle 4.7 und 4.8) zeigt, dass die Anforderungen allesamt erfüllt und in den meisten Punkten sogar deutlich übertroffen werden.

Bistabile FGL-Mikroventile

In dieser Arbeit werden die schaltbaren Druckbereiche und die Durchflüsse von bistabilen Mikroventilen gesteigert, indem das Design des antagonistischen Schalters, des magnetischen Rückhaltesystems und eine Anpassung der Schichten zwischen diesen Komponenten durchgeführt wird.

Designoptimierung

- **Antagonistischer Schalter:** Der antagonistische Schalter ermöglicht eine bidirektionale Bewegung und besteht aus zwei gegeneinander vorausgelenkten FGL-Brückenaktoren. Durch eine Vergrößerung der Vorauslenkung wird der Hub des antagonistischen Schalters auf 100 µm und die resultierenden Schaltkräfte in diesem Punkt auf 286 mN gesteigert.

- **Magnetisches Rückhaltesystem:** Das magnetische Rückhaltesystem ermöglicht die stabilen Positionen im leistungslosen Zustand. Durch Simulationen wird das magnetische Rückhaltesystem durch unterschiedliche Durchmesser eines hartmagnetischen Zylinders an den gesteigerten Hub und die Schaltkräfte des antagonistischen Schalters angepasst.

- **Schichtdickenvariation:** In einer detaillierten Designstudie wird der Einfluss unterschiedlicher Abstände zwischen dem antagonistischen Schalter und dem magnetischen Rückhaltesystem auf die resultierenden Durchflüsse bei verschiedenen Druckdifferenzen im offenen und geschlossenen Ventilzustand für Gas und Wasser als Prüfmedium experimentell ermittelt.

Fluidische Charakterisierung

- **2/2-Wege Verhalten:** Durch die Designoptimierungen des antagonistischen Schalters und des magnetischen Rückhaltesystems können die schaltbare Druckdifferenz und die resultierenden Durchflüsse jeweils um den Faktor drei gesteigert werden. Bei einer Druckdifferenz ermöglicht eine Variation der Schichtdicke die Anpassung des Durchflusses im offenen und geschlossenen Zustand.

- **3/2-Wege Verhalten:** In dieser Arbeit wird erstmals ein bistabiles 3/2-Wege Magneto-Form-gedächtnis Mikroventil entwickelt. Dieses Mikroventil ist in einem modularen Aufbau realisiert und besteht aus einem antagonistischen Schalter, der sich zwischen zwei Ventilgehäusen befindet. Beide Einlässe der Ventilgehäuse werden an eine identische Druckquelle angeschlossen und das Prüfmedium in getrennte Auslässe geteilt. Eine Anpassung der Schichtdicken mit Toleranzen im Mikrometerbereich ermöglicht ein symmetrisches Durchflussverhalten. Durchflussmessungen der entsprechenden Ausgänge zeigen ein vollständiges Schließverhalten und identische Flussraten im offenen Zustand für Druckdifferenzen bis zu 200 kPa.

Tabelle 7.2 zeigt Durchflüsse für Stickstoff (Gas) und Wasser des bistabilen 2/2- und 3/2-Wege Mikroventils bei der maximal schaltbaren Druckdifferenz. Die jeweiligen Schichtdicken sowie die Kräfte des antagonistischen Schalters und magnetischen Rückhaltesystems sind ebenfalls aufgelistet.

	2/2-Wege Verhalten		**3/2-Wege Verhalten**	
Medium	Gas	Wasser	Gas	Wasser
Druck [kPa]	300	100	200	100
Durchfluss (offen)	2150 sccm	11,7 ml/min	1250 sccm	11,2 ml/min
Durchfluss (geschlossen)	< 1 sccm	< 10 μl/min	< 1 sccm	< 10 μl/min
Abstandshalter Ah1 [μm]	255	250	245	245
Abstandshalter Ah2 [μm]	380	370	245	245
Schaltkraft ΔF_{FGL} [mN]	286	286	286	286
Rückstellkraft $\Delta F_{Rück}$ [mN]	57	57	57	57
Mag. Haltekraft ΔF_{Mag} [mN]	255	255	255	255

Tabelle 7.2.: Zusammenhang wichtiger Kenndaten des bistabilen 2/2- und 3/2-Wege FGL-Mikroventils.

7.2. Ausblick

Bei jeder ingenieurstechnischen Aufgabe gibt es stetige Verbesserungspotentiale, die im Folgenden aufgelistet sind:

Monostabile Mikroventile

- **Spritzguss:** Ein wesentlicher Punkt für eine erfolgreiche industrielle Umsetzung der Mikroventile ist eine kostengünstige Herstellung. Der Großteil der Kosten wird aktuell durch die polymeren Ventilkomponenten verursacht, die spanend und somit in einem zeitaufwendigen Verfahren seriell hergestellt werden. Die entwickelten polymeren Ventilkomponenten sind so konstruiert, dass sie ebenfalls kostengünstig, großserientechnisch durch Spritzguss hergestellt werden können. Mit den aktuellen Einkaufspreisen der weiteren Komponenten ließen sich die reinen Materialkosten für ein Mikroventil auf etwa 5 € senken.

- **Aktorstrukturierung:** Die Strukturierung der FGL-Folie erfolgt in dieser Arbeit durch Fotolithografie und anschließendem nasschemischen Ätzen. Dies ermöglicht die Strukturierung mehrerer FGL-Brückenaktoren parallel, setzt aber eine entsprechende Maske voraus. Als Alternativkonzept könnten die FGL-Folien ebenfalls mit einem gepulsten Femtosekunden-Laser strukturiert werden [42]. Dabei ist ein Wärmemanagement wichtig, um den thermischen Eintrag in das Material zu minimieren. Weiterhin sollte dieser Prozess unter Schutzgasatmosphäre stattfinden, damit eine Oxidation und somit die Reduktion des Formgedächtniseffektes unterbunden wird. Eine weitere Möglichkeit wäre das Stanzen der FGL-Folie in der austenitischen Phase.

- **Eutektisches Bonden:** Das eutektische Bonden wird in dieser Arbeit verwendet, um die strukturierten FGL-Brückenaktoren mit strukturierten Silizium-Substraten, die als Aktorträger fungieren, zu verbinden. Diese Verbindungstechnik ermöglicht eine mechanische und bei entsprechender Vorbereitung auch eine elektrische Verbindung mit dem Silizium. In Kombination mit der vorgestellten Strukturierungstechnologie könnten somit neuartige miniaturisierte FGL-Aktorkonzepte durch ein Flip-Chip Verfahren hergestellt werden.

- **Ventilaufbau:** Die Anzahl der Komponenten ist durch das modulare Baukastenprinzip reduziert. Durch die gleichen lateralen Abmessungen und die bereits teilparallelisierten Prozesse könnten die Mikroventile in einem Pick-and-Place Verfahren montiert werden. Alternativ ließen sich die Mikroventile vollständig in einem Batch-Prozess herstellen, wie es bereits erfolgreich demonstriert worden ist [107].

- **Miniaturisierung:** Bei der NC Ventilvariante ist aktuell vor allem das Federelement für die Höhe des Mikroventils verantwortlich. Hier kann alternativ eine Blatt- oder Tellerfeder verwendet werden, die durch ihre Form in den modularen Schichtaufbau des Mikroventils integriert werden kann.

- **NC Mikroventil mit Magnet:** Anstatt einer Druckfeder könnte ebenfalls ein Magnet zum Schließen des NC Mikroventils verwendet werden. Hierzu müsste wie in dem bistabilen Mikroventil eine weichmagnetische Platte auf dem Ventilgehäuse fixiert werden. Der Magnet wird unterhalb des Knotenpunktes (P_K) an dem FGL-Brückenaktor fixiert und innerhalb des Aktorträgers geführt. Die Vorteile dieses Konzeptes im Gegensatz zu einer Druckfeder sind die Reduzierung der Kräfte mit zunehmendem Abstand vom Ventilgehäuse und eine geringere Höhe des Mikroventils. Abbildung 7.1 zeigt schematisch die Funktionsweise im offenen und geschlossenen Zustand.

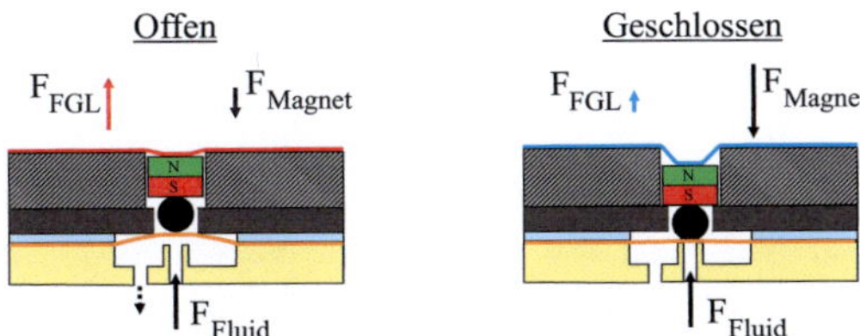

Abbildung 7.1.: Schematischer Querschnitt der Funktionsweise eines NC FGL-Mikroventils mit hartmagnetischem Zylinder als passives Schließelement.

- **Mikropumpe mit FGL:** Mit dem vorgestellten Konzept eines FGL-Brückenaktors, der gegen eine Druckfeder arbeitet, könnte ebenfalls eine Pumpe realisiert werden. Hierzu müsste jeweils am Ein- und Auslass ein passives Rückschlagventil mit gleicher Wirkrichtung realisiert werden. Durch den Hub der Aktorik wird eine Druckdifferenz in einer Fluidkammer erzeugt und entweder ein Medium angezogen oder abgestoßen. Das Medium wird in Abhängigkeit der Hübe der Aktorik gepulst über den Einlass, die Fluidkammer und den Auslass befördert.

Anschlusskonzepte

- **Schlauchverbindung:** Die fluidische Schlauchverbindung ermöglicht eine reversible, fluiddichte Verbindung von Schläuchen und tritt in Konkurrenz zu den gängigen verschraubbaren oder verpressten Verbindungen. Die Verbindung zeigt keine Leckage bis zu einer Druckdifferenz von 1410 kPa und besitzt ein kleines Bauvolumen von unter 0,2 cm^3. Eine weitere Miniaturisierung ist nicht zu empfehlen, da die fluidischen Kräfte mit der Fläche und die magnetischen Kräfte mit dem Volumen skalieren. Die fluidische Steckverbindung besteht aus nur vier Komponenten und wird durch kommerzielle hartmagnetische Ringe aufgebaut. Durch das geringe Bauvolumen, die Möglichkeit hohe Druckdifferenzen ohne Leckage zu verbinden, die Anpassung des Durchflusses durch den Innendurchmesser des Schlauches und keinerlei Kontakt mit Fremdmedien eignet sich die Verbindung für mikrofluidische oder medizintechnische Anwendungen.

- **Ventilstecker:** Der Ventilstecker bietet eine neuartige, einfache und reversible Verbindungstechnologie zwischen Fluidkomponenten. In dieser Arbeit wird die Verbindung zwischen den entwickelten Mikroventilen und einer fluidischen Schaltplatte verwendet. Die Baugröße des Ventilsteckers wird unter entsprechenden Vorgaben hinsichtlich maximaler magnetostatischer Haltekräfte optimiert. Eine weitere Verkleinerung ist demnach nur durch eine bessere Integration des hartmagnetischen Rings in das polymere Ventilgehäuse möglich. Bei einer spritzgusstechnischen Herstellung des Ventilgehäuses wäre es denkbar, den hartmagnetischen Ring zu umspritzen oder magnetische Partikel in die Polymermatrix zu integrieren. Die Anwendung des Ventilsteckers kann auch in themenverwandte Gebiete übertragen werden. Ein breites Anwendungsfeld könnten Lab-on-a-Chip Systeme darstellen, die in der Regel aus Kanälen und Reaktionskammern bestehen [14]. Diese passiven Systeme werden mit Peripheriegeräten verbunden, um Analysen oder Untersuchungen durchzuführen. Durch den Ventilstecker könnten aktive Komponenten wie beispielsweise Mikroventile, Mikropumpen oder Sensoren mit den Chips verbunden werden. Dies würde die Peripheriegeräte ersparen und kompakte, portable Analyseeinheiten ermöglichen. Im Anschluss an die Untersuchungen könnten die aktiven Komponenten durch die reversible Verbindung gelöst und in Spülschritten gereinigt werden. Eine höhere Integrationsdichte ist durch das vorgestellte Schweißkonzept aktiver Komponenten möglich. Die Komponenten wären in diesem Fall Teil eines Einwegartikels und könnten nur einmalig verwendet werden.

Durchflussregelung

- **Durchflusssensor:** Durch die bessere Handhabung und der Möglichkeit eines schnellen Austauschs verschiedener Durchflusssensoren, werden diese bisher über Schlauchverbindungen an den Ventilauslass angeschlossen. Das HSG-IMIT bietet einen Durchflusssensor an, der auf einem Thermopile basiert [188] und die Messung gasförmiger und flüssiger Medien erlaubt. In einer gemeinsamen Arbeit wird der Sensor an den geforderten Durchflussbereich angepasst und ein Gehäuse dimensioniert. Abbildung 7.2 zeigt den Entwurf des Durchflusssensors auf der fluidischen Schaltplatte neben einem NC Mikroventil. Die fluidischen Verbindungen verlaufen innerhalb der Schaltplatte und die Kontaktierung des Durchflusssensors erfolgt über magnetische Verbindungen und ist somit patentrechtlich geschützt.

- **Regelung:** Die in dieser Arbeit entwickelte Regelung wird softwarebasiert auf einem Computer realisiert. Dies ermöglicht eine schnelle Änderung des Regelaufbaus, das Hinzufügen oder Entfernen weiterer Regelglieder und den Test verschiedener Regelparameter. Da die Optimierungen nun abgeschlossen sind, könnte die Regelung platzsparend durch einen Microcontroller erfolgen. Ein entsprechender Mikrocontroller könnte in Abbildung 7.2 hinter dem Durchflusssensor auf der fluidischen Schaltplatte montiert werden. Dies ermöglicht eine vollständige Durchflussregelung bestehend aus FGL-Mikroventil, Durchflusssensor und Steuereinheit auf den von Bürkert geplanten lateralen Abmessungen. Alternativ zu einem Microcontroller kann eine PID-Regelung auch durch Operationsverstärker, Kondensatoren und Widerstände erfolgen [62].

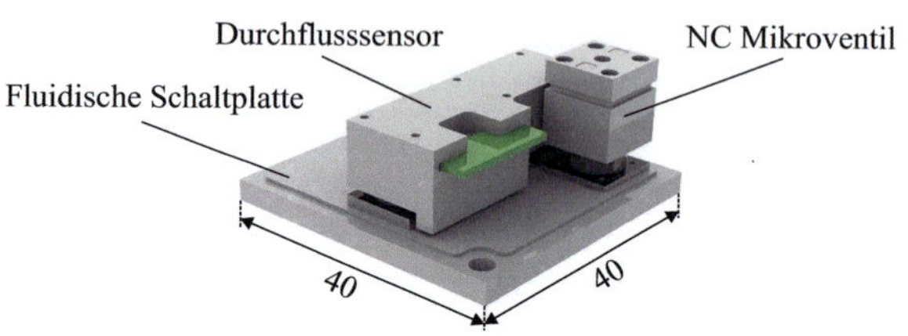

Abbildung 7.2.: NC FGL-Mikroventil und Durchflusssensor (HSG-IMIT) durch den magnetischen Ventilstecker mit einer fluidischen Schaltplatte verbunden.

Bistabile Mikroventile

- **Fertigung der bistabilen Mikroventile:** Die bistabilen 2/2- und 3/2-Wege FGL-Mikroventile befinden sich noch im Entwicklungstadium und müssen noch in eine qualitative und reproduzierbare Herstellung überführt werden. Mögliche Ansätze dies zu realisieren sind für die monostabilen Mikroventile in dieser Arbeit ausführlich beschrieben.

- **Betriebsarten:** Neben der verwendeten, werden noch zwei weitere Betriebsarten des bistabilen 3/2-Wege Mikroventile vorgestellt. Der Anschluss von zwei getrennten Druckquellen mit unterschiedlichen Medien an beiden Eingängen ermöglicht eine Mischung in einem gemeinsamen Ausgang. Das Mischungsverhältnis kann dabei über die Dauer einer Schaltstellung und die Druckdifferenzen eingestellt werden. Weiterhin wäre es denkbar zwei unterschiedliche Druckquellen und separate Ausgänge zu verwenden. Dies würde die fluidische Komplexität eines Systems nicht erhöhen, aber durch die Nutzung eines gemeinsamen Mikroventils die Anzahl an Aktorelementen reduzieren.

- **Anpassung der fluidischen Geometrien:** Durch die Anpassung der fluidischen Geometrien könnten die bistabilen Mikroventile mit der fluidischen Schaltplatte verbunden werden. Dies bietet sich an, da die

Schaltwege voraussichtlich selten geändert werden. Hierdurch könnte elektrische Leistung eingespart werden, die vor allem bei autarken oder portablen Systemen begrenzt ist. Das bistabile 3/2-Wege Mikroventil ermöglicht zusätzlich noch eine Reduzierung der Anzahl an Mikroventilen bei einer gleichbleibenden fluidischen Komplexität.

Literaturverzeichnis

[1] G. Moore, “Cramming more components onto integrated circuits,” *Electronics*, vol. 38, pp. 82–85, 1965.

[2] H. Schlaak, “Technologien und Werkstoffe der Mikro-und Nanosystemtechnik,” *VDE (GMM-Fachbericht: 53)*, 2007.

[3] K. Kempter, “Werkstoffe für die Informatonstechnik,” *Wiley-VCH*, 1999.

[4] J. Frühauf, “Werkstoffe der Mikrotechnik: Lehrbuch für Ingenieure,” *Carl Hanser Verlag*, 2005.

[5] K. Reif, “Sensoren im Kraftfahrzeug,” *Vieweg + Teubner*, 2010.

[6] B. Cardani, “Optical image stabilization for digital cameras,” *Control Systems, IEEE*, vol. 26, pp. 21–22, 2006.

[7] A. Cuccio, G. Harwood, and R. Metz, “Write disable acceleration sensing system for a hard disk drive,” *US1993009856*, 1994.

[8] W. Menz, J. Mohr, and O. Paul, “Mikrosystemtechnik für Ingenieure,” *Wiley-VCH*, 2005.

[9] A. Risse, “Fertigungsverfahren der Mechatronik, Feinwerk- und Präzisionsgerätetechnik,” *Vieweg+Teubner Verlag*, 2012.

[10] T. Hsu, “Mems packaging,” *INSPEC, The Institution of Electrical Engineers*, 2011.

[11] S. Lee and N. Sundararajan, “Microfabrication for microfluidics,” *Artech House*, 2010.

[12] G. Whitesides, “The origins and the future of microfluidics,” *Nature*, vol. 442, pp. 368–373, 2006.

[13] N. Nguyen and S. Wereley, "Fundamentals and applications of microfluidics," *Artech House*, 2006.

[14] P. Abgrall and A. Gue, "Lab-on-chip technologies: Making a microfluidic network and coupling it into a complete microsystem," *Journal of Micromechanics and Microengineering*, vol. 17, pp. 15–49, 2007.

[15] J. Hong and S. Quake, "Integrated nanoliter systems," *Nature Biotechnology*, vol. 21, pp. 1179–1183, 2003.

[16] D. Erickson and D. Li, "Integrated microfluidc devices," *Analytica Chimica Acta*, vol. 507, pp. 11–26, 2004.

[17] K. Bhattacharya and R. James, "The material is the machine," *Science*, vol. 307, pp. 53–54, 2005.

[18] G. Murch and F. Wöhlbier, "Shape memory materials and its application," *Materials Science Forum*, vol. 394-395, 2002.

[19] K. Otsuka and C. Wayman, "Shape memory materials," *Cambridge-University Press*, 1999.

[20] M. Kohl, "Shape memory microactuators," *Microtechnology and MEMS, Springer-Verlag*, 2004.

[21] E. Hornbogen and H. Warlimont, "Metalle - Struktur und Eigenschaften der Metalle und Legierungen," *Springer-Verlag*, 2006.

[22] D. Lagoudas, "Shape memory alloys - Modeling and engineering application," *Springer-Verlag*, 2008.

[23] W. Tang, "Thermodynamic study of the low-temperature phase B19' and the martensitic transformation in near-equiatomic Ti-Ni shape memory alloys," *Metallurgical and Materials Transactions A*, vol. 28, pp. 537–544, 1997.

[24] S. Miyazaki, Y. Fu, and W. Huang, "Thin film shape memory alloys - Fundamentals and device applications," *Cambridge-University Press*, 2009.

[25] P. Surbled, C. Clerc, B. Pioufle, M. Ataka, and H. Fujita, "Effect of the composition and thermal annealing on the transformation temperatures of sputtered TiNi shape memory alloy thin films," *Thin Solid Films*, vol. 401, pp. 52–59, 2001.

[26] R. Zarnetta, M. Ehmann, A. Savan, and A. Ludwig, "Identification of optimized Ti-Ni-Cu shape memory alloy compositions for high-frequency thin film microactuator applications," *Smart Materials and Structures*, vol. 19, pp. 1–6, 2010.

[27] P. Krulevitch, P. Ramsey, D. Makowiecki, A. Lee, M. Northrup, and G. Johnson, "Mixed-sputter deposition of Ni-Ti-Cu shape memory films," *Thin Solid Films*, vol. 274, pp. 101–105, 1996.

[28] Y. Lo, S. Wu, and C. Wayman, "Transformation heat as a function of ternary palladium additions in Ti sub 50 Ni sub 50-x Pd sub x alloys with x: 20-50," *Scripta Metallurgica et Materialia*, vol. 24, pp. 1571–1576, 1990.

[29] E. Quandt, C. Halene, H. Holleck, K. Feit, M. Kohl, P. Schlossmacher, A. Skokan, and K. Skrobanck, "Sputter deposition of TiNi, TiNiPd and TiPd films displaying the two-way shape-memory effect," *Sensors and Actuators A: Physical*, vol. 53, pp. 434–439, 1996.

[30] Y. Liu, M. Kohl, K. Okutsu, and S. Miyazaki, "A TiNiPd thin film microvalve for high temperature applications," *Materials Science and Engineering: A*, vol. 378, pp. 205–209, 2004.

[31] K. Skrobanek, "Entwicklung von Mikromembranaktoren mit NiTi-Formgedächtnislegierungen," *Doktorarbeit, Institut für Mikrostrukturtechnik, Universität Karlsruhe*, 1997.

[32] M. Rohde and A. Schüssler, "On the response-time behaviour of laser micromachined NiTi shape memory actuators," *Sensors and Actuators A: Physical*, vol. 61, pp. 463–468, 1997.

[33] S. Miyazaki and K. Otsuka, "Deformation and transition behavior associated with the R-Phase in Ti-Ni alloys," *Metallurgical and Materials Transactions A*, vol. 17, pp. 53–63, 1986.

[34] N. Nguyen, “Mikrofluidik: Entwurf, Herstellung und Charakterisierung,” *Vieweg + Teubner Verlag*, 2004.

[35] P. Tabeling, “Introduction to microfluidics,” *Oxford-University Press*, 2006.

[36] X. Peng and G. Peterson, “Convective heat transfer and flow friction for water flow in microchannel structures,” *International Journal of Heat and Mass Transfer*, vol. 39, pp. 2599–2608, 1996.

[37] D. Pfund, D. Rector, A. Shekarriz, A. Popescu, and J. Welty, “Pressure drop measurements in a microchannel,” *Fluid Mechanics and Transport Phenomena*, vol. 46, pp. 49–60, 2000.

[38] V. Mengeaud, J. Josserand, and H. Girault, “Mixing processes in a zigzag microchannel - finite element simulations and optical study,” *Analytical Chemistry*, vol. 74, pp. 4279–4286, 2002.

[39] H. Bruus, “Theoretical microfluidics,” *Oxford-University Press*, 2008.

[40] H. Oertel and M. Böhle, “Strömungsmechanik,” *Vieweg + Teubner Verlag*, 2004.

[41] M. Bonnet, “Kunststoffe in der Ingenieuranwendung,” *Vieweg + Teubner Verlag*, 2009.

[42] C. Li, S. Nikumb, and F. Wong, “An optimal process of femtosecond laser cutting of NiTi shape memory alloy for fabrication of miniature devices,” *Optics and Lasers in Engineering*, vol. 44, pp. 1078–1087, 2006.

[43] J. Barth, “Bistabiles Magneto-Formgedächtnis-Mikroventil,” *Doktorarbeit, Institut für Mikrostrukturtechnik, Karlsruher Institut für Technologie*, 2012.

[44] *www.cadgrafik-bauriedl.de (Stand: Dezember 2012).*

[45] G. Pötsch and W. Michaeli, “Injection molding: an introduction,” 2008.

[46] A. Steinmüller and O. Bergner, “Zerspantechnik: Fachbildung,” *Europa Lehrmittel*, 2008.

[47] G. Habenicht, "Kleben: Grundlagen, Technologien, Anwendungen," *Springer-Verlag*, 2009.

[48] W. Pfleging and O. Baldus, "Laser patterning and welding of transparent polymers for microfluidic device fabrication," in *Proceeding SPIE*, 2006.

[49] M. Worgull, "Hot embossing - theory and technology of microreplication," *William Andrew*, 2009.

[50] H. Dittrich, M. Heckele, and W. Schomburg, "Werkzeugentwicklung für das Heissprägen beidseitig mikrostrukturierter Formteile," *Doktorarbeit, Institut für Mikrostrukturtechnik, Universität Karlsruhe*, 2004.

[51] L. von Busse, "Laserdurchstrahlschweissen von Thermoplasten: Werkstoffeinflüsse und Wege zur optimierten Prozessführung," *Garbsen: PZH Produktionstechnisches Zentrum*, 2005.

[52] E. Haberstroh, W. Hoffmann, R. Poprawe, and F. Sari, "3 laser transmission joining in microtechnology," *Microsystem Technologies*, vol. 12, pp. 632–639, 2006.

[53] C. Tsao and D. DeVoe, "Bonding of thermoplastic polymer microfluidics," *Microfluidics and Nanofluidics*, vol. 6, pp. 1–16, 2009.

[54] Y. Hsu and T. Chen, "Applying taguchi methods for solvent-assisted PMMA bonding technique for static and dynamic µ-tas devices," *Biomedical Microdevices*, vol. 9, pp. 513–522, 2007.

[55] R. Truckenmüller, P. Henzi, D. Herrmann, V. Saile, and W. Schomburg, "Bonding of polymer microstructures by UV irradiation and subsequent welding at low temperatures," *Microsystem Technologies*, vol. 10, pp. 372–374, 2004.

[56] M. Madou, "Fundamentals of microfabrication: The science of miniaturization," *CRC-Press*, 2002.

[57] R. Wolffenbuttel and K. Wise, "Low-temperature silicon wafer-to-wafer bonding using gold at eutectic temperature," *Sensors and Actuators A: Physical*, vol. 43, pp. 223–229, 1994.

[58] H. Gradin, S. Braun, G. Stemme, and W. Wijngaart, “A wafer-level, heterogeneously integrated, high flow SMA-silicon gas microvalve,” *International Solid-State Sensors, Actuators and Microsystems Conference, TRANSDUCERS*, pp. 1781–1784, 2011.

[59] ——, “SMA microvalves for very large gas flow control manufactured using wafer-level eutectic bonding,” *IEEE Transactions on Industrial Electronics*, vol. 59, pp. 4895–4096, 2011.

[60] T. Massalski, “Binary alloy phase diagrams,” *American Society for Metals*, 1990.

[61] Benutzerhandbuch, “Steuerung für Gleichstromlinearwiederstands-schweisssystem,” *Modell Nr. UB25, Unitek Equipment*, 2001.

[62] U. Tietze and C. Schenk, “Halbleiterschaltungstechnik,” *Springer-Verlag*, 1999.

[63] M. Reuter and S. Zacher, “Regelungstechnik für Ingenieure,” *Vieweg + Teubner Verlag*, 2011.

[64] T. Baba and A. Ono, “Improvement of the laser flash method to reduce uncertainty in thermal diffusivity measurements,” *Measurement Science and Technology*, vol. 12, pp. 2046–2057, 2001.

[65] M. Rohde, “Photoacoustic characterization of thermal transport properties in thin films and microstructures,” *Thin Solid Films*, vol. 238, pp. 199–206, 1994.

[66] J. Aderhold, G. Dobman, M. Goldammer, and T. Hierl, “Leitfaden zur Wärmefluss-Thermographie,” *Fraunhofer-Allianz*, 2011.

[67] D. Cahill, H. Fischer, T. Klitsner, E. Swartz, and R. Pohl, “Thermal conductivity of thin films: Measurements and understanding,” *Journal of Vacuum Science Technology A: Vacuum, Surfaces, and Films*, vol. 7, pp. 1259–1266, 1989.

[68] D. Meschede, “Gerthsen Physik,” *Springer-Verlag*, 2010.

[69] W. Kalide, “Einführung in die technische Strömungslehre,” *Carl Hanser Verlag*, 1990.

[70] J. Shercliff, “The theory of electromagnetic flow-measurement,” *Cambridge University Press*, 1962.

[71] G. Comte-Bellot, “Hot-wire anemometry,” *Annual Review of Fluid Mechanics*, vol. 8, pp. 209–231, 1976.

[72] W. Wuest, “Strömungsmesstechnik: Lehrbuch für Aerodynamiker, Strömungsmaschinenbauer, Lüftungs- und Verfahrenstechniker,” *Vieweg + Teubner Verlag*, 1969.

[73] W. Nitsche and A. Brunn, “Strömungsmesstechnik,” *Springer-Verlag*, 2006, in: Springer-Online.

[74] C. Pemble and B. Towe, “A miniature shape memory alloy pinch valve,” *Sensors and Actuators A: Physical*, vol. 77, pp. 145–148, 1999.

[75] M. Piccini and B. Towe, “A shape memory alloy microvalve with flow sensing,” *Sensors and Actuators A: Physical*, vol. 128, pp. 344–349, 2006.

[76] L. Gui and C. Ren, “Exploration and evaluation of embedded shape memory alloy microvalves for high aspect ratio microchannels,” *Sensors and Actuators A: Physical*, vol. 168, pp. 155–161, 2011.

[77] C. Ray, C. Sloan, A. Johnson, J. Busch, and B. Petty, “A silicon-based shape memory alloy microvalve,” *MRS Proceedings*, vol. 276, 1992.

[78] Y. Lee and I. Shimoyama, “A multi-channel micro valve for micro pneumatic artificial muscle,” *International Conference on Micro Electro Mechanical Systems, MEMS*, pp. 702–705, 2002.

[79] P. Barth, “Silicon microvalves for gas flow control,” *International Solid-State Sensors, Actuators and Microsystems Conference, TRANSDUCERS*, pp. 276–279, 1995.

[80] H. Kahn, M. Huff, and A. Heuer, “The TiNi shape-memory alloy and its applications for MEMS,” *Journal of Micromechanics and Microengineering*, vol. 8, pp. 213–221, 1998.

[81] K. Skrobanek, M. Kohl, and S. Miyazaki, “Stress-optimised shape memory microvalves,” *International Conference on Micro Electro Mechanical Systems, MEMS*, pp. 256–261, 1997.

[82] ——, "Stress-optimised shape memory devices for the use in microvalve," *Journal de Physique*, vol. 5, pp. 597–602, 1997.

[83] M. Kohl, K. Skrobanek, and S. Miyazaki, "Development of stress-optimised shape memory microvalves," *Sensors and Actuators A: Physical*, vol. 72, pp. 243–250, 1999.

[84] D. Dittmann, "Mikroventile mit Formgedächtnis-Dünnschichten," *Diplomarbeit, Institut für Mikrostrukturtechnik, Universität Karlsruhe*, 1998.

[85] M. Kohl, D. Dittmann, E. Quandt, B. Winzek, S. Miyazaki, and D. Allen, "Shape memory microvalves based on thin films or rolled sheets," *Materials Science and Engineering: A*, vol. 273-275, pp. 784–788, 1999.

[86] M. Kohl, Y. Liu, B. Krevet, S. Dürr, and M. Ohtsuka, "SMA microactuators for microvalve applications," *Journal de Physique IV*, vol. 115, pp. 333–342, 2004.

[87] I. Hürst, "Thermische Optimierung eines Mikroventils mit Formgedächtnisantrieb," *Diplomarbeit, Institut für Mikrostrukturtechnik, Universität Karlsruhe*, 1999.

[88] A. Strojek, "Entwicklung von druckkompensierten Mikromembranaktoren mit NiTi-Formgedächtnisantrieb," *Diplomarbeit, Institut für Mikrostrukturtechnik, Universität Karlsruhe*, 1998.

[89] M. Kohl, D. Dittmann, E. Quandt, and B. Winzek, "Thin film shape memory microvalves with adjustable operation temperature," *Sensors and Actuators A: Physical*, vol. 83, pp. 214–219, 2000.

[90] M. Kohl, I. Hürst, and B. Krevet, "Time response of shape memory microvalves," *International Solid-State Sensors, Actuators and Microsystems Conference, TRANSDUCERS*, 2000.

[91] B. Krevet and M. Kohl, "Simulation of Shape Memory Devices with Coupled Finite Element Programs," *International Conference on Modeling and Simulation of Microsystems*, pp. 282–285, 2001.

[92] Y. Liu, “Formgedächtnis-Mikroventile mit hoher Energiedichte,” *Doktorarbeit, Institut für Mikrostrukturtechnik, Universität Karlsruhe*, 2003.

[93] S. Hoffmann, “Formgedächtnis-Mikroventile für die Laboranalytik,” *Diplomarbeit, Institut für Mikrostrukturtechnik, Universität Karlsruhe*, 2000.

[94] A. Lahousse, “Aufbau von biokompatiblen Mikroventilen,” *Diplomarbeit, Institut für Mikrostrukturtechnik, Universität Karlsruhe*, 2009.

[95] M. Bonamarte, “Entwicklung eines Mikroventils mit hochintegriertem Durchflusssensor für Dosieranwendungen,” *Diplomarbeit, Institut für Mikrostrukturtechnik, Universität Karlsruhe*, 2009.

[96] Y. Liu, S. Dürr, D. Dittmann, and M. Kohl, “A modular integrated microfluidic controller,” *International Conference on New Actuators, ACTUATOR*, 2002.

[97] M. Kohl, Y. Liu, and D. Dittmann, “A polymer-based microfluidic controller,” *International Conference on Micro Electro Mechanical Systems, MEMS*, pp. 288 – 291, 2004.

[98] J. Göbes, “Entwicklung von Normally-Closed-Mikroventilen mit Formgedächtnis-Dickfilmen,” *Diplomarbeit, Institut für Mikrostrukturtechnik, Universität Karlsruhe*, 1999.

[99] M. Kohl, J. Göbes, and B. Krevet, “Normally-closed shape memory microvalve,” *International Journal of Applied Electromagnetics and Mechanics*, vol. 12, pp. 71–77, 2000.

[100] J. Hrafnsdottir, “Normal geschlossenes FGL-Mikroventil mit hohem Temperatur-Einsatzbereich,” *Diplomarbeit, Institut für Mikrostrukturtechnik, Universität Karlsruhe*, 2004.

[101] M. Popp, “Entwicklung eines normal geschlossenen FGL-Mikroventils,” *Diplomarbeit, Institut für Mikrostrukturtechnik, Universität Karlsruhe*, 2003.

[102] S. Kley, “Parallelfertigung von Formgedächtnis-Mikroventilen,” *Studienarbeit, Institut für Mikrostrukturtechnik, Universität Karlsruhe*, 2005.

[103] T. Cuntz, "Parallelfertigung von Mikroventilen," *Diplomarbeit, Institut für Mikrostrukturtechnik, Universität Karlsruhe*, 2007.

[104] T. Grund, T. Cuntz, and M. Kohl, "Batch fabrication of polymer microsystems with shape memory microactuators," *International Conference on Micro Electro Mechanical Systems, MEMS*, pp. 423–426, 2008.

[105] T. Grund, R. Guerre, M. Despont, and M. Kohl, "Transfer bonding technology for batch fabrication of sma microactuators," *The European Physical Journal - Special Topics*, vol. 158, pp. 237–242, 2008.

[106] T. Grund, C. Megnin, J. Barth, and M. Kohl, "Batch fabrication of shape memory actuated polymer microvalves by transfer bonding techniques," *Journal of Microelectronics and Electronic Packaging*, vol. 6, pp. 219–227, 2010.

[107] T. Grund, "Entwicklung von Kunststoff-Mikroventilen im Batch-Verfahren," *Doktorarbeit, Institut für Mikrostrukturtechnik, Karlsruher Institut für Technologie*, 2010.

[108] J. Barth, C. Megnin, and M. Kohl, "A bistable shape memory microvalve," *International Conference on Micro Electro Mechanical Systems, MEMS*, pp. 1067–1070, 2011.

[109] J. Barth, B. Krevet, and M. Kohl, "A bistable shape memory microswitch with high energy density," *Smart Materials and Structures*, vol. 19, pp. 1–8, 2010.

[110] *www.takasago-elec.com (Stand: Dezember 2012).*

[111] *http://de.toto.com (Stand: Dezember 2012).*

[112] *www.actuatorsolutions.de (Stand: Dezember 2012).*

[113] K. Oh and C. Ahn, "A review of microvalves," *Journal of Micromechanics and Microengineering*, vol. 16, pp. 13–39, 2006.

[114] C. Fu, Z. Rummler, and W. Schomburg, "Magnetically driven micro ball valves fabricated by multilayer adhesive film bonding," *Journal of Micromechanics and Microengineering*, vol. 13, pp. 96–102, 2003.

[115] D. Sadler, K. Oh, C. Ahn, S. Bhansali, and H. Henderson, “A new magnetically actuated microvalve for liquid and gas control applications,” *International Conference on Micro Electro Mechanical Systems, MEMS*, pp. 1812–1815, 1999.

[116] J. Bintoro and P. Hesketh, “An electromagnetic actuated on/off microvalve fabricated on top of a single wafer,” *Journal of Micromechanics and Microengineering*, vol. 15, pp. 1157–1173, 2005.

[117] S. Kaiser, “Entwicklung eines magnetisch-induktiven Mikroventils nach dem AMANDA-verfahren,” *Doktorarbeit, Institut für Mikrostrukturtechnik, Universität Karlsruhe*, 2000.

[118] K. Sato and M. Shikida, “An electrostatically actuated gas valve with an S-shaped film element,” *Journal of Micromechanics and Microengineering*, vol. 4, pp. 205–209, 1994.

[119] M. Shikida, K. Sato, S. Tanaka, Y. Kawamura, and Y. Fujisaki, “Electrostatically driven gas valve with high conductance,” *Journal of Microelectromechanical Systems*, vol. 3, pp. 76–80, 1994.

[120] J. Schaible, J. Vollmer, R. Zengerle, H. Sandmaier, and T. Strobelt, “Electrostatic microvalves in silicon with 2-way function for industrial applications,” *International Conference on Micro Electro Mechanical Systems, MEMS*, pp. 928–931, 2001.

[121] M. Huff, F. Lisy, and M. Durand, “A novel bulk micromachined electrostatic microvalve with a curved-compliant structure applicable for a pneumatic tactile display,” *Journal of Microelectromechanical Systems*, vol. 10, pp. 187–196, 2001.

[122] I. Fazal and M. Elwenspoek, “Design and analysis of a high pressure piezoelectric actuated microvalve,” *Journal of Micromechanics and Microengineering*, vol. 17, pp. 2366–2379, 2007.

[123] D. Roberts, L. Hanqing, J. Steyn, O. Yaglioglu, S. Spearing, M. Schmidt, and N. Hagood, “A piezoelectric microvalve for compact high-frequency, high-differential pressure hydraulic micropumping systems,” *Journal of Microelectromechanical Systems*, vol. 12, pp. 81–92, 2003.

[124] E. Yang, L. Choonsup, J. Mueller, and T. George, "Leak-tight piezoelectric microvalve for high-pressure gas micropropulsion," *Journal of Microelectromechanical Systems*, vol. 13, pp. 799–807, 2004.

[125] I. Chakraborty, W. Tang, D. Bame, and T. Tang, "Mems micro-valve for space applications," *Sensors and Actuators A: Physical*, vol. 83, pp. 188–193, 2000.

[126] T. Rogge, "Entwicklung eines piezogetriebenen Mikroventils-von der Idee bis zur Vorserienfertigung," *Doktorarbeit, Institut für Mikrostrukturtechnik, Universität Karlsruhe*, 2001.

[127] T. Rogge, Z. Rummler, and W. K. Schomburg, "Polymer micro valve with a hydraulic piezo-drive fabricated by the AMANDA process," *Sensors and Actuators A: Physical*, vol. 110, pp. 206–212, 2004.

[128] J. Kim, K. Na, C. J. Kang, D. Jeon, and Y. Kim, "A disposable thermopneumatic-actuated microvalve stacked with pdms layers and ito-coated glass," *Microelectronic Engineering*, vol. 73-74, pp. 864–869, 2004.

[129] C. Rich and K. Wise, "A high-flow thermopneumatic microvalve with improved efficiency and integrated state sensing," *Journal of Microelectromechanical Systems*, vol. 12, pp. 201–208, 2003.

[130] H. Takao, K. Miyamura, H. Ebi, M. Ashiki, K. Sawada, and M. Ishida, "A MEMS microvalve with PDMS diaphragm and two-chamber configuration of thermo-pneumatic actuator for integrated blood test system on silicon," *Sensors and Actuators A: Physical*, vol. 119, pp. 468–475, 2005.

[131] B. Yang, B. Wang, and W. K. Schomburg, "A thermopneumatically actuated bistable microvalve," *Journal of Micromechanics and Microengineering*, vol. 20, pp. 1–8, 2010.

[132] B. Yang, B. Wang, and W. Schomburg, "Structure design and fabrication of a bistable microvalve," *Second International Conference on Mechanic Automation and Control Engineering, MACE*, pp. 1635–1638, 2011.

[133] C. Goll, W. Bacher, B. Büstgens, D. Maas, W. Menz, and W. Schomburg, "Microvalves with bistable buckled polymer diaphragms," *Journal of Micromechanics and Microengineering*, vol. 6, pp. 77–79, 1995.

[134] T. Huesgen, G. Lenk, T. Lemke, and P. Woias, "Bistable silicon microvalve with thermoelectrically driven thermopneumatic actuator for liquid flow control," *International Conference on Micro Electro Mechanical Systems, MEMS*, pp. 1159–1162, 2010.

[135] J. Potkay and K. Wise, "An electrostatically latching thermopneumatic microvalve with closed-loop position sensing," *International Conference on Micro Electro Mechanical Systems, MEMS*, pp. 415–418, 2005.

[136] ——, "A hybrid thermopneumatic and electrostatic microvalve with integrated position sensing," *Micromachines*, vol. 3, pp. 379–395, 2012.

[137] S. Böhm, G. Burger, M. Korthorst, and F. Roseboom, "A micromachined silicon valve driven by a miniature bi-stable electro-magnetic actuator," *Sensors and Actuators A: Physical*, vol. 80, pp. 77 – 83, 2000.

[138] R. Luharuka and P. Hesketh, "A bistable electromagnetically actuated rotary gate microvalve," *Journal of Micromechanics and Microengineering*, vol. 18, pp. 1–14, 2008.

[139] P. Wang, X. Dai, X. Miao, X. Zhao, and J. Liu, "A microelectroplated magnetic vibration energy scavenger for wireless sensor microsystems," *IEEE International Conference on Nano/Micro Engineered and Molecular Systems*, pp. 383–386, 2010.

[140] P. Wang, K. Tanaka, S. Sugiyama, X. Dai, X. Zhao, and J. Liu, "A micro electromagnetic low level vibration energy harvester based on mems technology," *Microsystem Technologies*, vol. 15, pp. 941–951, 2009.

[141] J. S. Bintoro, P. J. Hesketh, and Y. Berthelot, "CMOS compatible bistable electromagnetic microvalve on a single wafer," *Microelectronics Journal*, vol. 36, pp. 667–672, 2005.

[142] J. Sutanto, P. Hesketh, and Y. Berthelot, "Design, microfabrication and testing of a CMOS compatible bistable electromagnetic microvalve with latching/unlatching mechanism on a single wafer," *Journal of Micromechanics and Microengineering*, vol. 16, pp. 266–275, 2006.

[143] M. Capanu, J. Boyd, and P. Hesketh, "Design, fabrication, and testing of a bistable electromagnetically actuated microvalve," *Journal of Microelectromechanical Systems*, vol. 9, pp. 181–189, 2000.

[144] B. Byunghoon, H. Jeahyeong, R. Masel, and M. Shannon, "A bidirectional electrostatic microvalve with microsecond switching performance," *Journal of Microelectromechanical Systems*, vol. 16, pp. 1461 –1471, 2007.

[145] D. Bosch, B. Heimhofer, G. Mück, H. Seidel, U. Thumser, and W. Welser, "A silicon microvalve with combined electromagnetic/electrostatic actuation," *Sensors and Actuators A: Physical*, vol. 37-38, pp. 684–692, 1993.

[146] B. Yang and Q. Lin, "A latchable phase-change microvalve with integrated heaters," *Journal of Microelectromechanical Systems*, vol. 18, pp. 860–867, 2009.

[147] R. Pal, M. Yang, B. Johnson, D. Burke, and M. Burns, "Phase change microvalve for integrated devices," *Analytical Chemistry*, vol. 76, pp. 3740–3748, 2004.

[148] *www.theleeco.com (Stand: Dezember 2012).*

[149] P. Hull, S. Canfield, and C. Carrington, "A radiant energy-powered shape memory alloy actuator," *Mechatronics*, vol. 14, pp. 757–775, 2004.

[150] Y. Li, M. Sasaki, and K. Hane, "A two-dimensional self-aligning system driven by shape memory alloy actuators," *Optics and Laser Technology*, vol. 37, pp. 147–149, 2005.

[151] F. Schiedeck, "Entwicklung eines Modells für Formgedächtnisaktoren im geregelten dynamischen Betrieb," *Doktorarbeit, Institut für Dynamik und Schwingungen, Leibniz Universität Hannover*, 2009.

[152] N. Ma and G. Song, "Control of shape memory alloy actuator using pulse width modulation," *Smart Materials and Structures*, vol. 12, pp. 712–719, 2003.

[153] G. Song, B. Kelly, and B. Agrawal, "Active position control of a shape memory alloy wire actuated composite beam," *Smart Materials and Structures*, vol. 9, pp. 711–716, 2000.

[154] G. Song and N. Ma, "Control of shape memory alloy actuators using pulse- width pulse-frequency (PWPF)," *Journal of Intelligent Material Systems and Structures*, vol. 14, pp. 15–22, 2003.

[155] M. Tharayil and A. Alleyne, "Modeling and control for smart mesoflap aeroelastic control," *Transactions on Mechatronics, IEEE/ASME*, vol. 9, pp. 30–39, 2004.

[156] E. Shameli, A. Alasty, and H. Salaarieh, "Stability analysis and nonlinear control of a miniature shape memory alloy actuator for precise applications," *Mechatronics*, vol. 15, pp. 471–486, 2005.

[157] H. Lee and J. Lee, "Time delay control of a shape memory alloy actuator," *Smart Materials and Structures*, vol. 13, pp. 227–239, 2004.

[158] P. Gedouin, E. Delaleau, J. Bourgeot, C. Join, S. A. Chirani, and S. Calloch, "Experimental comparison of classical PID and model-free control: Position control of a shape memory alloy active spring," *Control Engineering Practice*, vol. 19, pp. 433–441, 2011.

[159] S. Majima, K. Kodama, and T. Hasegawa, "Modeling of shape memory alloy actuator and tracking control system with the model," *Transactions on Control Systems Technology, IEEE*, vol. 9, pp. 54–59, 2001.

[160] B. Selden, K. Cho, and H. Asada, "Segmented shape memory alloy actuators using hysteresis loop control," *Smart Materials and Structures*, vol. 15, pp. 642–652, 2006.

[161] G. Song, V. Chaudhry, and C. Batur, "Precision tracking control of shape memory alloy actuators using neural networks and a sliding-mode based robust controller," *Smart Materials and Structures*, vol. 12, pp. 223–230, 2003.

[162] S. Majima, K. Kodama, and T. Hasegawa, “Modeling of shape memory alloy actuator and tracking control system with the model,” *Transactions on Control Systems Technology, IEEE*, vol. 9, pp. 54–59, 2001.

[163] M. Kohl and B. Krevet, “3D simulation of a shape shape memory microactuator,” *Materials Transactions*, vol. 43, pp. 1030–1036, 2002.

[164] E. Hornbogen, “Werkstoffe - Aufbau und Eigenschaften,” *Springer-Verlag*, 2002.

[165] *www.fop.de (Stand: Dezember 2012).*

[166] *www.tesa.de (Stand: Dezember 2012).*

[167] *www.uweelectronic.de oder www.fixtest.de (Stand: Dezember 2012).*

[168] M. Brammer, “Modualre Optoelektronische Mikrofluiidsche Backplane,” *Doktorarbeit, Institut für Mikrostrukturtechnik, Karlsruher Institut für Technologie*, 2012.

[169] *www.dymax.com (Stand: Dezember 2012).*

[170] *www.si-mat.com (Stand: Dezember 2012).*

[171] *www.goodfellow.com (Stand: Dezember 2012).*

[172] *www.dupont.com (Stand: Dezember 2012).*

[173] *www.topasfilmlab.com (Stand: Dezember 2012).*

[174] *www.hala-tec.de (Stand: Dezember 2012).*

[175] *www.uweelectronic.de (Stand: Dezember 2012).*

[176] *www.quick-ohm.de (Stand: Dezember 2012).*

[177] *www.federnshop.com (Stand: Dezember 2012).*

[178] *www.hkcm.de (Stand: Dezember 2012).*

[179] *www.modellbauershop.de (Stand: Dezember 2012).*

[180] P. Orlowski, "Praktische Regeltechnik," *Springer-Verlag*, 2011.

[181] J. Barth, B. Krevet, and M. Kohl, "A bistable SMA microactuator with large work output," *International Solid-State Sensors, Actuators and Microsystems Conference, TRANSDUCERS*, pp. 41–44, 2009.

[182] C. Megnin, J. Barth, and M. Kohl, "A bistable SMA microvalve for 3/2-way control," *Sensors and Actuators A: Physical*, vol. 188, pp. 285–291, 2012.

[183] M. Brammer, C. Megnin, A. Voigt, M. Kohl, and T. Mappes, "Modular optoelectronic microfluidic backplane for fluid analysis systems," *Journal of Microelectromechanical Systems*, vol. 22, pp. 462–470, 2013.

[184] C. Megnin and M. Brammer, "Ventilstecker," *DE202012001202U1*, 2012.

[185] *www.femm.info (Stand: Dezember 2012).*

[186] C. Megnin, M. Brammer, and J. Barth, "Fluidische Steckverbindung," *DE202010001422U1*, 2010.

[187] C. Wald, "Charakterisierung mikrofluidischer Bauteile mittels standardisiertem Messverfahren," *Diplomarbeit, Institut für Mikrostrukturtechnik, Karlsruher Institut für Technologie*, 2010.

[188] *www.hsg-imit.de (Stand: Dezember 2012).*

A. Anhang

A.1. Einstellregeln der Regelparameter

Einstellen der Regelparameter durch die Regeln von Ziegeler/Nichols und Chien/Hrones/Reswick. Durch Tabelle A.1 können die Regelparameter k_P, t_N und t_V an Hand der experimentell ermittelten Größen k_S, t_G und t_U bestimmt werden.

Einstellregeln		Regeltyp	Einstellparameter		
			k_P	t_N	t_V
Ziegler Nichols		PI	$0{,}90 \bullet \frac{t_G}{k_S \bullet t_U}$	$3{,}33 \bullet t_U$	0
Ziegler Nichols		PID	$1{,}20 \bullet \frac{t_G}{k_S \bullet t_U}$	$2{,}00 \bullet t_U$	$0{,}50 \bullet t_U$
Chien Hrones Reswick	Optmimierte Störgrößen-kompensation	PI	$0{,}60 \bullet \frac{t_G}{k_S \bullet t_U}$	$4{,}00 \bullet t_U$	0
Chien Hrones Reswick	Optmimierte Störgrößen-kompensation	PID	$0{,}95 \bullet \frac{t_G}{k_S \bullet t_U}$	$2{,}40 \bullet t_U$	$0{,}42 \bullet t_U$
Chien Hrones Reswick	Führungs-verhalten optimiert	PI	$0{,}35 \bullet \frac{t_G}{k_S \bullet t_U}$	$1{,}20 \bullet t_G$	0
Chien Hrones Reswick	Führungs-verhalten optimiert	PID	$0{,}60 \bullet \frac{t_G}{k_S \bullet t_U}$	$1{,}00 \bullet t_G$	$0{,}50 \bullet t_U$

Tabelle A.1.: Regelparametereinstellung durch das Wendetangentenverfahren einer Sprungantwort.

A.2. Mikroventilprüfstand

Zur Charakterisierung der entwickelten Komponenten wird innerhalb der Dissertation ein mikrofluidischer Prüfstand entwickelt. Der Prüfstand besitzt einen Kreislauf für gasförmige und einen für flüssige Medien, die über einen gemeinsamen Druckanschluss gespeist werden. Durch einen Druckregler kann die abfallende Druckdifferenz in beiden Kreisläufen eingestellt werden und der resultierende Durchfluss wird durch Durchflusssensoren in dem entsprechenden Kreislauf gemessen. Der zu prüfende Körper wird über standardisierte Fluidkontakte zwischen zwei Drucksensoren und Absperrventilen angeschlossen. Dies ermöglicht die Messung von Druckabfällen und Leckagen, die zusätzlich noch über einen hochsensitiven Durchflusssensor detektiert werden. Mit dem Prüfstand kann das statische und dynamische Durchflussverhalten sowie die Dichtheit und Schaltzeit von fluidischen Komponenten gemessen werden. Um den Einfluss der Mediumstemperatur auf diese Komponenten und umgekehrt detektieren zu können, werden Temperatursensoren vor und nach dem Prüfkörper im Fluidikkanal integriert. Die Ansteuerung der Komponenten und das Auslesen der Messergebnisse sind mittels LabVIEW realisiert. Die Software ermöglicht automatisierte Messungen, bei denen der Benutzer die Parameter in einer Benutzeroberfläche eingeben kann. Abbildung A.1a) zeigt ein Foto des Prüfstands und b) die Benutzeroberfläche zur automatisierten Ansteuerung.

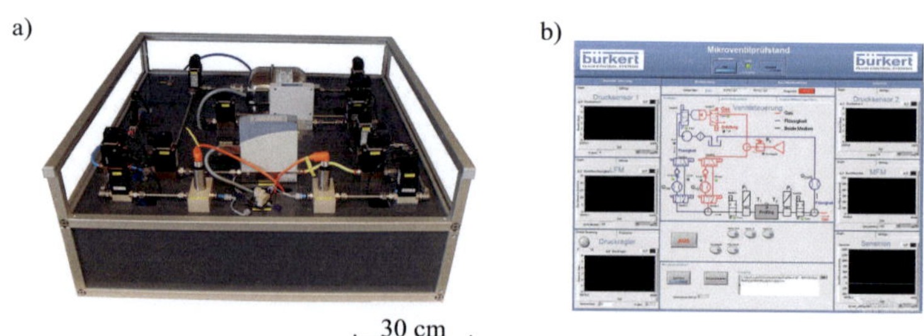

Abbildung A.1.: a) Foto des Prüfstands zur Charakterisierung mikrofluidischer Komponenten. b) Benutzeroberfläche zur Ansteuerung von automatisierten Messzyklen mittels LabVIEW.

A.3. Kraft-Weg Verhalten der fluidischen Dichtmembran

Abbildung A.2 zeigt die Stauchung der fluidischen Membran mit einer Dicke von 130 µm bei einer Druckbelastung bis 10 N. Die maximalen magnetostatischen Kräfte des Ventilsteckers betragen 9 N und folglich wird die Dichtmembran um etwa 70 µm gestaucht.

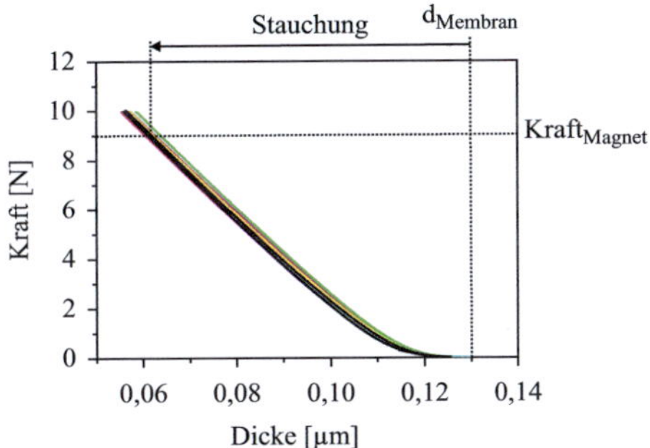

Abbildung A.2.: Stauchung der fluidischen Dichtmembran in Abhängigkeit einer Druckkraft.

A.4. Transmission von COC im ultravioletten Bereich

Abbildung A.3 zeigt die Transmission durch COC für einen Wellenlängenbereich zwischen 210 - 400 nm. Die zur Verfügung stehende Entladungslampe (DELOLUX 04) besitzt ein Emissionsspektrum zwischen 315 - 500 nm und damit eine hohe Transmission innerhalb dieses Bereichs.

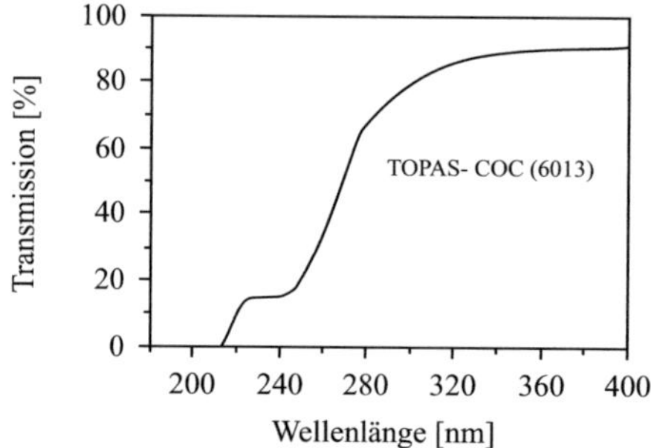

Abbildung A.3.: Spektrale Transmission von COC im Wellenlängenbereich zwischen 210 - 400 nm bei senkrechtem Lichteinfall und einer Probendicke von 1 mm.

A.5. Reaktionszeiten des Durchflusssensors für flüssige Medien

Abbildung A.4 zeigt die Reaktionszeiten des verwendeten Durchflusssensors[1] für flüssige Medien. Zum Zeitpunkt t = 10 s wird das NO FGL-Mikroventil durch eine elektrische Heizleistung von 150 mW geschlossen und zum Zeitpunkt t = 20 s wird die Heizleistung ausgeschaltet.

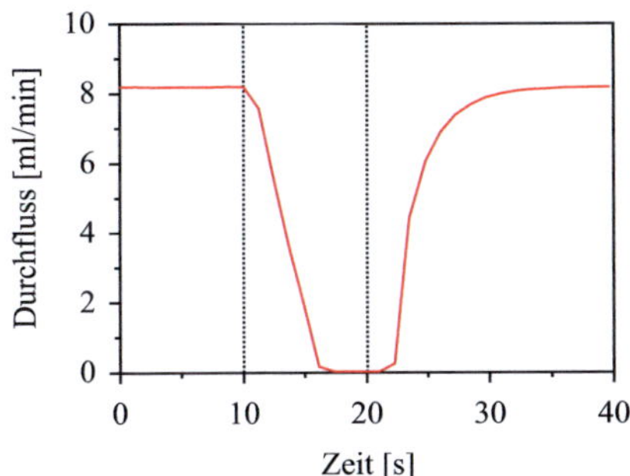

Abbildung A.4.: Zeitabhängige Durchflusskennlinie eines NO Mikroventils bei einer anliegenden Druckdifferenz von 100 kPa für Wasser als Testmedium, das zum Zeitpunkt t =10 s durch eine elektrische Heizleistung von 150 mW geschlossen und zum Zeitpunkt t =20 s wieder geöffnet wird.

[1] Bürkert (8709)

A.6. Kommerzielle Durchflusssensoren

Tabelle A.2 zeigt eine Übersicht über kommerzielle Durchflusssensoren, die den Anforderungen und Spezifikationen (Tabelle 1.1) entsprechen. In dieser Arbeit wird der Durchflusssensor von Honeywell (AWM 43300V) gewählt, da dieser den Messbereich abdeckt, eine schelle Reaktionszeit besitzt und durch den analogen Ausgang in die Regelung integriert werden kann.

Hersteller	Sensor-bezeichnung	Medium: Gas (G) - Flüssigkeit (F)	Messbereich: G: [sccm], F [ml/min]	Genauigkeit [%]	Messfrequenz [Hz] Reaktionszeit [ms]	Ausgabewert
Sensirion	ASL1600	G,F	0-4 ml/min	1	200 Hz	RS 232
	LG 16	G,F	0-5 ml/min	1	200 Hz	RS 232
ThinXXS	FSS 0809	F	0-30 ml/min	2	< 50 ms	RS 232, analog
SensorTechnics	FBO	G	0-1000 sccm	0,35	< 3 ms	/
Honeywell	AWM 300	G	0-1000 sccm	1	3 ms	analog
	AWM 43300V	**G**	**0-1000 sccm**	**0,5**	**< 3 ms**	**analog**
HSG-IMIT	Thermischer Sensor	G,F	konfigurierbar	/	< 5ms	analog
IST-AG	FS5L	G,F	0-18 ml/min	3	< 100 ms	analog
Bronkhorst	Liquid-Flow L20	F	3,3-167 ml/min	1	/	RS 232, analog, BUS
Leister	Mflow	G	0-3000 sccm	0,2	4ms	RS 232, analog, SPI

Tabelle A.2.: Kommerziell erhältliche Durchflusssensoren mit Angaben des Messbereichs, der Genauigkeit, der Auflösung und der Ausgabewerte.

A.7. Parameter des Spritzgießens

Material	TOPAS - COC (6013)
Formteilbezeichnung	Platte 100 x 100 x 6 mm³
Füllstoff (Batch)	Remafin - Schwarz (6E-AE)
Anteil	2 vol%
Vortrocknung	
Temperatur	100 °C
Zeit	4h
Massetemperatur	300 °C
Werkzeugtemperatur	100 °C
Dosiervolumen	165 cm³
Umschaltung auf Nachdruck	23 cm³
Zylindertemperaturen	
Einzug	80 °C
Zone 1	240 °C
Zone 2	280 °C
Zone 3	300 °C
Düse	300 °C
Zeiten	
Einspritzzeit	2,94 s
Nachdruckzeit	25,00 s
Dosierzeit	18,00 s
Dosierverzögerungszeit	25,00 s
Restkühlzeit	75,00 s
Zykluszeit	110,00 s
Kraft / Druck	
Schließkraft	1000 kN
Schließkraft (spezif.)	26,9 MPa
Einspritzprofil	50 cm³/s
Nachdruck	55 MPa

Tabelle A.3.: Spritzgussparameter des Kunststoffzentrums-Leipzig zur Herstellung von Prüfplatten aus COC mit den Abmessungen 100 x 100 x 6 mm^3.

A.8. Schaltplan der elektrischen Anschlussplatte

Abbildung A.5 zeigt den Schaltplan der elektrischen Anschlussplatte zur simultanen Ansteuerung von bis zu neun Mikroventile auf der fluidischen Schaltplatte.

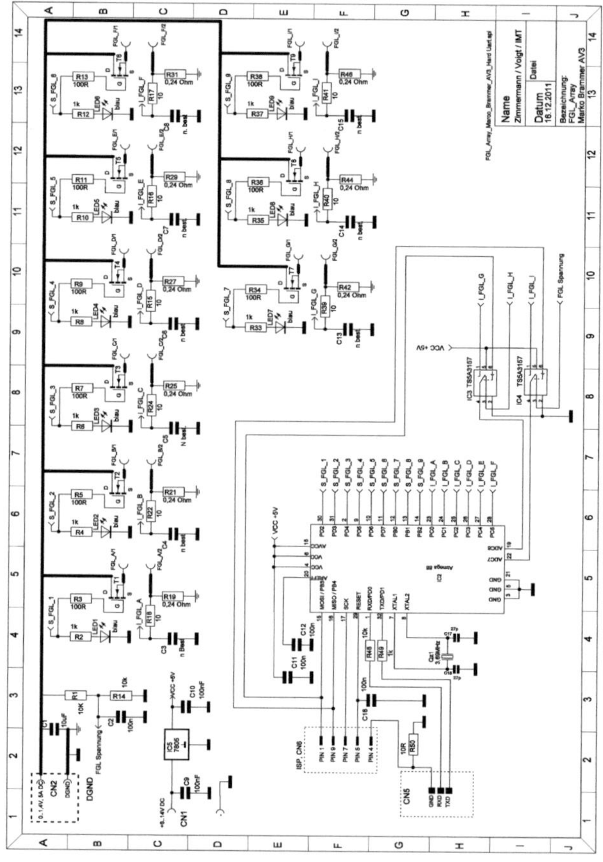

Abbildung A.5.: Schaltplan der elektrischen Anschlussplatte zur simultanen Ansteuerung von neun Mikroventilen mit einem pulsweitenmodulierten Signal über einen Mikrocontroller und Transistoren.

A.9. Durchfluss von Wasser in Abhängigkeit der Schichtdicke

Abbildung A.6 zeigt den Durchfluss von Wasser des bistabilen Mikroventils im offenen und geschlossen Zustand in Abhängigkeit der Schichtdicken Ah1 und Ah2 für anliegende Druckdifferenzen in einem Bereich 10 - 30 kPa.

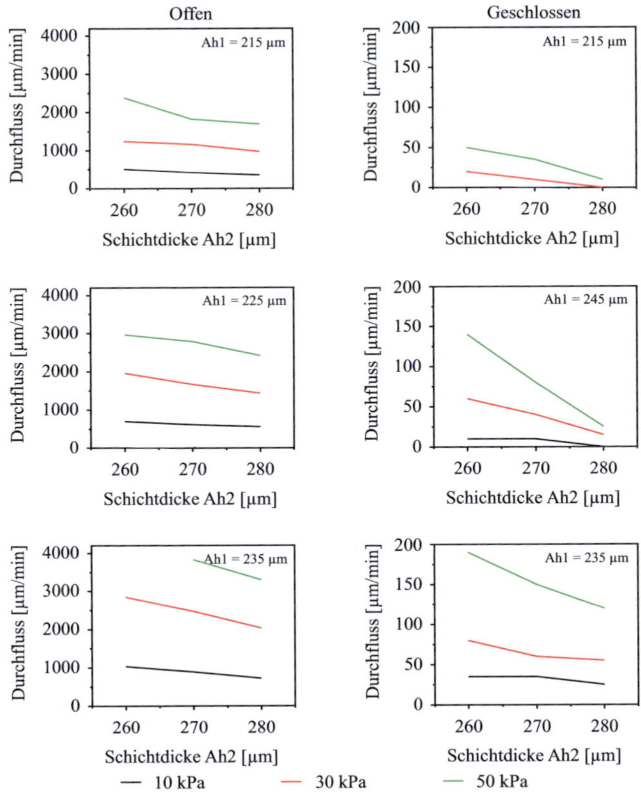

Abbildung A.6.: Resultierender Durchfluss in Abhängigkeit der Schichtdicke des Abstandshalters Ah1 (215 - 235 µm) und des Abstandshalters Ah2 (260 - 280 µm) im offenen und geschlossenen Ventilzustand bei einer anliegenden Druckdifferenz zwischen 10 - 50 kPa für Wasser als Prüfmedium.

B. Abkürzungen und Symbole

Abkürzungen/ Symbole	Beschreibung	Einheit
ΔF_{FGL}	Kraftdifferenz des AS im Schaltzustand	N
ΔF_{Halt}	Haltekraft der FGL-Schalteinheit	N
$\Delta F_{Rück}$	Rückstellende Kraft des AS	N
A	Querschnittsfläche	m^2
ADK	Analog Digital Konverter	
A_f	Austenitische Endtemperatur	°C
A_F	Fluidanschluss	
A_{Fluid}	Wirkfläche des Fluids	m^2
$A_{Fluid,offen}$	Membranfläche im offenen Zustand	m^2
$A_{Fluid,zu}$	Membranfläche im geschlossenen Zustand	m^2
Ah 1	Abstandshalter 1	m
Ah2	Abstandshalter 2	m
AGM	Alternating Gradient Magnetometer	
Al_2O_3	Aluminiumoxid	
AMD	Advanced Micro Devices	
A_P	A-Phase Peak-Temperatur	°C
A_Q	Durchströmte Querschnittsfläche	m^2
$A_{Q,Mitte}$	Querschnittsfläche Ventilsitzmitte	m^2
AS	Antagonistischer Schalter	
A_S	Aktorsteg	
A_s	Austenitische Starttemperatur	°C
AT	Aktorträger	
Au	Gold	
B	Magnetische Flussdichte	T
B_F	Fluidanschluss	
B1	Brückenaktor 1	
B19'-Phase	Monoklin verzerrte Phasenstruktur	

Abkürzungen/ Symbole	**Beschreibung**	**Einheit**
B2	Brückenaktor 2	
B2-Phase	Kubisch raumzentrierte Phasenstruktur	
B_R	Remanenz	
B_S	Sättigungsmagnetisierung	
b_S	Breite der Aktorstege	m
c	Federkonstante	N/m
CAD	Computer Aided Design	
CCA	Constant Current Anemometer	
CO_2	Kohlenstoffdioxid	
COC	Cyclo Olefin Copolymer	
c_p	Wärmekapazität	J/K
CTA	Constant Temperature Anemometer	
Cu	Kupfer	
D	Druckdifferenz	N/m^2
d_{AT}	Dicke des Aktorträgers	m
DDK	Dynamische Differenz Kalorimetrie	
d_{Ein}	Durchmesser Ventileinlass	m
D_{Hyd}	Hydraulischer Durchmesser	m
d_{Kugel}	Durchmesser Ventilstößel	m
$d_{Membran}$	Dicke der Membran	m
$d_{Schicht}$	Schichtdicke	m
d_{Sitz}	Durchmesser Ventilsitz	m
$d_{Sitz,Mitte}$	Durchmesser Ventilsitzmitte	m
d_{Vor}	Vorauslenkung des antagonistischen Schalters	m
d_{wA1}	Dicke des weichmagnetischen Anschlags 1	m
d_{wA2}	Dicke des weichmagnetischen Anschlags 2	m
E	Elastizitätsmodul	N/m^2
e(t)	Regelabweichung	
EDX	Energiedispersive Röntgenspektroskopie	
EM	Elektromagnetisch	
E_{Mag}	Energie des Magnetfeldes	J
ES	Elektrostatisch	

Abkürzungen/ Symbole	Beschreibung	Einheit
F	Feder	
F_1	Magnet. Haltekraft zwischen wA1 und hZ	N
F_2	Magnet.Haltekraft zwischen wA2 und hZ	N
F_A	Antastkraft	N
F_C	Corioliskraft	N
Fe	Eisen	
HF	Flusssäure	
F_{Fluid}	Kraft des Fluids	N
$F_{Fluid,offen}$	Kraft des Fluids im offenen Zustand	N
$F_{Fluid,zu}$	Kraft des Fluids im geschlossenen Zustand	N
FGL	Formgedächtnislegierung	
f_I, f_D	Eckfrequenzen	Hz
fl.	Flüssig	
F_{Mag1}	Kraft des Magnetfeldes 1	N
F_{Mag2}	Kraft des Magnetfeldes 2	N
F_P	Punktlast	N
$F_{Rück}$	Rückstellende Kraft der Formgedächtnislegierung	N
g	Gravitationskraft	N
GaAs	Galliumarsenid	
gas.	Gasförmig	
GPIB	General Purpose Interface Bus	
H	Magnetische Feldstärke	A/m
h	Hub	m
H_2O	Wasser	
h_{Abs}	Höhe des Abstandshalters	m
HaK	Hitzeaktiverbare Klebefolie	
H_K	Koerzitivfeldstärke	A/m
HNO_3	Salpetersäure	
h_S	Höhe der Aktorstege	m
H_S	Sättigungsfeldstärke	A/m
h_{Sub}	Höhe des Substrates	m
hZ	hartmagnetischer Zylinder	
I	Stromstärke	A
IMT	Institut für Mikrostrukturtechnik	

Abkürzungen/ Symbole	**Beschreibung**	**Einheit**
I_S	Schweißstromstärke	A
k	Proportionalitätskonstante	
k_{Kor}	Korrekturfaktor	
KIT	Karlsruher Institut für Technologie	
K_P	Kontaktplatte	
k_P	Verstärkungsfaktor	
kPa	Kilopascal (100 kPa = 1 Bar)	N/m_2
k_S	Regelverstärkung	
l	Länge	m
l_B	Brückenlänge	m
Leistung	Elektrische Heizleistung	W
LFM	Liquid Flow Meter	
liq.	liquid	
LoC	Lab on a Chip	
L_{Quer}	Länge des Einlaufquerschnitts	m
l_S	Länge des Akorstegs	m
LVDT	Linear Variable Differential Transformer	
m	Masse	g
M	Membran	
Me	Mechanisch	
M_f	Martensitische Endtemperatur	°C
MFC	Model Free Control	
MOSFET	Metal Oxide Semiconductor Field Effect Transistor	
M_P	M-Phase Peak-Temperatur	°C
M_s	Martensitische Starttemperatur	°C
MST	Mikrosystemtechnik	
n	Anzahl der Aktorstege	
NC	Normally Closed	
Ni	Nickel	
NO	Normally Open	
OP	Operationsverstärker	
p	Druck	N/m^2
P	Permanentmagnet	
P_F	Druckanschluss	

Abkürzungen/ Symbole	**Beschreibung**	**Einheit**
Pa	Paraffin	
Pd	Palladium	
p_{dyn}	Dynamischer Druck	N/m^2
PEEK	Polyetheretherketon	
P_G	Gleichgewichtsposition	
P_{Fluid}	Hydraulische Leistung	W
PI	Polyimid	
P_K	Knotenpunkt	
PMMA	Polymethylmethacrylat	
$P_{\dot{Q}}$	Heizleistng	W
p_{sta}	Statischer Druck	N/m^2
PSU	Polysulfon	
p_{tot}	Totaler Druck	N/m^2
PU	Polyurethan	
PWM	Pulsweitenmoduliert	
PWPFM	Pulsweiten-Pulsfrequenzmoduliert	
Q	Durchfluss	m^3/s
q	Wärmeübergang	W/s
$\dot{Q}$	Wärmestrom	W
Q_{Leck}	Leckfluss	m^3/s
Q_S	Schweißwärme	J
r	Radius	m
R-Phase	Rhomboedrische Phase	
R_{Draht}	Widerstand Draht	Ω
Re	Reynoldszahl	
Re_{krit}	Kritische Reynoldszahl	
R_{Fluid}	Fluidischer Widerstand	Ns/m^5
r_{Kugel}	Durchmesser Kugel	m
R_P	R-Phase Peak-Temperatur	°C
r_{Sitz}	Radius des Ventilsitzes	m
R_T	Raumtemperatur	°C
R_W	Durchgangswiderstand	Ω
Si	Silizium	
s_{off}	Durchströmter Ringspalt	m

Abkürzungen/ Symbole	**Beschreibung**	**Einheit**
T_A	Temperatur vor dem Heißprägen	°C
t_{90}	90% der Anregelzeit	s
t_{an}	Anregelzeit	s
t_{aus}	Ausregelzeit	s
T_C	Curietemperatur	°C
TDC	Time Delay Control	
TdK	Thermisch deaktivierbare Klebefolie	
T_{Draht}	Drahttemperatur	°C
T_E	Entformtemperatur	°C
t_{ein}	Einschwingzeit	s
T_{Eu}	Eutektische Temperatur	°C
t_G	Ausgleichszeit	s
T_G	Glasübergangstemperatur	°C
Ti	Titan	
T_{Kugel}	Eindringtiefe	m
T_{Medium}	Temperatur Medium	°C
t_N	Nachstellzeit	s
T_0	Gleichgewichtstemperatur	°C
t_S	Schweißzeit	s
t_{tot}	Totzeit	s
T_U	Umformtemperatur	°C
t_u	Verzugszeit	s
T_{Um}	Umwandlungstemperatur	°C
t_V	Vorhaltezeit	s
U	Umfang	m
UV	Ultraviolett	
$\vec{v}$	Geschwindigkeitsvektor	
V1	Ventilgehäuse 1	
V2	Ventilgehäuse 2	
v_{Mit}	Gemittelte Strömungsgeschwindigkeit	m/s
Vor	Vorauslenkung	m
w(t)	Führungsgröße	
wA1	Weichmagnetischer Anschlag 1	
wA2	Weichmagnetischer Anschlag 2	

Abkürzungen/ Symbole	**Beschreibung**	**Einheit**
x_m	Überschwingweite	
y(t)	Steuergröße	
z	Kugelverschiebung	m
z_{Kugel}	Kugelposition bzgl. Ventilsitz	m
ZrO_2	Zirkoniumdioxid	
ΔH	Transformationsenthalpie	J
ΔT	Temperaturdifferenz	T
ε	Mechanische Dehnung	
ε_S	Dehnung in einem Aktorsteg	
$\varepsilon_{S,max}$	Maximale Dehngrenzen	
ζ	Strömungsbeiwert	
η	Dynamischen Viskosität	kg/(ms)
μ	Permeabilität	kgm/A^2s^2
μ_0	Vakuumpermeabilität	kgm/A^2s^2
µFC	Micro Fuel Cell	
μ_R	Relative Permeabilität	
ρ	Dichte	g/m^3

C. Publikationsliste

Patente

- C. Megnin, M. Brammer, and J. Barth, “Fluidische Steckverbindung”, *DE202010001422U1*, 2010.
- M. Brammer, C. Megnin, and T. Mappes, “Moduleinheit und Fluid-Analyseeinheit”, *DE202011104963*, 2011.
- C. Megnin and M. Brammer, “Ventilstecker”, *DE202012001202U1*, 2012.

Journals

- T. Grund, C. Megnin, J. Barth, and M. Kohl, “Batch fabrication of shape memory actuated polymer microvalves by transfer bonding techniques”, *Journal of Microelectronics and Electronic Packaging* (IMAPS), vol. 6, pp. 219-227, 2009.
- J. Barth, C. Megnin, and M. Kohl, “A bistable shape memory alloy microvalve with magnetostatic latches”, *IEEE - Journal of Microelectromechanical Systems (MEMS)*, vol. 21, pp. 76-84, 2012
- C. Megnin, J. Barth, and M. Kohl, “A bistable SMA microvalve for 3/2-way control”, *Sensors & Actuators: A. Physical*, vol. 188, pp. 285-291, 2012.
- M. Brammer, C. Megnin, A. Voigt, M. Kohl, T. Mappes, “Modular Optoelectronic Microfluidic Backplane for Total Analysis Systems”, *Journal of Microelectromechanical Systems (MEMS),* vol. 22, pp. 262-270, 2013.
- C. Megnin and M. Kohl, "Shape Memory Alloy (SMA) microvalves for a fluidic control system”, *Journal of Micromechanics and Microengineering (JMM), vol. 24, pp. 025001, 2013.*

Proceeding

- C. Megnin and M. Kohl, “A modular bi-directional flow control microsystem”, *Proceedings of Actuator 10 - 12th international conference on new Actuators, Bremen*, pp. 250 - 253, 2010.
- M. Brammer, C. Megnin, T. Parvanta, M. Siegfarth, T. Mappes, and D. Rabus, “A modular microfluidic backplane for control and interconnection of optofluidic devices”, *IEEE Photonics Society Winter Topicals, Keystone*, pp. 101 - 102, 2011.
- J. Barth, C. Megnin, and M. Kohl, “A bistable shape memory microvalve”, *MEMS 2011 - The 24th International Conference on Micro Electro Mechanical Systems, Mexiko*, pp. 1067 - 10710, 2011.
- C. Megnin, J. Barth, and M. Kohl, “A bistable shape memory microvalve for three-way control”, *Transducers'11 - The 16th International Conference on Solid-State Sensors, Actuators and Microsystems, Beijing*, pp. 1308 - 1311, 2011.
- C. Megnin, J. Barth, and M. Kohl, “Bistabiles Formgedächtnis-Mikroventil”, *VDE -Mikrosystemtechnik-Kongress, Darmstadt*, pp. 86 - 89, 2011.
- M. Brammer, C. Megnin, M. Siegfarth, S. Sobich, D. G. Rabus, and T. Mappes, “Optofluidic backplane as a platform for modular system design”, *SPIE Photonics West, San Francisco*, 825100-8, 2012.
- C. Megnin, M. Brammer, H. Luckert, and M. Kohl, “SMA microvalves with plug-in interface for a modular fluidic backplane”, *Proceedings of Actuator 12 - 13th international conference on new Actuators, Bremen*, pp. 510 - 513, 2012.
- C. Megnin, B. Krevet, and M. Kohl, “SMA Microactuators: From Research to Applications”, *The International Conference on Shape Memory and Superelastic Technologies (SMST)*, Prague, 2013.

Konferenzen (Vortrag und Poster)

- C. Megnin and M. Kohl, “A modular bi-directional flow control microsystem”, *Actuator 10 - 12th international conference on new Actuators, Bremen*, Vortrag, 2010.

- M. Brammer, C. Megnin, T. Parvanta, M. Siegfarth, T. Mappes, and D. Rabus, “A modular microfluidic backplane for control and interconnection of optofluidic devices”, *IEEE Photonics Society Winter Topicals, Keystone*, Vortrag, 2011.

- J. Barth, C. Megnin, and M. Kohl, “A bistable shape memory microvalve”, *MEMS 2011 - The 24th International Conference on Micro Electro Mechanical Systems, Mexiko*, Poster, 2011.

- C. Megnin, J. Barth, and M. Kohl, “A bistable shape memory microvalve for three-way control”, *Transducers’11 - The 16th International Conference on Solid-State Sensors, Actuators and Microsystems, Beijing*, Poster, 2011.

- M. Kohl, B. Krevet, J. Barth, and C. Megnin, “Smart microactuation devices using shape memory and magnetic effects”, *5th ECOCMAS conference on smart structures and materials SMART, Saarbrücken*, Vortrag, 2011.

- M. Kohl, J. Barth, and C. Megnin, “Novel microactuators using shape memory and magnetic effects”, *International conference on martensitic transformations ICOMAT, Osaka*, Vortrag, 2011.

- C. Megnin, J. Barth, and M. Kohl, “Bistabiles Formgedächtnis-Mikroventil”, *VDE -Mikrosystemtechnik-Kongress, Darmstadt*, Vortrag, 2011.

- M. Brammer, C. Megnin, M. Siegfarth, S. Sobich, D. G. Rabus, and T. Mappes, “Optofluidic backplane as a platform for modular system design”, *SPIE Photonics West, San Francisco*, Vortrag, 2012.

- C. Megnin, M. Brammer, H. Luckert, and M. Kohl, “SMA microvalves with plug-in interface for a modular fluidic backplane”, *Actuator 12 - 13th international conference on new Actuators, Bremen*, Vortrag, 2012.

- C. Megnin, B. Krevet, and M. Kohl, “SMA Microactuators: From Research to Applications”, *The International Conference on Shape Memory and Superelastic Technologies (SMST)*, Prague, 2013 (eingeladener Vortrag).

Schriften des Instituts für Mikrostrukturtechnik
am Karlsruher Institut für Technologie (KIT)

ISSN 1869-5183

Herausgeber: Institut für Mikrostrukturtechnik

Die Bände sind unter www.ksp.kit.edu als PDF frei verfügbar
oder als Druckausgabe zu bestellen.

Band 1 **Georg Obermaier**
Research-to-Business Beziehungen: Technologietransfer durch Kommunikation von Werten (Barrieren, Erfolgsfaktoren und Strategien). 2009
ISBN 978-3-86644-448-5

Band 2 **Thomas Grund**
Entwicklung von Kunststoff-Mikroventilen im Batch-Verfahren. 2010
ISBN 978-3-86644-496-6

Band 3 **Sven Schüle**
Modular adaptive mikrooptische Systeme in Kombination mit Mikroaktoren. 2010
ISBN 978-3-86644-529-1

Band 4 **Markus Simon**
Röntgenlinsen mit großer Apertur. 2010
ISBN 978-3-86644-530-7

Band 5 **K. Phillip Schierjott**
Miniaturisierte Kapillarelektrophorese zur kontinuierlichen Überwachung von Kationen und Anionen in Prozessströmen. 2010
ISBN 978-3-86644-523-9

Band 6 **Stephanie Kißling**
Chemische und elektrochemische Methoden zur Oberflächenbearbeitung von galvanogeformten Nickel-Mikrostrukturen. 2010
ISBN 978-3-86644-548-2

Schriften des Instituts für Mikrostrukturtechnik
am Karlsruher Institut für Technologie (KIT)

ISSN 1869-5183

Band 7 **Friederike J. Gruhl**
Oberflächenmodifikation von Surface Acoustic Wave (SAW) Biosensoren für biomedizinische Anwendungen. 2010
ISBN 978-3-86644-543-7

Band 8 **Laura Zimmermann**
Dreidimensional nanostrukturierte und superhydrophobe mikrofluidische Systeme zur Tröpfchengenerierung und -handhabung. 2011
ISBN 978-3-86644-634-2

Band 9 **Martina Reinhardt**
Funktionalisierte, polymere Mikrostrukturen für die dreidimensionale Zellkultur. 2011
ISBN 978-3-86644-616-8

Band 10 **Mauno Schelb**
Integrierte Sensoren mit photonischen Kristallen auf Polymerbasis. 2012
ISBN 978-3-86644-813-1

Band 11 **Daniel Auernhammer**
Integrierte Lagesensorik für ein adaptives mikrooptisches Ablenksystem. 2012
ISBN 978-3-86644-829-2

Band 12 **Nils Z. Danckwardt**
Pumpfreier Magnetpartikeltransport in einem Mikroreaktionssystem: Konzeption, Simulation und Machbarkeitsnachweis. 2012
ISBN 978-3-86644-846-9

Band 13 **Alexander Kolew**
Heißprägen von Verbundfolien für mikrofluidische Anwendungen. 2012
ISBN 978-3-86644-888-9

Schriften des Instituts für Mikrostrukturtechnik
am Karlsruher Institut für Technologie (KIT)

ISSN 1869-5183

Band 14 **Marko Brammer**
Modulare Optoelektronische Mikrofluidische Backplane. 2012
ISBN 978-3-86644-920-6

Band 15 **Christiane Neumann**
Entwicklung einer Plattform zur individuellen Ansteuerung von Mikroventilen und Aktoren auf der Grundlage eines Phasenübergangeszum Einsatz in der Mikrofluidik. 2013
ISBN 978-3-86644-975-6

Band 16 **Julian Hartbaum**
Magnetisches Nanoaktorsystem. 2013
ISBN 978-3-86644-981-7

Band 17 **Johannes Kenntner**
Herstellung von Gitterstrukturen mit Aspektverhältnis 100 für die Phasenkontrastbildgebung in einem Talbot-Interferometer. 2013
ISBN 978-3-7315-0016-2

Band 18 **Kristina Kreppenhofer**
Modular Biomicrofluidics - Mikrofluidikchips im Baukastensystem für Anwendungen aus der Zellbiologie. 2013
ISBN 978-3-7315-0036-0

Band 19 **Ansgar Waldbaur**
Entwicklung eines maskenlosen Fotolithographiesystems zum Einsatz im Rapid Prototyping in der Mikrofluidik und zur gezielten Oberflächenfunktionalisierung. 2013
ISBN 978-3-7315-0119-0

Band 20 **Christof Megnin**
Formgedächtnis-Mikroventile für eine fluidische Plattform. 2013
ISBN 978-3-7315-0121-3